膜技术及其应用

MOJISHU
JIQI YINGYONG

王湛　宋芃　陈强　等编著

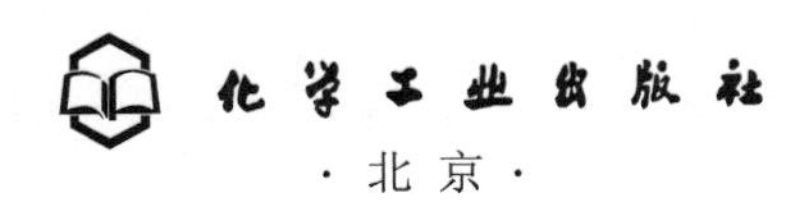

·北京·

内 容 简 介

《膜技术及其应用》以微滤、超滤、纳滤、反渗透、气体分离等得到成熟工业应用并在我国工业过程和生活中扮演举足轻重的作用的膜过程为出发点，详细阐述了这些膜过程的基本概念、常用的膜材料、膜的制备方法及其在城市污水处理、油水分离、纯水生产、气体净化、农药生产废水处理、垃圾渗滤液处理等工业过程中的典型应用，力图能够反映当前膜领域的知识体系和膜技术在我国的最新工业应用技术成果。本书内容注重膜的基础理论和工业应用的结合，带领读者从了解不同膜过程的基本特点入手，来了解膜技术在工业过程中的应用及其在解决人类面临的能源短缺、环境污染和人类健康等问题方面的应用。

本书可以作为高等院校化学工程类、环境保护类学生学习膜知识的教材，也可以作为从事环境保护的技术人员、管理人员及关注环境保护事业的读者普及膜知识、学习膜技术工业应用的参考用书。

图书在版编目（CIP）数据

膜技术及其应用 / 王湛等编著. —北京：化学工业出版社，2022.3

ISBN 978-7-122-40562-3

Ⅰ. ①膜…　Ⅱ. ①王…　Ⅲ. ①薄膜技术　Ⅳ. ①TB43

中国版本图书馆 CIP 数据核字（2022）第 010324 号

责任编辑：袁海燕　　文字编辑：陈立璞
责任校对：宋　玮　　装帧设计：王晓宇

出版发行：化学工业出版社（北京市东城区青年湖南街 13 号　邮政编码 100011）
印　　装：北京天宇星印刷厂
787mm×1092mm　1/16　印张 15½　字数 352 千字　2022 年 3 月北京第 1 版第 1 次印刷

购书咨询：010-64518888　　售后服务：010-64518899
网　　址：http://www.cip.com.cn
凡购买本书，如有缺损质量问题，本社销售中心负责调换。

定　　价：98.00 元

前言

随着全球人口数量的增加、经济的发展和人民生活水平的提高，资源匮乏、环境污染、人类健康等问题构成了全球面临的重大实际难题，如何解决这些问题就成了目前全球科学家们共同奋斗的目标。

膜科学技术作为一类新兴的高新技术，具有能耗低、效率高、工艺简单和投资小等优点，已经在海水淡化、废水处理、空气净化、电子工业、医药卫生及食品加工等领域获得广泛应用，近十年来年均增长速度保持在 15%。因此，膜技术将在我国未来的经济和生活中扮演举足轻重的角色。

为了使同行们能够尽快了解微滤、超滤、纳滤、反渗透、气体分离等得到成熟工业应用的膜技术知识及其工业应用，我们编写了本书。本书注重膜的基础理论和工业应用的结合，力图能反映当前膜领域的知识体系和膜技术在我国的最新工业应用技术成果。

《膜技术及其应用》第 1 章绪论，由北京工业大学的王湛、高淑娟编写；第 2 章膜的基础知识，由北京工业大学的王湛、陈强、高淑娟、钟陈银和北京理工大学前沿技术研究院的尹霜编写；第 3 章膜技术在城市污水处理中的应用，由北京城市排水集团有限责任公司的王浩和北京碧水源科技股份有限公司的朱中亚编写；第 4 章膜技术在农村污水处理中的应用，由北京京鹞环境科技有限公司的侯磊、江西环境工程职业学院的柯瑞华和北京理工大学前沿技术研究院的尹霜编写；第 5 章膜技术在电泳涂装上的应用，由安得膜分离技术工程（北京）有限公司的李承哲编写；第 6 章膜技术在油水分离中的应用，由中国石油化工股份有限公司北京化工研究院的魏玉梅、张新妙编写；第 7 章膜技术在纯水生产中的应用和第 8 章膜技术在气体分离中的应用，由北京工业大学的陈强编写；第 9 章膜技术在燃料电池中的应用，由北京工业大学的宋芃和李艳编写；第 10 章膜分离技术在药物生产中的应用，由北京鑫开元医药科技有限公司的王岩和北京七一八友晟电子有限公司的郭洋洋编写；第 11 章膜分离技术在垃圾渗滤液处理中的应用，由北京国环莱茵环保科技股份有限公司的蔡先明、骆建明，北京工业大学的秦侠和江西环境工程职业学院的柯瑞华编写。本书由王湛、宋芃和陈强统稿。

本书既可作为化工类相关专业学生的教科书，也能作为企业职工普及膜知识和膜技术工业应用的参考书。此外，本书是在化学工业出版社的大力支持和帮助下出版的，我们对此表示诚挚的谢意！同时，在编写过程中引用了大量的资料，在此一并向各位同行表示感谢。由于各种原因，书中的缺陷和遗漏在所难免，敬请各位多提宝贵意见。

编著者

2021年10月

前言

随着全球人口数量的增加、经济的发展和人民生活水平的提高，资源匮乏、环境污染、人类健康等问题构成了全球面临的重大实际难题，如何解决这些问题就成了目前全球科学家们共同奋斗的目标。

膜科学技术作为一类新兴的高新技术，具有能耗低、效率高、工艺简单和投资小等优点，已经在海水淡化、废水处理、空气净化、电子工业、医药卫生及食品加工等领域获得广泛应用，近十年来年均增长速度保持在15%。因此，膜技术将在我国未来的经济和生活中扮演举足轻重的角色。

为了使同行们能够尽快了解微滤、超滤、纳滤、反渗透、气体分离等得到成熟工业应用的膜技术知识及其工业应用，我们编写了本书。本书注重膜的基础理论和工业应用的结合，力图能反映当前膜领域的知识体系和膜技术在我国的最新工业应用技术成果。

《膜技术及其应用》第1章绪论，由北京工业大学的王湛、高淑娟编写；第2章膜的基础知识，由北京工业大学的王湛、陈强、高淑娟、钟陈银和北京理工大学前沿技术研究院的尹霜编写；第3章膜技术在城市污水处理中的应用，由北京城市排水集团有限责任公司的王浩和北京碧水源科技股份有限公司的朱中亚编写；第4章膜技术在农村污水处理中的应用，由北京京鹞环境科技有限公司的侯磊、江西环境工程职业学院的柯瑞华和北京理工大学前沿技术研究院的尹霜编写；第5章膜技术在电泳涂装上的应用，由安得膜分离技术工程（北京）有限公司的李承哲编写；第6章膜技术在油水分离中的应用，由中国石油化工股份有限公司北京化工研究院的魏玉梅、张新妙编写；第7章膜技术在纯水生产中的应用和第8章膜技术在气体分离中的应用，由北京工业大学的陈强编写；第9章膜技术在燃料电池中的应用，由北京工业大学的宋芃和李艳编写；第10章膜分离技术在药物生产中的应用，由北京鑫开元医药科技有限公司的王岩和北京七一八友晟电子有限公司的郭洋洋编写；第11章膜分离技术在垃圾渗滤液处理中的应用，由北京国环莱茵环保科技股份有限公司的蔡先明、骆建明，北京工业大学的秦侠和江西环境工程职业学院的柯瑞华编写。本书由王湛、宋芃和陈强统稿。

本书既可作为化工类相关专业学生的教科书，也能作为企业职工普及膜知识和膜技术工业应用的参考书。此外，本书是在化学工业出版社的大力支持和帮助下出版的，我们对此表示诚挚的谢意！同时，在编写过程中引用了大量的资料，在此一并向各位同行表示感谢。由于各种原因，书中的缺陷和遗漏在所难免，敬请各位多提宝贵意见。

编著者
2021年10月

目录

第 8 章

第 9 章

第 10 章 膜分离技术在药物生产中的应用 195

第 11 章 膜分离技术在垃圾渗滤液处理中的应用 207

第1章

绪论

1.1 膜的定义、分类及其应用

在早期的生活中，人类就已经不自觉地接触到了膜。1748 年，Nollet 首次发现渗透现象，观察到水可通过覆盖在盛有酒精溶液瓶口的猪膀胱进入瓶中；19 世纪中叶，Graham 发现透析现象。1864 年，Moritz Traube 制成了人类历史上第一张合成膜——亚铁氰化钠膜；1950 年，W. Juda 等试制成功第一张具有实用价值的离子交换膜；1960 年，Loeb 和 Souriringan 首次研制成功实用的反渗透膜[1]。

膜分微滤（MF）膜、超滤（UF）膜、纳滤（NF）膜、反渗透（RO）膜、渗析（D）膜、电渗析（ED）膜和气体分离（GS）膜等。

微滤膜是利用膜的“筛分”作用进行分离的。微滤膜分离粒子的直径范围为 0.08～10μm，跨膜操作压差为 0.01～0.2MPa。微滤膜滤孔分布均匀，在跨膜压差作用下，小于膜孔的粒子通过膜，大于孔径的微粒、细菌、污染物则被截留。微滤膜每平方厘米中约包含 1000 万～1 亿个小孔，孔隙体积占总体积的 70%～80%，故阻力很小，过滤速度较快。

超滤膜用于分离组分直径大约为 0.01～0.1μm 的物质，其跨膜操作静压差一般为 0.1～0.5MPa；在跨膜压差作用下，溶剂和小溶质粒子从高压的料液侧透过膜流到低压渗透液侧，大粒子组分被膜阻拦。超滤膜具有选择性的主要原因是在膜的表面层形成了具有一定大小和形状的孔，膜的化学性质对膜的分离特性有一定影响。

纳滤膜允许溶剂分子或某些低分子量溶质或低价离子透过，其孔径在 1nm 以上，一般在 1～2nm。纳滤膜因能截留大小约为纳米的物质而得名，被截留物的分子量大约为 150～500Da，截留溶解性盐的能力为 20%～98%，对单价阴离子盐溶液的脱盐低于高价阴离子盐溶液。纳滤膜常被用于去除地表水中的有机物和色度、脱除地下水的硬度、部分去除溶解性盐、浓缩果汁以及分离药品中的有用物质等。

反渗透膜的分离原理是在跨膜操作静压差高于溶液渗透压的作用下，溶剂会逆着自然渗透的方向作反向渗透，从而在膜的低压侧得到渗透液，高压侧得到浓缩液。反渗透膜的膜孔径非常小，能截留水中的各种无机离子、胶体物质和大分子溶质，能够有效地去除水中的溶解盐类、微生物和有机物等。

渗析则是利用半透膜的选择透过性来分离不同的溶质粒子（如离子）。在电场作用下进行渗析时，溶液中的带电溶质粒子（如离子）通过膜而迁移的现象称为电渗析。电渗析利用离子交换膜能透过离子而不能透过颗粒较大的胶体粒子的特性来进行分离。电渗析的推动力是电场力，在外加直流电场作用下，作为杂质的离子穿过膜被水流带走，实现溶液（胶体等高分子溶液）的浓缩、淡化和提纯。电渗析一般和离子交换膜联合使用。

渗透汽化是利用料液膜上下游某组分的化学势差作为驱动力来实现传质，利用膜对料液中不同组分的亲和性和传质阻力差异来实现选择性分离的一种新兴的膜分离技术；原液侧组分的化学位高，膜透过液侧组分的化学位低，被分离组分将通过膜向膜透过液渗透。表 1-1 列举了常用膜的基本特性[2]。

表 1-1　常用膜的基本特性

过程	分离目的	透过组分	截留组分	透过组分在料液中的含量	推动力	传递机理	膜类型	进料和透过物的物态	简图
微滤（MF）	溶液脱粒子、气体脱粒子	溶液、气体	0.02～10μm 的粒子	大量溶剂及少量小分子溶质和大分子溶质	压力差 0～100kPa	筛分	多孔膜	液体或气体	进料 → 滤液（水）
超滤（UF）	溶液脱大分子、大分子溶液脱小分子、大分子物质的分级	小分子溶液	1～20nm 的大分子溶质	大量溶剂、少量小分子溶质	压力差 100～1000kPa	筛分	非对称膜	液体	进料 → 浓缩液；滤液
纳滤（NF）	溶剂脱有机组分、脱高价离子、软化、脱色、浓缩、分离	溶剂、低价小分子溶质	1nm 以上的溶质	大量溶剂、低价小分子溶质	压力差 500～1500kPa	溶解扩散、Donna 效应	非对称膜或复合膜	液体	进料 → 高价离子溶质（盐）；溶剂（水）低价离子
反渗透（RO）	溶剂脱溶质、含小分子溶质溶液浓缩	溶剂，可被电渗析截流组分	0.1～1nm 的小分子溶质	大量溶剂	压力差 1000～10000kPa	优先吸附、细管流动、溶解-扩散	非对称膜或复合膜	液体	进料 → 溶质（盐）；溶剂（水）

续表

过程	分离目的	透过组分	截留组分	透过组分在料液中的含量	推动力	传递机理	膜类型	进料和透过物的物态	简图
渗析（D）	大分子溶质溶液脱小分子、小分子溶质溶液脱大分子	小分子溶质或较小的溶质	>0.02 μm截留、血液透析中>0.005 μm截留	较小组分或溶剂	浓度差	筛分、微孔膜内的受阻扩散	非对称膜或离子交换膜	液体	进料 净化液 扩散液 接受液
电渗析（ED）	溶液脱小离子、小离子溶质的浓缩、小离子的分级	小离子组分	同名离子、大离子和水	少量离子组分、少量水	电化学势电渗透	反离子经离子交换膜的迁移	离子交换膜	液体	浓电解质 产品（溶剂） +极 −极 阴离子交换膜 进料 阳离子交换膜
气体分离（GS）	气体混合物分离、富集或特殊组分脱除	气体、较小组分或膜中易溶解组分	较大组分（除非膜中溶解度高）	二者都有	压力差1000～10000kPa、浓度差（分压差）	溶解-扩散、分子筛分、努森扩散	均质膜、复合膜、非对称膜、多孔膜	气体	进气 渗余气 渗透气
渗透汽化（PV）	挥发性液体混合物分离	膜内易溶解组分或易挥发组分	不易溶解组分或较大、较难挥发物	少量组分	分压差、浓度差	溶解-扩散	均质膜、复合膜、非对称膜	料液为液体，透过物为气态	进料 溶质或溶剂 溶剂或溶质
乳化液膜（促进传递）[ELM（FT）]	液体混合物或气体混合物分离、富集、特殊分子脱除	在液膜相中有高溶解度的组分或能反应组分	在液膜中难溶解组分	少量组分；在有机混合物分离中，也可是大量的组分	浓度差、pH值	促进传递和溶解-扩散传递	液膜	通常为液体，也可为气体	内相 膜相 外相

各种常用膜以不同的特性在膜技术中发挥着不同的作用，各有其特点。表1-2列举了这些膜过程的应用和特点[3]。

表1-2　膜过程的应用及其特点

膜过程	应用	特点
微滤（MF）	（1）去除水中的悬浮物、微小粒子和细菌 （2）果汁、酒的澄清 （3）杀菌过滤、酶制剂的浓缩、注射液的除菌除杂 （4）无菌室的空气过滤、高纯试剂的生产等	孔径相对均匀；分离性能优异；能量效率高；不需要化学添加剂等
超滤（UF）	（1）超纯水、纯水、医药用水制备，海水淡化的预处理 （2）在医药卫生方面，中草药、生物制剂的浓缩分离 （3）环境保护，废水处理 （4）在食品方面，如乳品、豆乳、酶制剂等	系统回收率高，所得产品品质优良；可实现物料的高效分离、纯化及高倍数浓缩，且处理过程无相变；适用于热敏性物质的处理等

续表

膜过程	应用	特点
纳滤（NF）	（1）硬水软化 （2）饮用水中有害物质的脱除 （3）中水、废水的处理 （4）制药工业中除去无机盐而将有效成分保留 （5）染料精制除盐浓缩等	工艺过程收率高，损失少；可回收溶液中的酸、碱、醇等有效物质，实现资源的循环利用；无相变；适合热敏性物质等
反渗透（RO）	（1）海水、苦咸水的淡化 （2）纯净水、超纯水的制备 （3）医药针剂用水等	节能、耗能低、经济效益显著；在常温中进行，有较强的适应性等
渗析（D）	（1）医药工业主要用于血液透析 （2）在工业领域主要用于废酸、碱液的处理等	加工简便，成本低廉；具有较高的机械强度和使用寿命；受pH值、温度等因素的影响较小等
电渗析（ED）	（1）用于食品工业、化工、工业废水的处理 （2）与纳滤、反渗透的结合发挥着重要的作用，常被用于电子、医药等行业高纯水的制备	选择性高，预处理要求较低、能量消耗低；装置设备与系统应用灵活；操作维修方便，装置使用寿命长；原水回收率高和不污染环境等
气体分离（GS）	（1）有机蒸汽的净化及回收 （2）气体脱湿 （3）天然气中H_2的脱除及油田二氧化碳的回收利用等	节约能源，降低能耗；分离得更加彻底，工作效率较高；技术操作起来更加简单方便，不会造成二次污染等

平板膜和中空纤维膜为当今水处理膜的两大主流产品，其对应的铸膜/涂膜装备和挤出/纺丝装备为水处理膜制造装备的两类主流设备。平板膜设备技术要求程度高、生产效率高、控制复杂、设备投入比较高，而中空纤维膜尽管设备技术程度相对较低、投入相对较小、生产效率低，但膜材料仍占相当大的应用市场。图1-1（a）和（b）分别是平板膜和中空纤维膜的生产线。图1-1（c）是水处理铸膜生产线，用于反渗透膜（RO）、纳滤膜（NF）基膜涂布装备和超滤膜（UF）、微滤膜（MF）成品膜涂布装备。图1-1（d）是水处理涂膜生产线，用于反渗透膜（RO）、纳滤膜（NF）成品膜涂布装备。

（a）MBR平板膜生产线

（b）中空纤维膜生产线

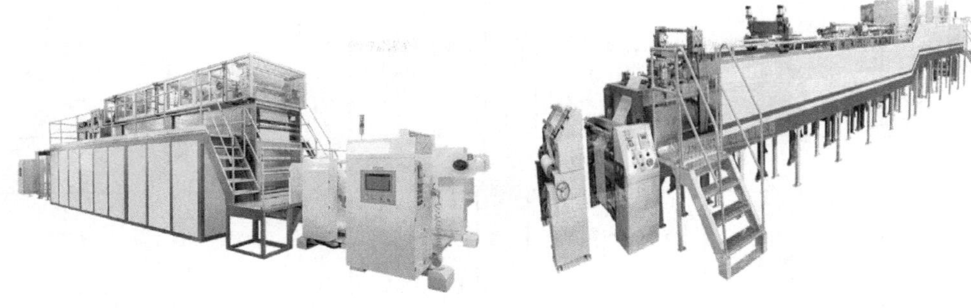

（c）水处理铸膜生产线　　（d）水处理涂膜生产线

图 1-1　不同类型膜的生产线

水处理过程用到的微滤膜（MF）、超滤膜（UF）、平板 MBR 膜、纳滤膜（NF）、反渗透膜（RO），其制造工艺不同。一般情况下，微滤膜（MF）、超滤膜（UF）、平板 MBR 膜采用铸膜工艺，而纳滤膜（NF）和反渗透膜（RO）采用涂膜工艺。过滤精度更高的超滤膜，除了采用铸膜工艺外，还采用涂膜工艺。图 1-2 是高精度超滤膜（UF）、纳滤膜（NF）、反渗透膜（RO）基膜和微滤膜（MF）、超滤膜（UF）、平板 MBR 膜产品铸膜工艺和涂膜工艺。

用干-湿法纺丝工艺制备中空纤维膜的过程如下：

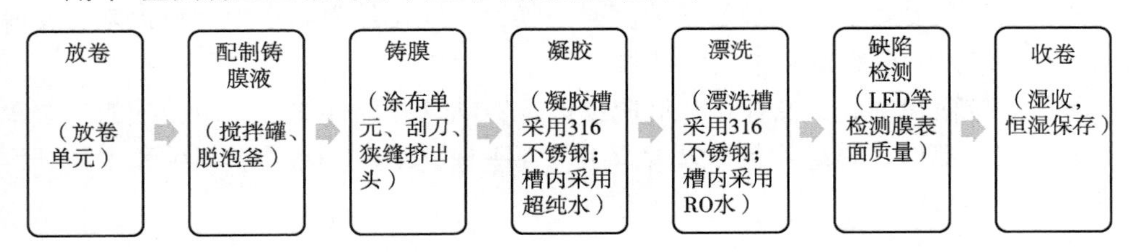

（a）高精度超滤膜（UF）、纳滤膜（NF）、反渗透膜（RO）基膜铸膜工艺

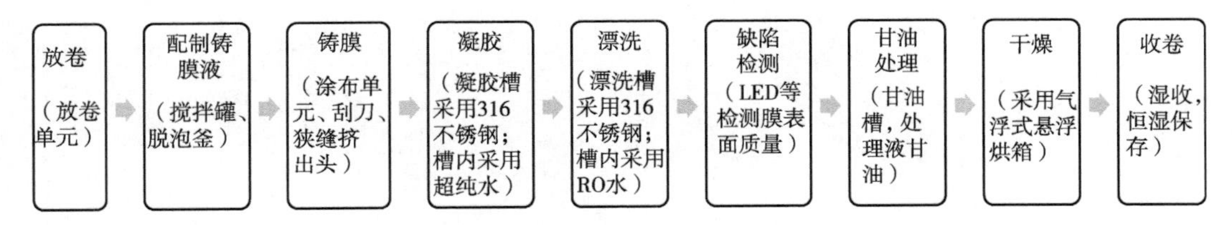

（b）水处理微滤膜（MF）、超滤膜(UF)、平板MBR膜产品铸膜工艺

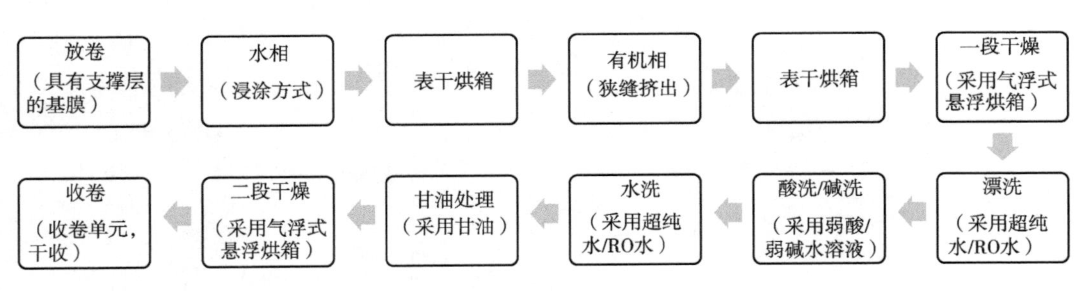

（c）涂膜工艺一

图 1-2

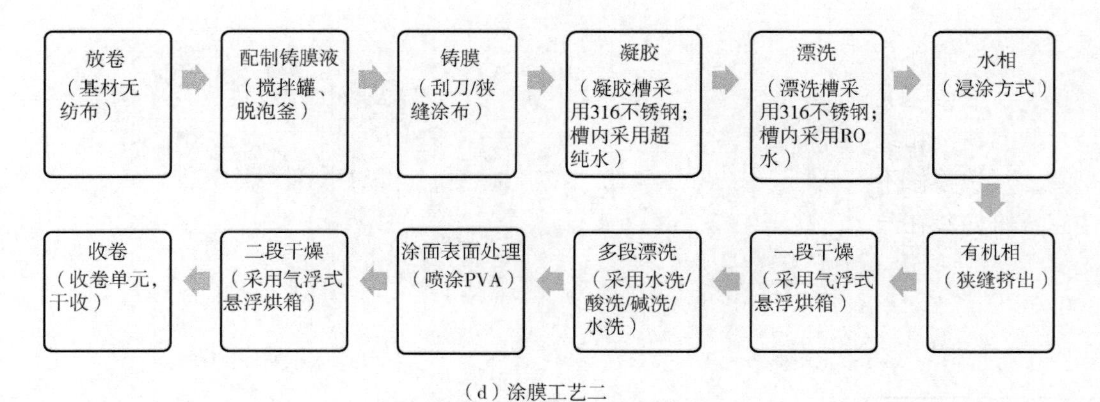

（d）涂膜工艺二

图 1-2　铸膜和涂膜工艺

① 将过滤后的铸膜液（由聚合物、溶剂和致孔剂组成）利用氮气从釜中的料液压出，从环形喷丝头的缝隙中挤出。

② 过一定时间后将芯液注入喷丝头插入管中，经过一段空气浴后，铸膜液浸入凝固浴中发生双扩散：铸膜液中的溶剂向凝固浴扩散以及凝固浴中的凝固剂（非溶剂）向铸膜液中细流扩散。

③ 膜的内侧和外侧同时发生凝胶化过程，首先形成皮层，随着双扩散进一步进行，铸膜液内部的组成不断变化，当达到临界浓度时，膜完全固化从凝固浴中沉析出来，将膜中溶剂和成孔剂萃取出，最终得到中空纤维膜。

膜组件是由一定面积的膜、支撑体、间隔物以及容纳这些部件的容器组合成的一个单元，是膜装置的核心部件。膜组件包括管式膜组件、平板膜组件、卷式膜组件和中空纤维式膜组件等，见图 1-3。

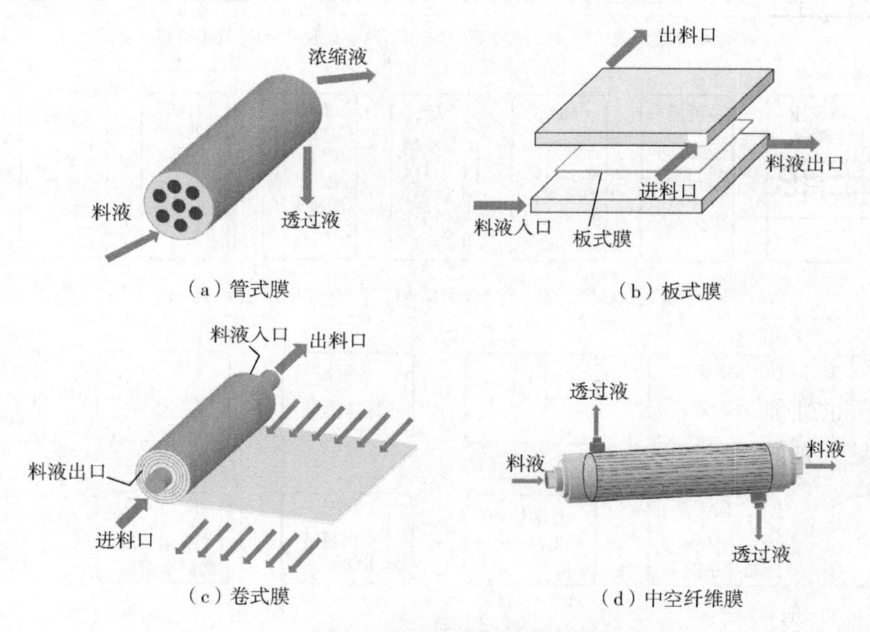

图 1-3　膜组件的不同构型

管式膜组件具有结构简单、安装方便、适应性强、可耐高压、压力损失小、通量大和易清洗等特点，适宜处理高黏度及稠黏液体。平板膜组件具有制造组装较简单、膜易更新、膜易清洗和维护容易等特点。卷式膜组件的膜面积大、湍流情况好，但其制造装配要求高、清洗检修不方便，并且不能处理浓度较高的悬浮液。中空纤维式膜组件是将大量的中空纤维安装在一个管状容器内，一端用环氧树脂与管外壳壁固封制成的膜组件。中空纤维式膜组件又可分为外压式和内压式，其突出特点是膜的装填密度大，最高可达到 $30000m^2/m^3$。表 1-3 是各种膜组件特点的对比。

表 1-3 各种膜组件特点的对比

项目	中空纤维式	平板	卷式	管式	
				聚合物	陶瓷
流道尺寸	0.6～1.1mm	0.5～1.0mm	0.86～1.52mm	12.7～25.4mm	2～19mm
装填密度	高	中等	中等	低	低
膜污染	高	中等	中等	低	低
运行能耗	低	中等	中等	高	高
膜通量	一般	很好	好	好	好
设备价格	低	高	低	高	非常高
膜清洗	较差、难	一般、较易	差、难	好、易	好、易
更换方式	组件	膜片	组件	膜管	膜管
对料液的要求	较高	较低	高	低	低
换膜费用	中等	低	中等	高	非常高
回洗	可	否	否	否	可

1.2 膜的性能指标

膜的性能包括分离性、选择透过性、物理化学稳定性以及经济性。

膜的分离性能是指膜应当对被分离混合物具有选择透过能力（分离能力）。膜的分离能力主要取决于膜材料的化学特性和分离膜的形态结构，但也与操作条件有关。

膜的透过性能是其处理能力的主要标志。一般而言，希望在达到所需要的分离率后，渗透通量越大越好。膜的透过性能首先取决于膜材料的化学特性和分离膜的形态结构，操作因素（压力差、浓度差和电位差等）对膜透过性能的影响也很大。表 1-4 列举了膜的分离性能及透过性能的表示方法。

膜的物理化学稳定性主要由膜材料的特性（耐热性、耐酸碱性能、抗氧化性、抗微生物分解性、表面核电性、表面吸附性、亲水性、疏水性、电性能、毒性和机械强度等）决定。

分离膜的价格不能太贵。分离膜的价格主要取决于膜材料和制造工艺。

表 1-4　膜的分离性能及透过性能的表示方法

膜的分离过程	膜的分离性能	膜的透过性能
反渗透（RO）	脱盐率	透水率
超滤（UF）	切割分子量	透水速度
微滤（MF）	膜的最大孔径、平均孔径或孔分布曲线	过滤速度
电渗析（ED）	选择透过率、交换容量等	反离子迁移数和膜的透过率
气体分离（GS）	分离系数	渗透系数、扩散系数

1.3 膜技术应用及前景

目前已工业化的膜技术包括微滤（MF）、超滤（UF）、纳滤（NF）、反渗透（RO）、渗析（D）、电渗析（ED）、气体分离（GS）和渗透汽化（PVA）等。20 世纪膜技术的发展历程大致为：30 年代微滤；40 年代渗析；50 年代电渗析；60 年代反渗透；70 年代超滤和液膜；80 年代气体分离；90 年代渗透汽化。在 1960 年之前是膜的早期发展阶段，电渗析膜、反渗透膜、超滤膜和微滤膜及其相关产业得到了初步发展。

从 1979 年开始直到现在，是膜分离技术快速发展的阶段。80 年代新膜材料的不断涌现和新应用领域的不断拓展，使得气体分离膜技术得到了较快发展，渗透汽化、膜蒸馏、无机膜和膜反应器也进入研究阶段。同时，膜法水处理技术开始被用于海水淡化、纯水生产、液体提纯和浓缩等领域。20 世纪 90 年代，在膜材料与膜过程方面展开了大量研究，无机膜开发开始进入商业化阶段，并被成功应用于传统化工产业及生物工程等各个行业。

到了 21 世纪初，各种新型膜材料及制膜技术得到不断开拓，膜技术取得了长足的进步，反渗透、超滤、微滤等膜技术在能源电力、有色冶金、海水淡化、给水处理、污水回用及医药食品等领域的工程应用规模迅速扩大，有许多具有标志性意义的大型膜法给水工程、污水回用工程及海水淡化工程相继建成[3]。

表 1-5 是膜技术在工业上的一些应用。近年来，随着膜生产技术的不断提高和生产成本的逐步降低，膜分离技术在市政污水处理领域的应用越来越多，最具典型意义的技术就是与生物反应器相结合的膜生物反应器（MBR）技术。与许多传统的生物水处理工艺相比，MBR 具有出水水质优质稳定、剩余污泥产量少、占地面积小、不受设置场合限制、可去除氨氮及难降解有机物、操作管理方便、易于实现自动控制和易于从传统工艺进行改造等优点。1969 年，Smith 首次将小型膜分离系统和好氧活性污泥法工艺结合起来处理城市污水；1989 年，Yamamoto 发明了浸没式 MBR，大大降低了能耗；20 世纪 90 年代初期，Zenon 引进了一系列浸入式中空纤维膜组件等[4]。目前，MBR 作为一种新型、高效的

污水处理技术在国内外均受到了广泛的关注，主要用于处理各种废水（如垃圾渗滤液、城市污水、粪便污水和工业污水）[5，6]。

表 1-5　膜技术的工业应用

工业领域	应用
水处理	海水、苦咸水淡化；超纯水制备；电厂锅炉水净化；废水处理
化学工业	有机物去除或回收；污染控制；气体分离；药剂回收和再利用
食品及生化工业	净化；浓缩；消毒；代替蒸馏；副产品回收
金属工艺	金属回收；污染控制；富氧燃烧
造纸工业	代替蒸馏；污染控制；纤维及药剂回收
医药工业	人造器官；控制释放；血液分离；消毒
国防工业	舰艇淡水供应；战地污染水源净化；野战供水
纺织及制革工业	余热回收；药剂回收；污染控制

我国的膜技术研究始于 20 世纪 60 年代初，到了 20 世纪 80 年代，膜产业雏形基本形成，为我国膜技术发展奠定了基础。21 世纪至今，各种新型膜分离技术都展开了研究，国产的各种定型产品的膜、膜器和成套装置等已经在各个工业、科研、医疗部门得到了广泛应用，反渗透、纳滤、超滤、微滤、MBR、陶瓷膜等也实现了产业化。其中，超滤、微滤、MBR 膜等具有较强的国际竞争力。目前，海水淡化、工业废水零排放、高盐废水资源化和市政污水再生利用等应用技术也处于国际先进水平。

1999 年全球膜产业的总产值（膜元件、膜组件、膜装备及相关工程的总值）为 200 亿美元，2009 年为 400 亿美元。截至 2017 年底，全球膜产值已上升到 1050 亿美元。与国际膜产业相比，我国的膜产业发展较快，已经进入一个快速成长期，市政污水领域和海水淡化领域对膜处理工程的新增需求量都将促进膜产业总产值（膜制品、膜组件、膜附属设备及相关工程的总值）的大幅提升。目前，我国投入运行或在建的 MBR 系统已经超过 1000 套且已经有上百万吨级 MBR 系统在市政污水处理领域得到应用。1999 年，我国膜产业的总产值仅为 28 亿元（占世界仅 1.7%），国内膜企业的数量仅 50 家左右，2009 年我国的膜产业总产值约为 227 亿元（占到世界的近 1/10），膜分离企业开始呈现爆发式增长趋势。经过近 10 年的高速增长，截至 2018 年全国与膜分离研究有关的高校研究机构超过 100 家，膜制品生产企业和工程公司近 1300 家。其中年产值在 500 万元左右的中小企业约占膜企业总数的 85%，年产值超过亿元的企业约占 4%，膜产业总值达到 2438 亿元（占到世界的近 1/3），近十年的年均增长速度均保持在 15%左右。膜产业在中国的高速增长未来可期，预计 2024 年膜产业总产值将达到 3600 亿元。图 1-4 为近十年来我国膜产业的总产值[7]。

21 世纪以来，全球膜制品的年销售额逐年增加，随着水污染防治力度的加大，膜分离产业也高速增长，中国已成为全球膜市场增长的主力。2005 年全球膜制品的年销售额约为 70 亿美元，2013 年已增至 150 亿美元，2020 年达到 321 亿美元。全球膜制品的销售地区主要为东亚地区和北美地区，其次是西欧和中东地区。目前，我国各类膜组件产品中 50%

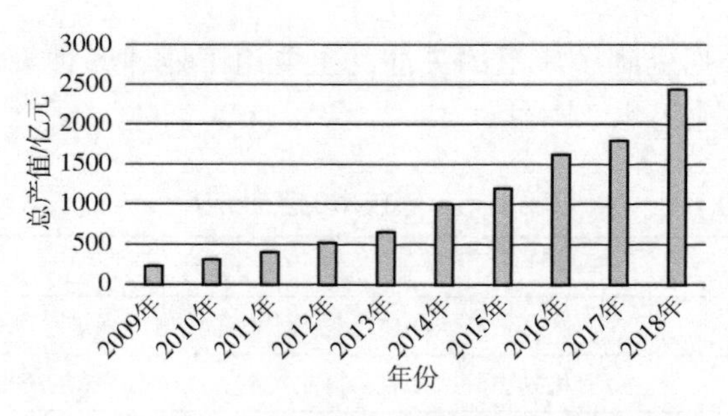

图 1-4　近十年来中国膜产业的总产值

以上的市场被反渗透（RO）膜占据，主要用于海水脱盐及超纯水的制造。2005 年，我国 RO 膜的销售额占全球膜销售额的比例为 48.4%，2013 年提高到 55.3%；超滤（UF）膜和纳滤（NF）膜主要用于污水、废水处理及回用，给水净化以及海水淡化预处理等领域，共占约 20%；微滤（MF）膜与电渗析（ED）膜各占 10%，剩下的 10%被气体分离膜、无机陶瓷膜、透气膜及其他类型占据。在 RO 膜市场大幅度提高的情况下，超滤（UF）膜和微滤（MF）膜的市场额度随年份变化均有较大的提高，但市场占比却在下降。如超滤（UF）膜市场由 2005 年的 29.4%下降至 2013 年的 24.5%[8]。未来，随着膜产品多元化及技术多元化，产品的应用领域也将变得越来越广泛。图 1-5 是我国膜产品市场结构的占比情况。

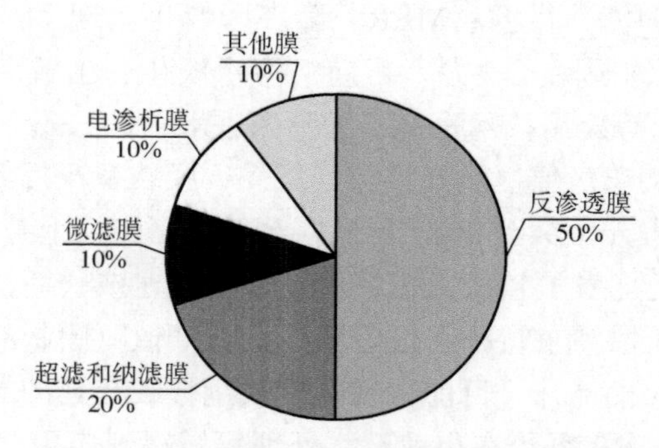

图 1-5　我国膜产品市场结构的占比情况

我国的膜产业在取得长足发展的同时，与发达国家相比还有较大的差距。

① 从应用的角度来看，膜技术在我国未来的发展前景及应用潜力极大，如膜技术在人体器官中的应用、膜催化反应在石化加工中的应用等。

② 从技术的角度来看，尽管生产需求的增多和高新技术的发展推动了膜技术发展，但是研究各种新型膜材料以降低生产成本、提高产品品质及提高膜材料及装置的性能（如耐热、耐酸、耐碱、易清洗等性能）仍是我们重点研究的方向。此外，不同的膜技术联合使用，或将膜技术与其他相关技术结合使用，使其在最适合的条件下发挥最大的效率，也是未来的发展趋势。

③ 从发展的角度来看，膜技术未来发展的重点方向除了在水处理方面（海水淡化和苦咸水淡化、微污染水处理、饮水安全保障、工业废水和市政污水资源化等）外，还包括新能源电池隔膜、重大技术设备的核心膜（医疗用膜和医用检测膜的研发）等挑战性领域

的膜开发[9]。随着膜技术的发展，其潜在应用领域将会不断扩大，这门新兴的技术将会在今后的科学技术发展中大显身手。

参考文献

[1] 雷晓东，熊蓉春，魏刚. 膜分离法污水处理技术[J]. 工业水处理，2002，22（2）：1-3，58.

[2] 王湛. 膜分离技术基础[M]. 北京：化学工业出版社，2019.

[3] 张云飞，田蒙奎，许奎. 我国膜分离技术的发展现状[J]. 现代化工，2017（4）：6-10.

[4] Li P，et al. Identify driving forces of MBR applications in China[J]. Science of The Total Environment，2019，647：627-638.

[5] 王震，黄武，胡程月，等. 膜生物反应器在污水处理中的应用[J]. 四川化工，2018，6：19-22.

[6] 奉明. 膜分离法污水处理技术[J]. 化工管理，2019（18）：71-72.

[7] 赵冰，王军，田蒙奎. 我国膜分离技术及产业发展现状[J]. 现代化工，2021，41（2）：6-10.

[8] 周瑞琪. 膜分离技术在水处理中的应用研究[J]. 环境科学与管理，2018（12）：91-94.

[9] 杨平. 浅谈膜技术的特点及在水处理中的应用[J]. 科技与企业，2014（21）：158.

第2章

膜的基础知识

随着膜技术的飞速发展，膜的种类及应用领域不断得到拓展。例如基于材料的不同，膜可分为无机膜、有机膜、混合基质膜等；膜技术的应用也从水处理、气体分离等拓展到控制释放、膜反应器以及能量转换等。本章将介绍膜材料、膜合成以及膜组件等的基础知识。

2.1 膜材料

膜材料分为无机膜材料与有机膜材料[1]。有机膜材料主要是高分子聚合物材料，例如国际上通用的反渗透膜材料主要有醋酸纤维素和芳香聚酰胺两大类。另外，还有一些用于提高膜性能或制备特种膜（如耐氯膜、耐热膜）的材料，如聚苯并咪唑（PBI）、聚苯醚（PPO）、聚乙烯醇缩丁醛（PVB）等。此外，以无机物为膜材料的分离膜近年来也得到了迅速发展。

2.1.1 有机膜材料

2.1.1.1 醋酸纤维素和三醋酸纤维素

醋酸纤维素（CA）是纤维素酯中最稳定的物质，对光稳定、吸湿性强、热塑性良好，是目前研究最多的反渗透膜材料。由醋酸纤维素制得的膜具有耐氯性，广泛应用于海水淡化领域。但在较高的温度和酸碱条件下易发生水解；易被许多微生物侵蚀而分解；压密性差，高强度工作状态下易发生蠕变而导致膜孔变小，使通量下降。

相对于二醋酸纤维素（图 2-1）来说，三醋酸纤维素（CTA）（图 2-2）抗拉强度、耐热性、水解稳定性、耐氯性和抗微生物降解能力都有提高，制得的膜截留率也有所提高，但其膜通量却下降了。因此，实际应用中常将 CA 与 CTA 混合起来使用或采取接枝共聚物的方法对膜进行改性。

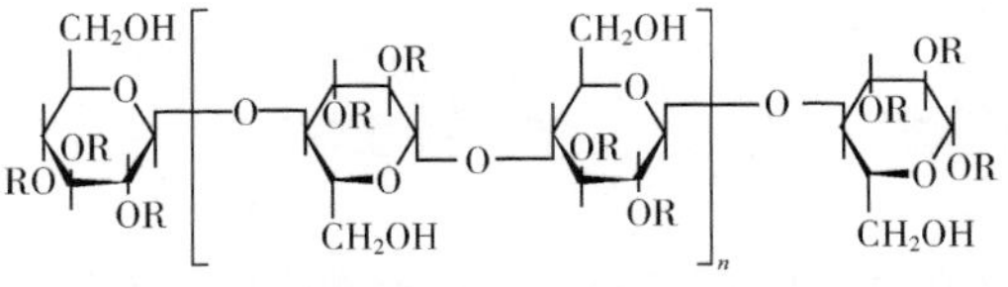

图 2-1　二醋酸纤维素（R═$COCH_3$）的结构

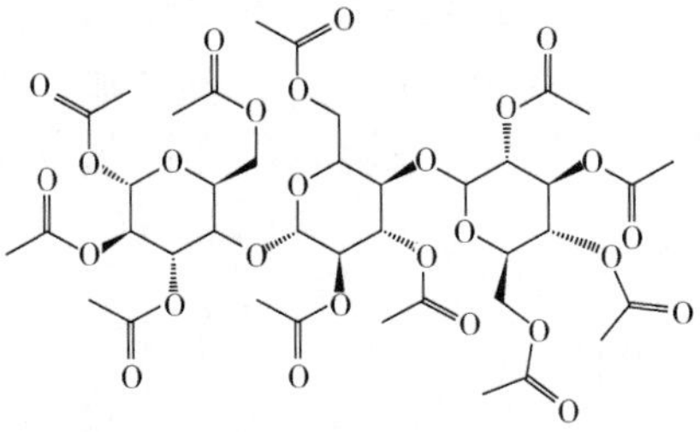

图 2-2 三醋酸纤维素的结构

2.1.1.2　芳香族聚酰胺

芳香族聚酰胺（PA）具有优良的物化稳定性，耐强碱、耐油脂、耐有机溶剂，机械强度好，拉伸强度高，吸湿性低，耐高温、日光性能优良。芳香族聚酰胺的溶解性能不好，不能用溶液制膜，需用熔融纺丝的方法来制备膜；而且其耐酸性和耐氯性较差，常采用甲基化等方法对膜进行改性。其一般结构式如图 2-3 所示。

2.1.1.3　聚苯并咪唑

聚苯并咪唑（PBI）属于芳杂环聚合物，不溶于普通有机溶剂，微溶于浓硫酸、冰醋酸和甲磺酸，溶于含 LiCl 的二甲亚砜、二甲基乙酰胺和二甲基甲酰胺；玻璃化转变温度较高（480℃），耐高温、耐水解、耐酸碱。其结构式如图 2-4 所示。

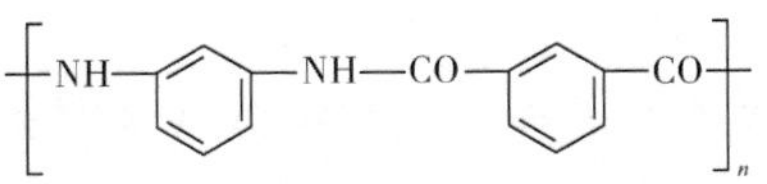

图 2-3　芳香族聚酰胺的一般结构

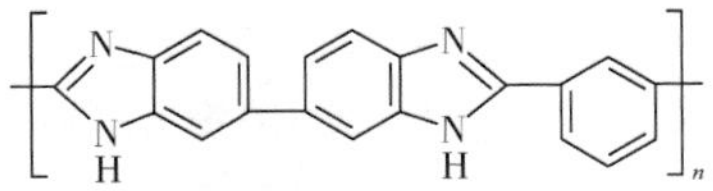

图 2-4　聚苯并咪唑的结构

2.1.1.4 聚苯醚

聚苯醚（PPO）是20世纪60年代发展起来的一种耐高温的热塑性工程材料，吸水率低，玻璃化转变温度较高，操作时可以在其橡胶态下制膜，有利于预防膜缺陷；高温下耐蠕变性极好；具有优良的耐酸、碱和盐水的性能，水解稳定性优异；能溶解于卤代烃（如氯仿）和芳香烃（如甲苯）等溶剂中；成型收缩率和热膨胀系数小。其结构式如图2-5所示。

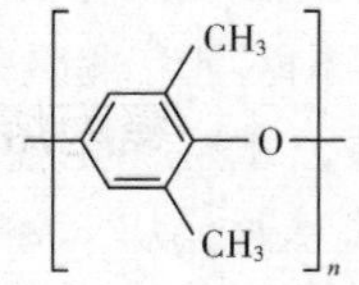

图2-5 聚苯醚的结构

2.1.1.5 聚乙烯醇缩丁醛

聚乙烯醇缩丁醛（PVB）由聚乙烯醇与丁醛在酸催化下缩合而成，有很高的拉伸强度和抗冲击强度；同时由于分子含有较长支链，柔软性能好，易于制膜。PVB属于热熔性高分子化合物，透明度高、耐曝晒、耐氧和臭氧、抗磨抗压、耐无机酸和脂肪烃，并能和硝酸纤维、脲醛、环氧树脂等混溶；能溶于醇类、乙酸乙酯、甲乙酮、环已酮、二氯甲烷和氯仿等，玻璃化转变温度较低（57℃）。其结构式如图2-6所示。

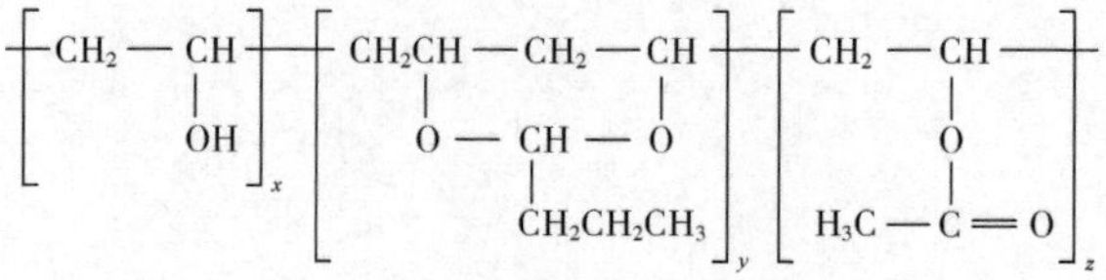

图2-6 聚乙烯醇缩丁醛的结构

2.1.1.6 聚偏氟乙烯

聚偏氟乙烯（PVDF）是具有（$—CH_2—CF_2—$）重复单元的半结晶聚合物（图2-7），是偏氟乙烯均聚物或者偏氟乙烯与其他少量含氟乙烯基单体的共聚物，除具有良好的耐化学腐蚀性、耐高温性、耐氧化性、耐候性、耐射线辐射性能外，还具有压电性、介电性、热电性等特殊性能，在制备平板、中空纤维或管状膜时显示出良好的加工性能。PVDF膜可以通过非溶剂致相分离（NIPS）、热致相分离（TIPS）、蒸汽致相分离（VIPS）、溶液浇铸、电纺等方法制得。

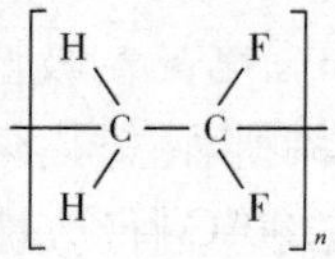

图2-7 聚偏氟乙烯（PVDF）的结构

2.1.1.7 聚四氟乙烯

聚四氟乙烯（PTFE）最突出的特点是耐化学腐蚀性极强，除熔融金属钠和液氟外，能耐其他一切化学药品，如强酸碱、油脂、有机溶剂，因此被称为塑料王；耐气候性能优良；耐热性好，可在260℃的高温下长期使用。

用PTFE生产的膜，憎水性强、耐高温、化学稳定性极好，适用于过滤蒸汽及各种腐蚀性液体。然而聚四氟乙烯的制膜难度较大，目前采用双向熔融拉伸法制备平板膜。其结构式如图2-8所示。

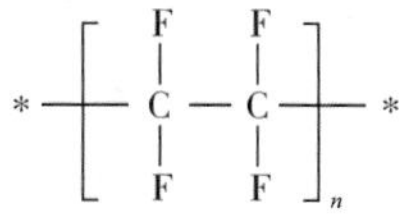

$*\!-\!\left[CF_2-CF_2\right]_n\!-\!*$

图2-8 聚四氟乙烯（PTFE）的结

2.1.1.8 聚丙烯腈

聚丙烯腈（PAN）中氰基具有很强的极性，内聚力大，具有很高的热稳定性。聚丙烯腈的耐候性和耐日晒性好，在室外放置18个月后还能保持原有强度的77%；它还耐化学试剂，特别是无机酸、漂白粉、过氧化氢及一般有机试剂。聚丙烯腈纤维（俗称腈纶）的强度并不高，耐磨性和抗疲劳性也较差。聚丙烯腈制成的膜平滑柔韧，有一定的亲水性。聚丙烯腈来源广、价格低，广泛用于制备超微滤膜[1]。其结构式如图2-9所示。

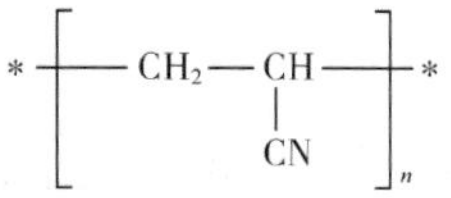

$*\!-\!\left[CH_2-CH(CN)\right]_n\!-\!*$

图2-9 聚丙烯腈（PAN）的结

2.1.1.9 聚砜和聚醚砜

聚砜类包括磺化双酚A型聚砜（SPSF）、双酚A型聚砜（PSF）等。聚砜膜的机械强度较高、化学稳定性好、热稳定性较好，能耐酸、碱和脂肪烃溶剂，能耐受游离氯（50 mg/L）长期侵蚀。其结构式如图2-10所示。

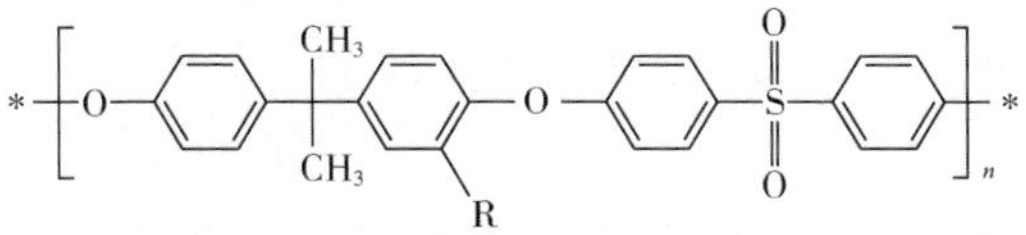

图2-10 磺化双酚A型聚砜（SPSF，R═HSO_3）与双酚A型聚砜（PSF，R═H）的结构

与聚砜相比，聚醚砜（PES）有更高的耐热性与刚性，其玻璃化转变温度为225℃，热变形温度为203℃，在200℃下机械性能基本不变，长期使用温度能达到180℃；其机械性能在热塑性塑料中属于高者；耐酸、碱、有机溶剂，但不能耐极性强的有机溶剂如二甲基亚砜、酯类、酮类、卤代烃类等；聚醚砜膜耐压、耐热、耐氧化性高，生物相容性较好[1]。其结构式如图2-11所示。

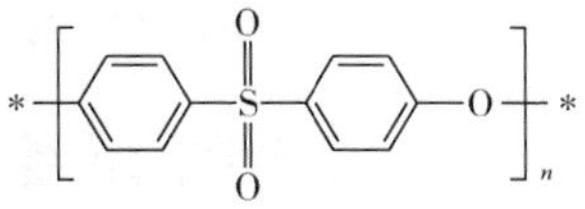

图2-11 聚醚砜（PES）的结构

2.1.1.10 聚氯乙烯

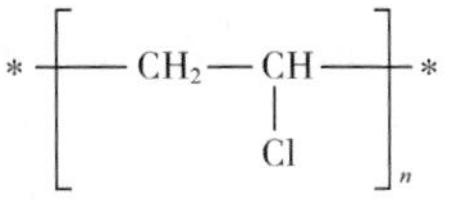

$*\!-\!\left[CH_2-CH(Cl)\right]_n\!-\!*$

图2-12 聚氯乙烯（PVC）的结构

聚氯乙烯（PVC）具有稳定的物理化学性质，阻燃；耐化学药品性高，对盐类物质稳定，不溶于酒精、汽油，溶于芳香烃、氯化脂肪烃、醚、酮等有机溶剂。聚氯乙烯膜的机械强度、伸长率、电绝缘性良好，对光、热的稳定性较差，亲水性较差，需亲水改性[1]。其结构式如图2-12所示。

2.1.1.11 聚丙烯

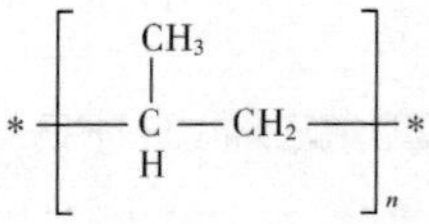

图 2-13　聚丙烯（PP）的结构

聚丙烯（PP）主要包括聚乙烯、聚丙烯、聚丁烯和聚苯乙烯。在膜研究领域，应用较多的是聚丙烯。

聚丙烯（PP）为白色蜡状结晶聚合物，结晶度在70%以上，相对分子质量一般为（10～20）×10^4。其缺点是易老化，低温脆性大。力学强度不仅与相对分子质量有关，而且与结晶结构有关，大的球晶使硬度提高而柔性下降。其结构式如图 2-13 所示。

2.1.1.12 聚二甲基硅氧烷

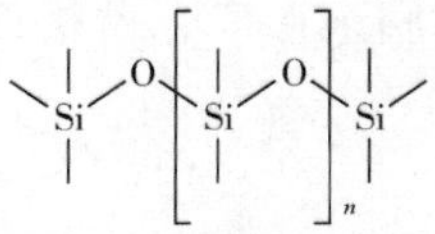

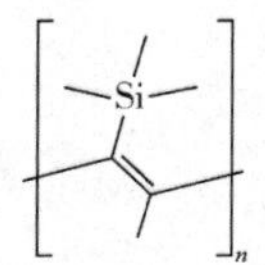

图 2-14　聚二甲基硅氧烷（PDMS）的结

聚二甲基硅氧烷（PDMS）是目前工业化应用中透气性最大的气体分离材料之一，耐热、不易燃、耐电弧，但其机械强度差、透气选择性低，常用于复合膜中作为底膜材料的堵孔剂。其结构式如图 2-14 所示。

2.1.1.13 聚三甲基硅-1-丙炔

图 2-15　聚三甲基硅-1-丙炔

聚三甲基硅-1-丙炔（PTMSP）是一种高自由体积的玻璃态聚合物，其透气速率比 PDMS 还高一个数量级，对烃类分子和小分子气体（如氢气）具有很好的选择性。但 PTMSP 链刚性不强，形成的微孔不规则，分布较宽，对气体混合物的分离系数较低。其结构式如图 2-15 所示。

2.1.2 无机膜材料

2.1.2.1 金属或金属合金[2-6]

金属钯膜、金属银膜以及钯-镍、钯-金、钯-银合金膜。这类金属及金属合金膜主要是利用其对氢的溶解机理而透氢，用于加氢或脱氢膜反应以及超纯氢的制备。

2.1.2.2 氧化物

经三氧化二钇稳定的 ZrO_2 膜、钙钛矿膜等。这种膜是利用离子传导的原理而选择性透氧（图 2-16），其可能的应用领域为氧反应的膜反应器用膜、传感器制造等[7-11]。

2.1.2.3 陶瓷

陶瓷膜材料具有耐高温、耐溶剂腐蚀等特点。无机多孔陶瓷膜（图 2-17）在气体分离、液体分离、石油化工以及医药工程等工业方面有广泛的应用。良好的分离性能和渗透率是无机多孔陶瓷膜可以用于分离的重要标准，可以通过调控膜的厚度、孔径分布、孔隙率以及孔道结构来进行优化。

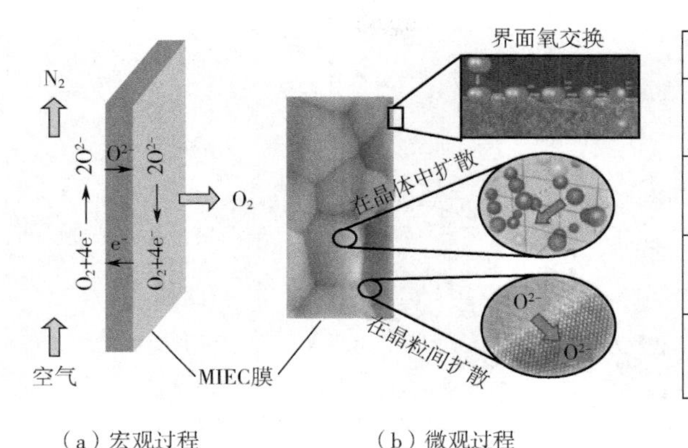

反应	应用
CH_4+O_2 ⇩ $CO+H_2$	生产合成气
$C_nH_{2n+2}+O_2$ ⇩ $C_nH_{2n}+H_2O$	生产烯烃
H_2O（CO_2）⇩ H_2（CO）/O_2	生产氢气/合成气
（空气+H_2O)/CH_4 ⇩ （N_2+H_2)/(CO+H_2）	生产两种类型的合成气

（a）宏观过程　（b）微观过程　（c）膜反应器

图 2-16　氧渗透的宏观过程与 MIEC 膜的气固界面氧交换、晶体中和晶界氧传递的微观机理以及 MIEC 膜反应器中的反应-分离耦合[12]

图 2-17　无机多孔陶瓷膜

2.1.2.4　分子筛

沸石分子筛是一系列具有周期性孔道结构的硅铝酸盐结晶体。沸石分子筛的基本结构单元是四面体的 TO_4（T 为 Si、Fe 和 Ti 等），TO_4 再通过氧桥相互连接组成不同的环而形成次级结构单元，所形成的次级结构有四元环、六元环、八元环和十二元环等。根据分子筛主孔道环的孔径大小可将其分为小孔、中孔、大孔和超大孔分子筛等。沸石分子筛膜[13-19]不仅具有无机膜耐高温、抗化学腐蚀等的优点，而且孔径均一、具有催化活性位点等。不同放大倍数下颗粒状分子筛的扫描电镜观察图见图 2-18。

2.1.2.5　金属有机框架[20-26]

金属有机框架（MOF）是一类由金属中心与有机配体通过配位键连接而成的新型晶态无机-有机杂化材料。MOF 材料和分子筛一样具有均一规则的孔道，并且孔道大小可以被调控，MOF 的孔道大小变化范围比分子筛的孔道更广泛。由于 MOF 材料自身具有很多的优点，使得 MOF 膜在分离、催化、光、电、磁和气体存储等方面都有良好的应用价值。以 Al_2O_3 为支撑层的 ZIF-90 膜见图 2-19。

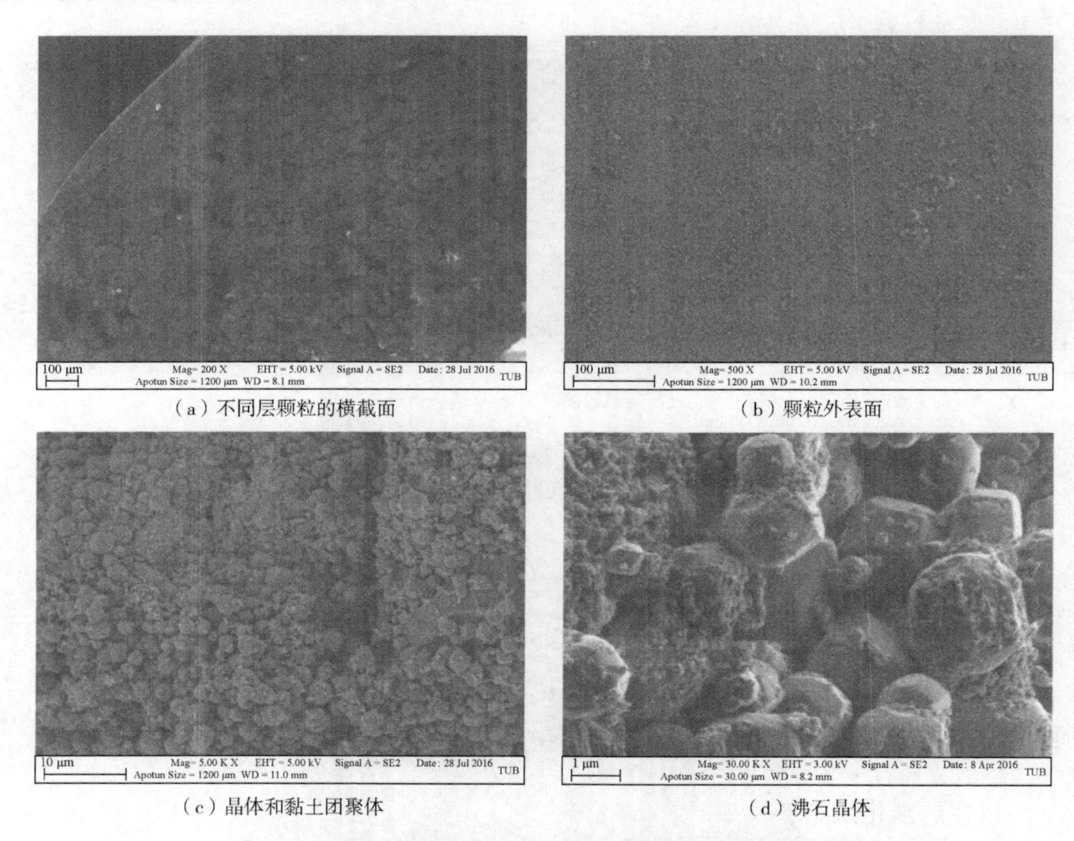

（a）不同层颗粒的横截面　（b）颗粒外表面

（c）晶体和黏土团聚体　（d）沸石晶体

图 2-18　不同放大倍数下颗粒状分子筛的扫描电镜观察图

（a）　（b）

图 2-19　以 Al_2O_3 为支撑层的 ZIF-90 膜[27]

2.1.2.6　氧化石墨烯

氧化石墨烯（GO）是石墨烯的一种衍生物，其结构类似于石墨烯的由 sp^2 碳原子组成的六边形蜂巢状二维结构，只不过在碳原子平面上和边缘处存在大量的含氧基团如羟基、环氧基、羰基和羧基。氧化石墨烯膜（GOMs）近年来在分离领域得到了众多关注。氧化石墨烯膜[28-36]是由无数氧化石墨烯纳米片堆栈而成的宏观形态，氧化石墨烯纳米片的间隙可通过功能团以及层间客体材料进行调控，从而获得不同的性能。氧化石墨烯的分离机理见图 2-20。

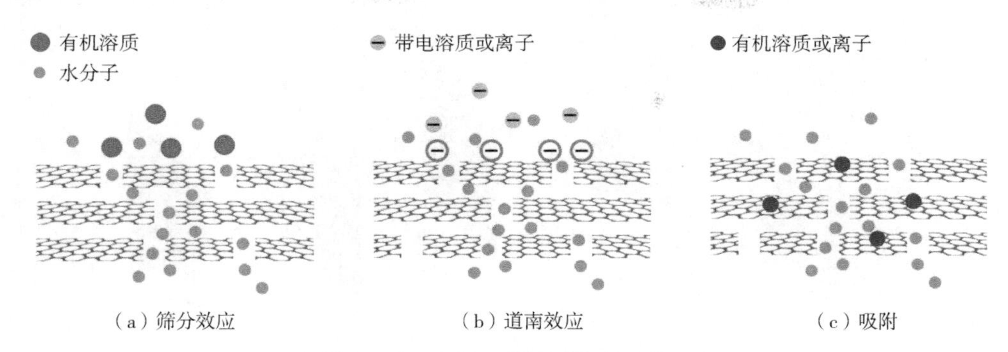

图 2-20　氧化石墨烯膜的分离机理

2.1.2.7　炭膜

炭膜是以固体炭为膜材料构成的膜，可分为支撑炭膜和非支撑炭膜。相比于聚合物膜，炭膜具有较高的热稳定性、化学稳定性、抗溶胀性等优点，从而在化工分离尤其是高温气体分离方面得到了广泛应用。

制备炭膜的影响因素主要有聚合物前驱体、聚合物膜成型方法、支撑体以及炭化条件。聚合物前驱体的种类很大程度上制约着炭膜的结构与性能；炭膜的成型方法有刮刀涂覆法、旋转涂覆法、浸涂法、喷涂法等，不同的成型方法会影响炭膜的形态以及炭膜的厚度；聚合物的炭化是制备炭膜的关键过程，炭化条件包括炭化温度、炭化氛围、升温速率、炭化时间等。通过对炭化条件的控制可以获得不同孔径的炭膜，从而使其表现出不同的分离性能。

2.2 膜组件

将膜以某种形式组装在一个基本单元设备内，在外界压力的作用下，实现对溶质和溶剂的分离，工业规模上称该单元设备为膜组件或简称组件。目前，工业上常用的反渗透膜组件形式主要有板框式、管式、中空纤维式及卷式四种类型。

2.2.1　板框式反渗透膜组件

板框式是最早开发的一种反渗透膜组件，组装比较简单，膜的更换、清洗、维护比较容易（图 2-21）；原料液流道截面积较大，不易堵塞流道，预处理的要求较低。但板框式膜组件对膜的机械强度要求比较高，流程比较短，加上原液流道的截面积较大，因此单程的回收率比较低。板框式反渗透膜组件从结构形式上可以分为系紧螺栓式、耐压容器式、折叠式、碟片式等类型。

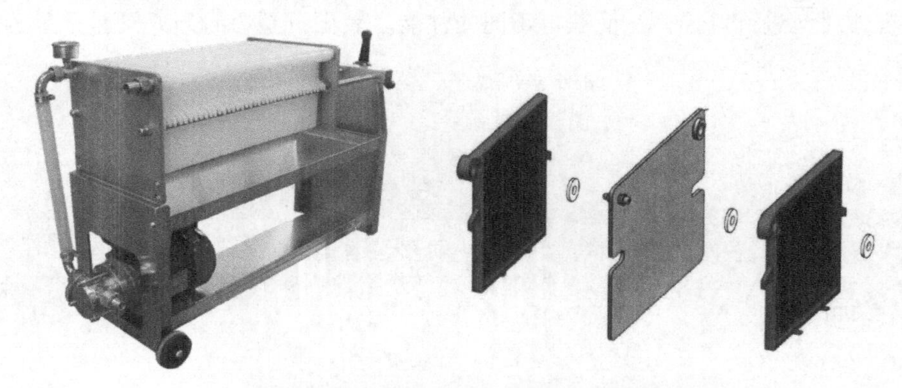

图 2-21　意大利 Zambelli 公司的 FZ40 板式过滤器

2.2.2　管式反渗透组件

管式反渗透器有内压式、外压式、单管和管束式等几种。管式膜组件的管径一般为 6～24mm，管长 3～4m，压力容器一般装有 4～100 根膜管或更多（图 2-22）。管式组件的优点是流动状态好，流速易控制。另外，安装、拆卸、换膜和维修均较方便，能够处理含有悬浮固体的溶液，机械清除杂质也较容易；而且，合适的流动状态还可以防止浓差极化和污染。管式反渗透膜组件的缺点是管膜的制备条件较难控制，管口的密封也比较困难，装填密度较小。

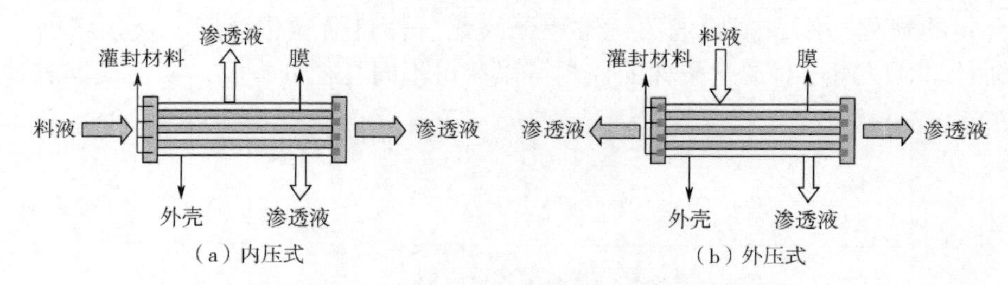

图 2-22　内压式、外压式管式膜组件的结构

2.2.3　中空纤维式膜组件

中空纤维式膜组件是将大量中空纤维膜丝按照一定的形式封装起来，纤维束的一端或两端用密封胶粘接在一起，可广泛应用于物质的分离、浓缩和提纯等过程（图 2-23）。中空纤维的直径较细，一般外径为 50～100μm，内径为 15～45μm，而且纤维的管径较细，装填密度较高，单位体积内有效膜表面积比例高；膜与支撑体为一体，强度高，高压下不产生形变。但中空纤维式膜制作技术复杂，对堵塞很敏感，不能处理含悬浮固体的原水，在某些情况下纤维管中的压力损失较大。

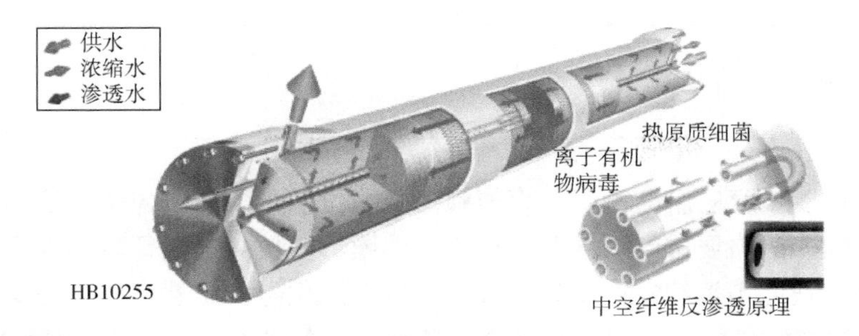

图 2-23　日本 TOYOBO 公司生产的“HOLLOSEP®”HB10255 中空纤维反渗透膜组件

2.2.4　卷式膜组件

卷式膜组件可以看作平板膜的另一种形式。卷式膜组件是将制作好的平板膜密封成信封状膜袋，在两个膜袋之间衬以网状间隔材料，然后紧密地卷绕在一根多孔的中心管上而形成膜卷，再装入圆柱形压力容器内，构成膜器件（图 2-24）。在实际应用中，可将多个膜卷的中心管密封串联起来，再装入压力容器内，形成串联式卷式膜组件单元；也可将若干个膜组件并联使用。卷式膜组件的优点有：结构紧凑，单位体积内膜的有效膜面积较大；制作工艺相对简单；安装、操作比较方便。但在使用过程中，膜一旦被污染，不易清洗，因而对原料的前处理要求较高。

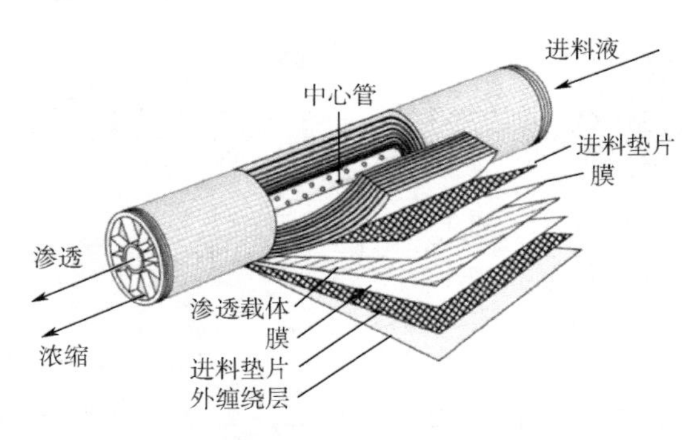

图 2-24　卷式膜组件

各种膜组件的特性见表 2-1。

表 2-1　各种膜组件的特性

项目	中空纤维式膜组件	板框式膜组件	螺旋卷式膜组件	管式膜组件
装填密度	高	中等	中等	低
更换方式	整个组件	膜片	组件	膜管
膜污染	高	中	中	低
膜清洗	较难	较易	较难	较易
清洗效果	较差	中等	较差	较好
反洗	是	否	否	—

2.3 膜的制备

依据膜材料以及膜应用的不同，膜的制备方法也多种多样。为了使获得的膜具有实用价值，膜制备的方法需要达到以下要求：制备的膜具有较高的截留率和渗透性；制备的膜具有足够的机械强度和柔韧性；制备的膜具有较好的化学稳定性和较长的使用寿命；制备的膜具有较好的抗污染能力；制备方法便于操作，成本合理，便于工业化生产。

2.3.1 均质对称膜的制备

2.3.1.1 溶液浇注法

首先将膜材料用适当的溶剂溶解，制成均匀的铸膜液；然后将铸膜液倾倒在铸膜板上，用特制刮刀使之铺展成具有一定厚度的均匀薄层；再移置特定环境中让溶剂完全挥发，最后形成均匀的薄膜，如图 2-25 所示。铸膜液的浓度范围较宽，一般为 15%～20%；铸膜液应有一定的黏度，使其不至于在成膜过程中从铸膜上流走。高沸点溶剂一般不适用溶剂浇注，溶剂的性质和成膜环境等对膜的性质有较大影响。

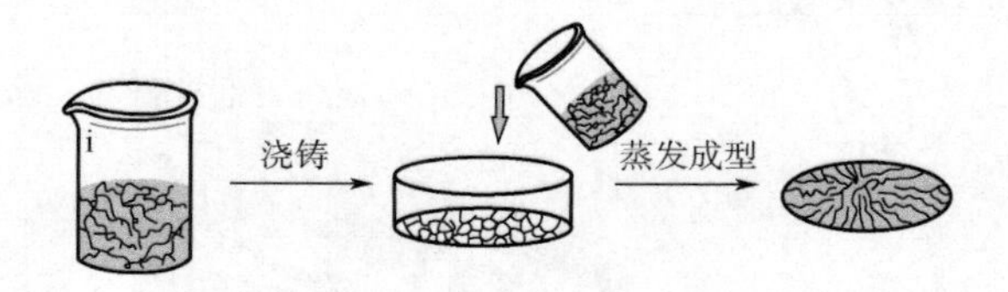

图 2-25 溶液浇注法

2.3.1.2 拉伸法

拉伸的基本方法是在相对低的熔融温度和高应力下挤出膜或纤维。只有半结晶的材料，如聚四氟乙烯、聚丙烯、聚乙烯等才能用这种方法制膜。拉伸法获得的聚丙烯膜扫描电镜图见图 2-26。

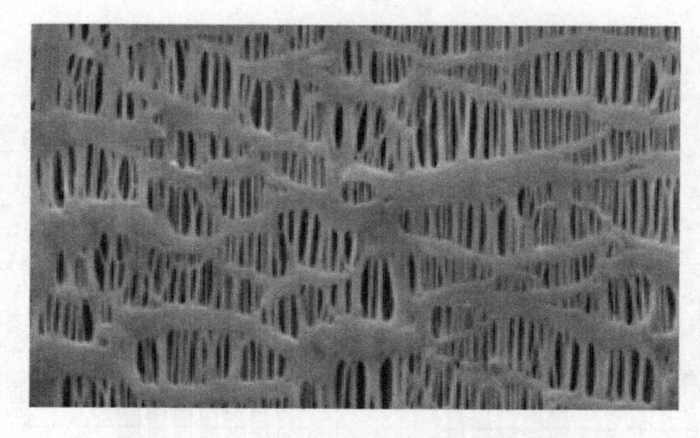

图 2-26 拉伸法获得的聚丙烯膜扫描电镜图

2.3.1.3 溶出法

溶出法是在制膜材料中加入某些水溶性高分子材料或其他可溶的溶剂材料混合，成膜后用水或其他溶剂将水溶性或其他可溶的溶剂材料溶出，从而形成多孔膜。

2.3.1.4 烧结法

烧结是将一定大小颗粒的粉末进行压缩，然后在高温下烧结，适用于制备大孔基体，可以制有机膜也可以制无机膜；制得的孔径大约为 0.1～10μm，孔隙率较低（10%～20%），异常耐热，结构为不对称管式，面积/体积比低，常为微滤膜。聚乙烯、聚四氟乙烯、聚丙烯等可采用此法制膜。控制烧结实验装置及使用常规烧结的不对称氧化铝中空纤维的 SEM 图像见图 2-27。

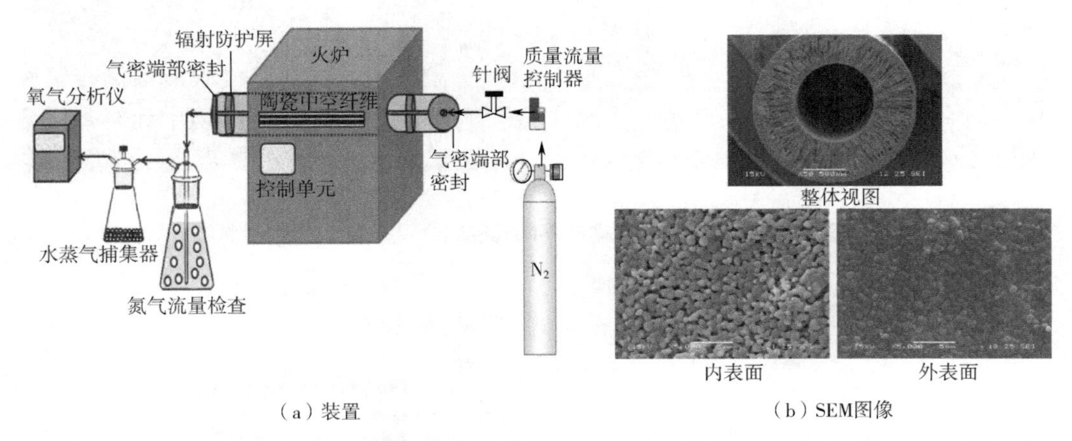

图 2-27 控制烧结实验装置示意图及使用常规烧结的不对称氧化铝中空纤维的 SEM 图像[37]

2.3.1.5 核径迹法

核径迹法膜的制备过程主要包含两个步骤：第一步用荷电粒子照射高分子膜，由于带电粒子的通过，路径上的分子发生电离并受到激发，高分子长链断裂，形成活性很高的新链端。在该径迹区域内的材料有较高的化学反应能力，能够优先被化学蚀刻剂（酸或碱）溶解。第二步即将照射后的高分子薄膜放入化学蚀刻剂中侵蚀，径迹区域的高分子被溶解而形成垂直于膜表面的规整圆柱形孔。核径迹法制备的膜孔径分布较窄，其扫描电镜照片见图 2-28。

2.3.2 非对称膜的制备

2.3.2.1 相转化法

相转化法是制备非对称膜最常用的方法，技术比较成熟。它是利用铸膜液与周围环境进行溶剂、非溶剂传质交换，原来稳态溶液变非稳态而产生液液相转变，最后固化形成膜结构的，见图 2-29。常用的相转化制膜方法有气相凝胶法、蒸发凝胶法、热凝胶法、沉浸凝胶相转化法等。相转化法制备的非对称膜分离层与支撑层是同时形成的，而且分离层与支撑层为同一种膜材料。

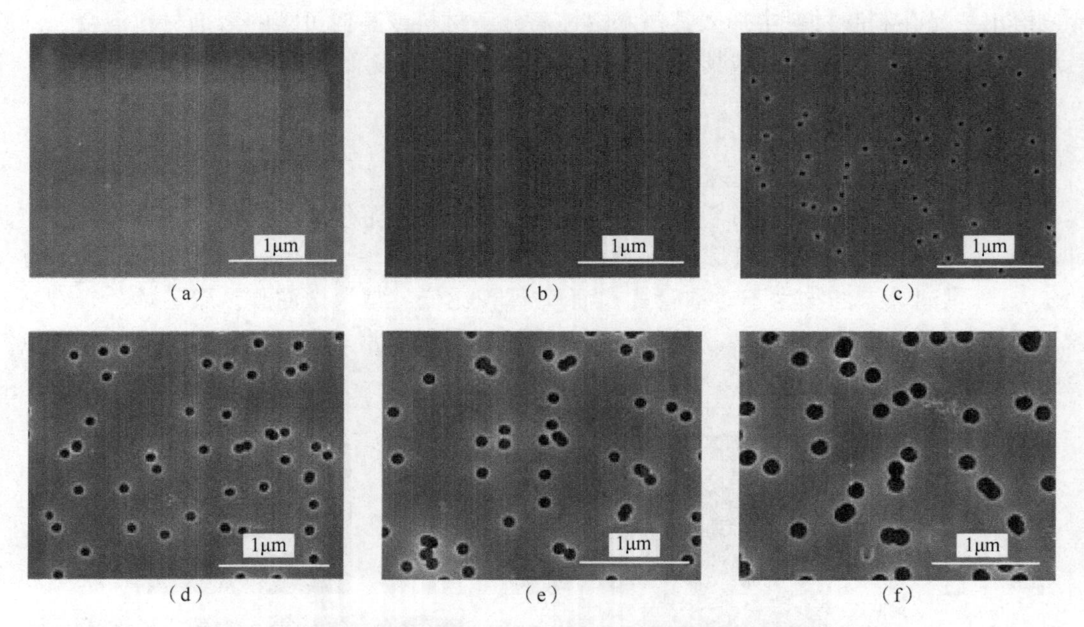

图 2-28　核径迹法获得的不同孔径聚合膜扫描电镜照片[38]

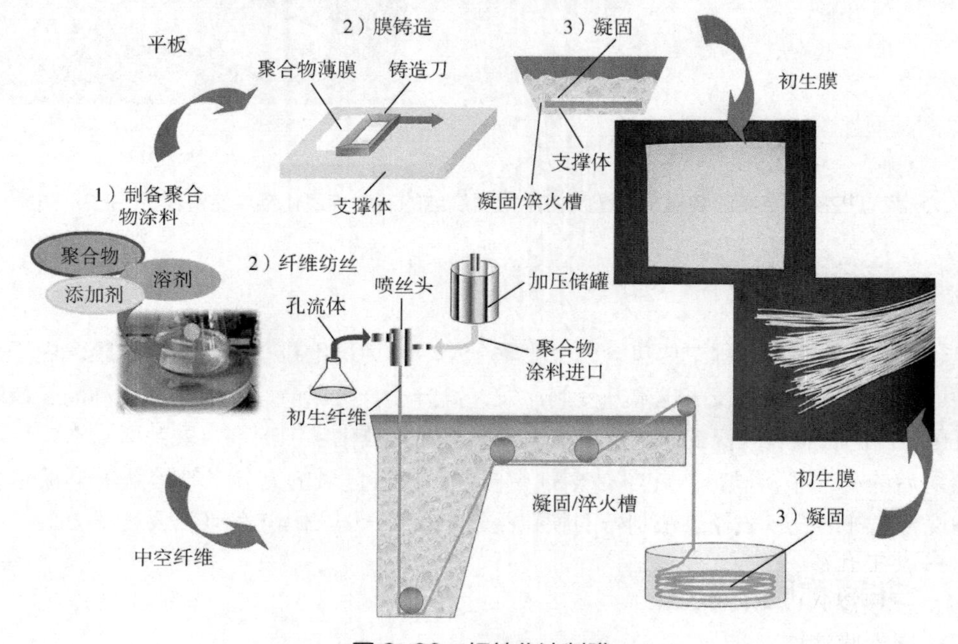

图 2-29　相转化法制膜

2.3.2.2　复合膜的制备

(1) 界面聚合

界面聚合法制备复合膜是利用两种反应性很高的单体在两个互不相溶的溶剂界面处发

生聚合反应，从而在多孔支撑体上形成一很薄的致密分离层，如图 2-30 所示。界面聚合法的优点是反应具有自抑制性，可以通过已形成的薄膜来提供有限量的反应物，因此可以制成厚度小于 50nm 的极薄的分离层。

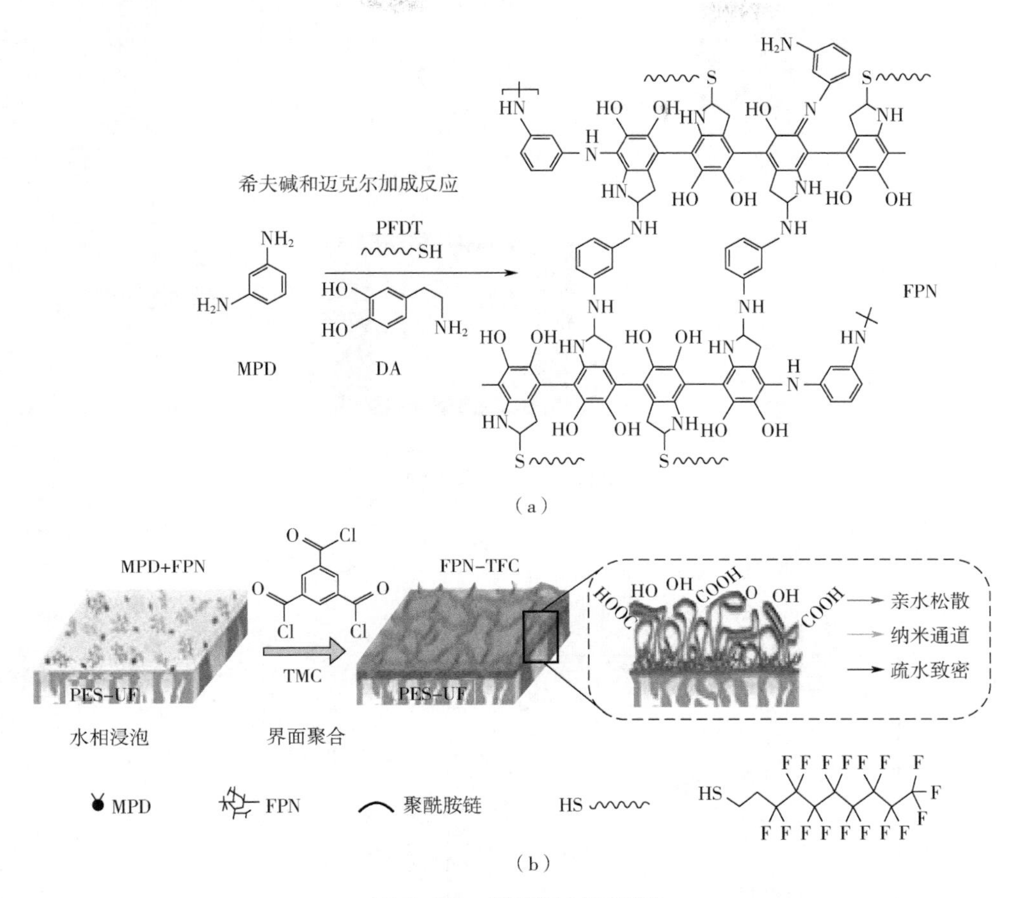

图 2-30　界面聚合法制膜

(2) 涂覆法

涂覆法是将加有某种聚合物或者纳米材料的聚合物凝胶溶液，使用旋涂、浸渍、压滤等方式涂覆到多孔基膜的表面，使之形成分离层，或改变基膜的分离性能，如图 2-31 所示。在涂膜过程中要注意孔渗问题，例如采用多孔支撑体，由于毛细管力的作用，在浸涂过程中会发生孔渗。为防止孔渗，一种方法是在基膜的孔内入预先填入某种易于去除的物质以防止膜液渗入，然后将堵孔材料洗去。另一种方法是采用高分子量的聚合物、纳米材料涂覆，增大膜液中聚合物微团的流体力学半径。

(3) 表面改性

通过对膜表面进行改性来改善膜的性能也是目前经常采用的一类膜制备方法（图 2-32）。通过表面改性，可以引入一些功能团、改变分离层结构以及改变膜表面的亲疏水性等。目前膜表面改性的方法主要有等离子处理法、传统的有机反应法、表面接枝法等。

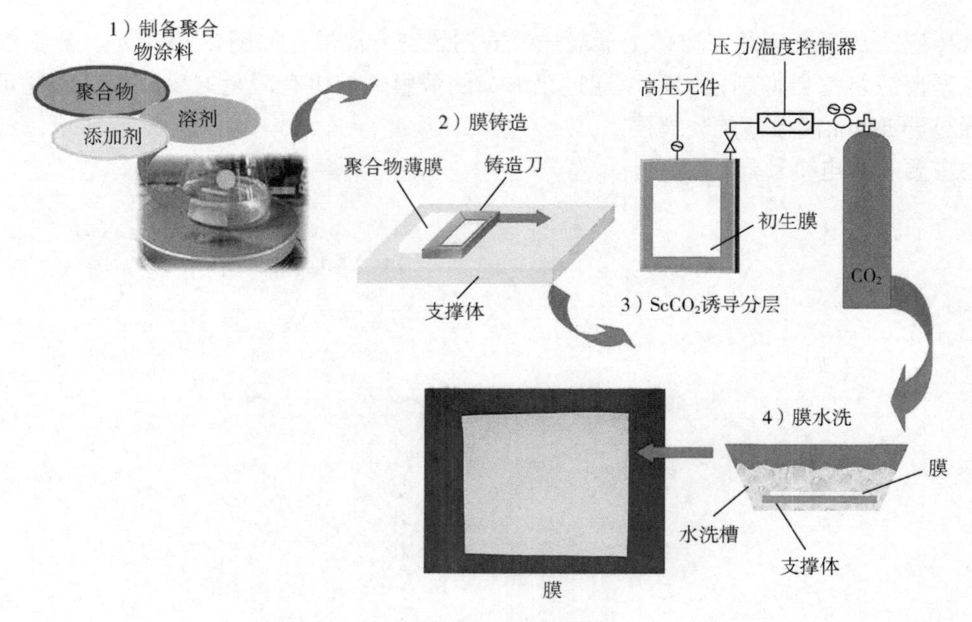

图 2-31　涂覆过程

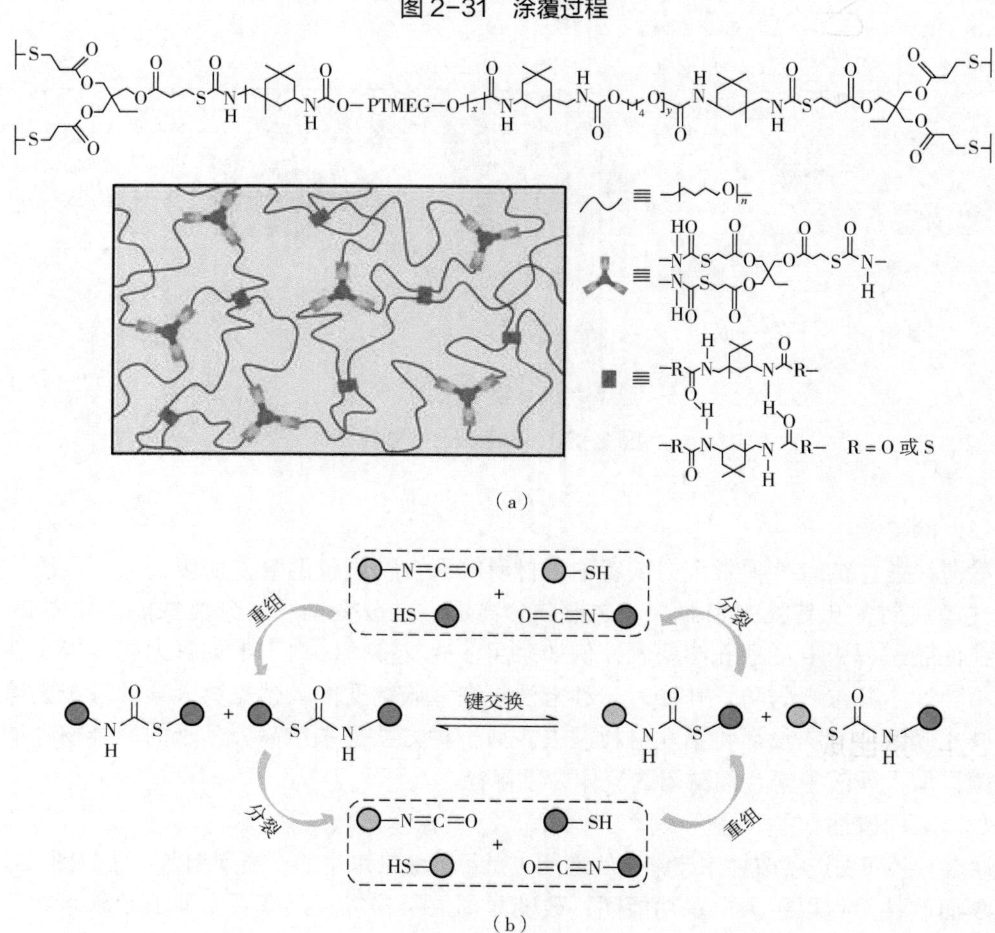

图 2-32　表面改性制膜

(4) 层层自组装

分子自组装的原理是利用分子与分子，或分子中的某一片段与另一片段之间的分子识别，通过非共价相互作用形成具有特定排列顺序的分子聚合体。常用于层层自组装成膜的作用力主要有静电相互作用、氢键作用、配位作用等。层层自组装制膜见图 2-33。

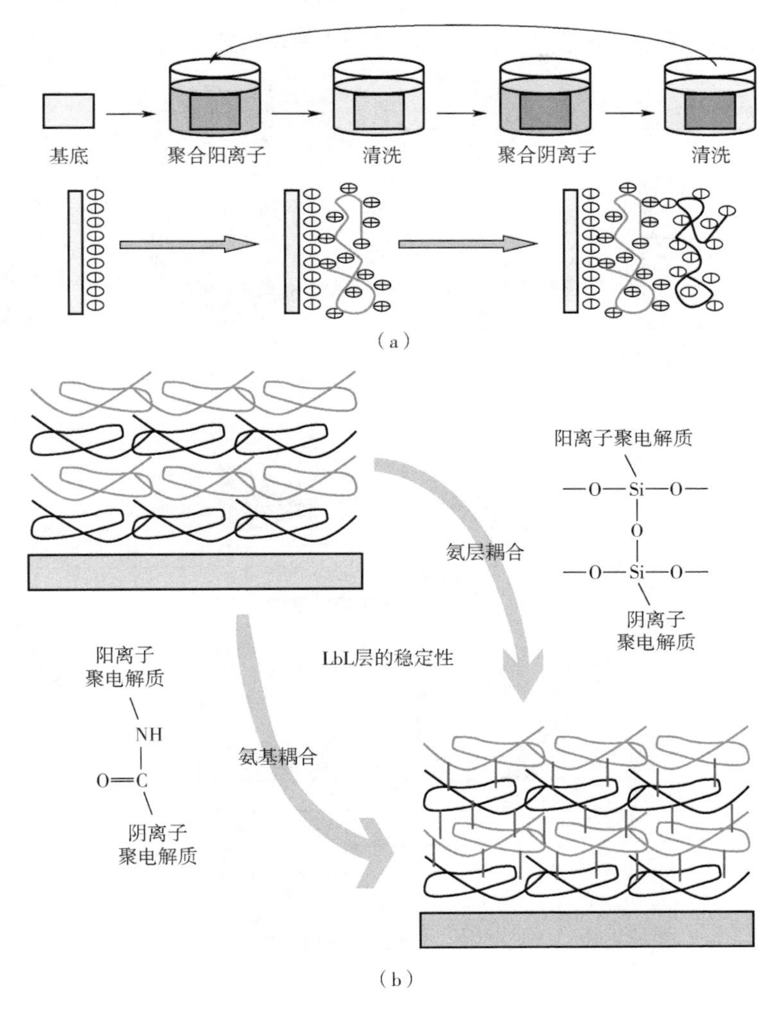

图 2-33 层层自组装制膜

2.3.3 无机膜的制备

2.3.3.1 挤出成型法

适当质量配比的陶瓷粉料、添加剂、塑化剂、水经混合后，炼制成塑性泥料，然后利用各种成型机械进行挤出成型，最后进行干燥与烧结，获得多孔陶瓷膜，见图 2-34。

2.3.3.2 流延成型法

该方法已用来制备厚度在几毫米的平板多孔陶瓷支撑体或对称膜，其过程包括浆料制备、流延成型和干燥烧结三个步骤。以水或有机溶剂将粉料、分散剂、黏结剂和增塑剂分散均匀获得浆料，浆料经过刮刀狭缝向不断移动的基带上流出延展，形成一定厚度的湿膜，干燥后得陶瓷膜素坯，按要求尺寸切割，经灼烧形成多孔陶瓷膜，如图 2-35 所示。

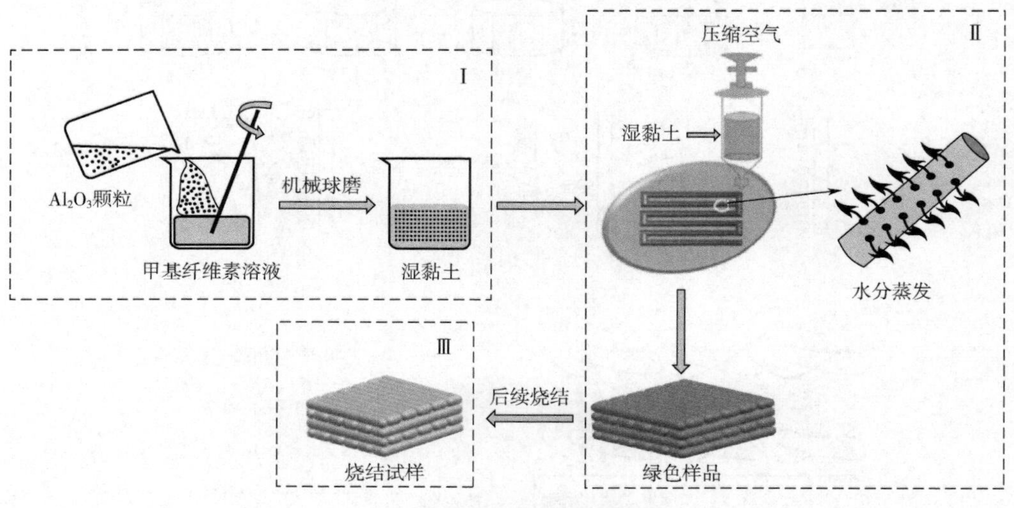

图 2-34　挤出成型法制膜[39]

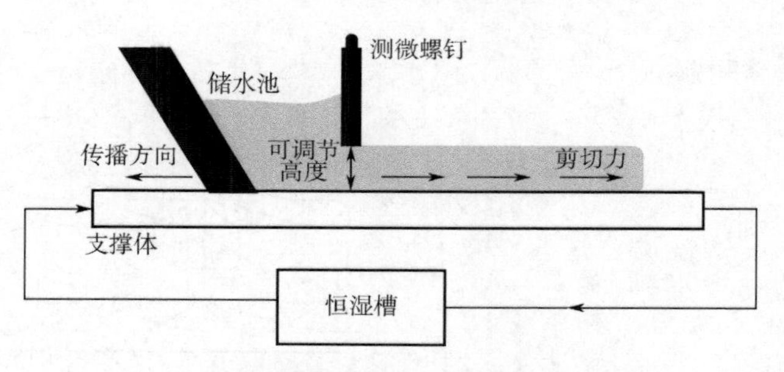

图 2-35　流延成型法制膜[40]

2.3.3.3 浸浆法

浸浆方法用于制备非对称陶瓷膜。首先配制陶瓷粉的悬浮浆料，然后将多孔支撑体与悬浮浆料接触，在毛细管力和黏附力的作用下在多孔支撑体上形成涂层，干燥烧结后得到非对称陶瓷膜。

2.3.3.4 溶胶-凝胶法

传统的方法如机械研磨等无法制备纳米级的超细粒子，因此粒子烧结法只能制备微滤孔径的膜，不能用来制备超滤范围孔径的膜。溶胶-凝胶法（Sol-Gel）可以制备出纳米级的超细粒子，可以实现超滤膜的制备。溶胶-凝胶法制膜过程中需要避免针孔和裂纹等缺陷的产生，控制膜的完整性。膜的性能取决于溶胶、支撑体的性质以及凝胶膜的干燥和热处理条件。溶胶-凝胶技术的不同路线见图 2-36。

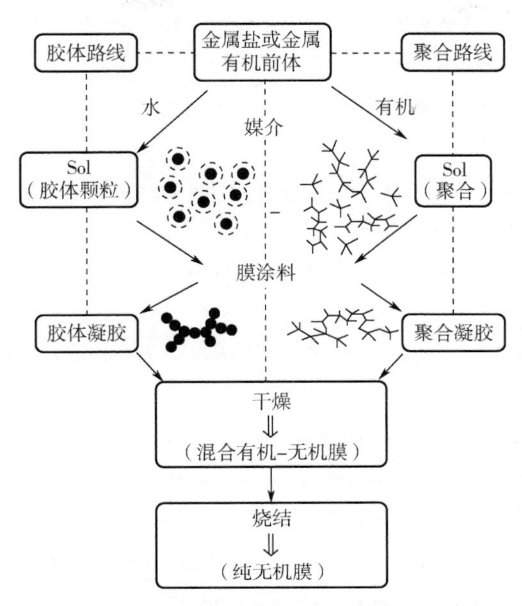

图 2-36　溶胶-凝胶技术的不同路线

参考文献

[1] 邓麦村，金万勤. 膜技术手册[M]. 北京：化学工业出版社，2020.

[2] Liu W，Zhang B，Liu X. Progress in palladium composite membranes[J]. Progress in Chemistry，2006，18（11）：1468-1481.

[3] Rahimpour M R，Samimi F，Babapoor A，et al. Palladium membranes applications in reaction systems for hydrogen separation and purification：A review [J]. Chemical Engineering and Processing-Process Intensification，2017，121：24-49.

[4] Sun Z P，Shen B L. Progress in study of optical hydrogen film materials based on palladium [J]. Rare Metal Materials and Engineering，2004，33（8）：889-892.

[5] Wang Z M，Li V，Chan S L I. Review of alloy membranes/film for hydrogen separation or purification [J]. Journal of Rare Earths，2005，23：611-616.

[6] Yun S，Oyama S T. Correlations in palladium membranes for hydrogen separation：A review [J]. Journal of Membrane Science，2011，375（1-2）：28-45.

[7] Chen C S，Liu W，Xie S，et al. A novel intermediate-temperature oxygen-permeable membrane based on the high T_c superconductor $Bi_2Sr_2CaCu_2O_8$ [J]. Advanced Materials，2000，12（15）：1132-1134.

[8] Chen T，Zhao H，Xie Z，et al. Dense dual-phase oxygen permeation membranes [J]. Progress in Chemistry，2012，24（1）：163-172.

[9] Sunarso J，Hashim S S，Zhu N，et al. Perovskite oxides applications in high temperature oxygen separation，solid oxide fuel cell and membrane reactor：A review [J]. Progress in Energy and Combustion Science，2017，61：57-77.

[10] Wang H H，Cong Y，Yang W S. High selectivity of oxidative dehydrogenation of ethane to ethylene in an oxygen

permeable membrane reactor [J]. Chemical Communications，2002（14）：1468-1469.

[11] Zhu X F，Wang H H，Yang W S. Novel cobalt-free oxygen permeable membrane [J]. Chemical Communications，2004（9）：1130-1131.

[12] Zhu X F，Yang W S. Microstructural and interfacial designs of oxygen-permeable membranes for oxygen separation and reaction-separation coupling[J]. Advanced Materials，2019，31：1902547.

[13] Caro J，Noack M. Zeolite membranes - Recent developments and progress [J]. Microporous and Mesoporous Materials，2008，115（3）：215-233.

[14] Chiang A S T，Chao K J. Membranes and films of zeolite and zeolite-like materials [J]. Journal of Physics and Chemistry of Solids，2001，62（9-10）：1899-1910.

[15] Coronas J，Santamaria J. Separations using zeolite membranes [J]. Separation and Purification Methods，1999，28（2）：127-177.

[16] Jiang H Y，Zhang B Q，Lin Y S，et al. Synthesis of zeolite membranes [J]. Chinese Science Bulletin，2004，49（24）：2547-2554.

[17] Tavolaro A，Drioli E. Zeolite membranes [J]. Advanced Materials，1999，11（12）：975-996.

[18] Wee S-L，Tye C-T，Bhatia S. Membrane separation process-Pervaporation through zeolite membrane [J]. Separation and Purification Technology，2008，63（3）：500-516.

[19] Leonel García，Gerardo Rodríguez，Alvaro O. Study of the pilot-scale pan granulation of zeolite-based molecular sieves [J]. Brazilian Journal of Chemical Engineering，2021，38：165-175.

[20] Adatoz E，Avci A K，Keskin S. Opportunities and challenges of MOF-based membranes in gas separations [J]. Separation and Purification Technology，2015，152：207-237.

[21] Delaporte N，Rivard E，Natarajan S K，et al. Synthesis and performance of MOF-based non-noble metal catalysts for the oxygen reduction reaction in proton-exchange membrane fuel cells：A review [J]. Nanomaterials，2020，10（10）.

[22] Knebel A，Zhou C，Huang A，et al. Smart metal-organic frameworks（MOFs）：switching gas permeation through MOF membranes by external stimuli [J]. Chemical Engineering & Technology，2018，41（2）：224-234.

[23] Lu Y，Zhang H，Chan J Y，et al. Homochiral MOF-polymer mixed matrix membranes for efficient separation of chiral molecules [J]. Angewandte Chemie-International Edition，2019，58（47）：16928-16935.

[24] Perez E V，Karunaweera C，Musselman I H，et al. Origins and evolution of inorganic-based and MOF-based mixed-matrix membranes for gas separations [J]. Processes，2016，4（3）.

[25] Qian Q，Asinger P A，Lee M J，et al. MOF-based membranes for gas separations [J]. Chemical Reviews，2020，120（16）：8161-8266.

[26] Zhang Y，Feng X，Yuan S，et al. Challenges and recent advances in MOF-polymer composite membranes for gas separation [J]. Inorganic Chemistry Frontiers，2016，3（7）：896-909.

[27] Huang A，Dou W，Caro J. Steam-stable zeolitic imidazolate framework ZIF-90 membrane with hydrogen selectivity through covalent functionalization [J]. Journal of the American Chemical Society，2010，132（44）：15562-15564.

[28] Alen S K，Nam S，Dastgheib S A. Recent Advances in Graphene Oxide Membranes for Gas Separation Applications [J]. International Journal of Molecular Sciences，2019，20（22）.

[29] Zhang Y，Chung T-S. Graphene oxide membranes for nanofiltration[J]. Current Opinion in Chemical Engineering，2017，16：9-15.

[30] An D，Yang L，Wang T-J，et al. Separation performance of graphene oxide membrane in aqueous solution [J]. Industrial & Engineering Chemistry Research，2016，55（17）：4803-4810.

[31] Cruz-Silva R，Endo M，Terrones M. Graphene oxide films，fibers，and membranes [J]. Nanotechnology Reviews，2016，5（4）：377-391.

[32] Joshi R K，Alwarappan S，Yoshimura M，et al. Graphene oxide：the new membrane material [J]. Applied Materials Today，2015，1（1）：1-12.

[33] Junaidi N F D，Othman N H，Fuzil N S，et al. Recent development of graphene oxide-based membranes for oil-water separation：A review [J]. Separation and Purification Technology，2021，258.

[34] Sun M，Li J. Graphene oxide membranes：Functional structures，preparation and environmental applications [J]. Nano Today，2018，20：121-137.

[35] Wang X，Zhao Y，Tian E，et al. Graphene oxide-based polymeric membranes for water treatment [J]. Advanced Materials Interfaces，2018，5（15）.

[36] Xu Q，Xu H，Chen J，et al. Graphene and graphene oxide：advanced membranes for gas separation and water purification [J]. Inorganic Chemistry Frontiers，2015，2（5）：417-424.

[37] Wu Z，Faiz R，Li T，et al. A controlled sintering process for more permeable ceramic hollow fibre membranes[J]. Journal of Membrane Science（2013），446：286-293.

[38] 蔡畅，陈琪，苗晶，等.聚碳酸酯和聚酯核孔膜的性能研究[J].核技术，2017，40（10）：30-36.

[39] Tang S Y，Fan Z T，Zhao H P，et al. Layered extrusion forming-a simple and green method for additive manufacturing ceramic core[J].International Journal of Advanced Manufacturing Technology，2018，96：3809-3819.

[40] Jaqueline Oliveira de Moraes，Ana Silvia Scheibe，Augusto B，et al. Conductive drying of starch-fiberfilms prepared by tape casting：Drying rates and film properties[J].LWT-Food Science and Technology，2015，64：356-366.

第 3 章

膜技术在城市污水处理中的应用

3.1 城市污水的处理方法

3.1.1 生物处理法

污水的生物处理法主要分为活性污泥法和生物膜法两种形式。活性污泥技术在城市污水处理方面取得了显著的成果，并且也发开出了一系列的衍生技术，如阶段曝气、延时曝气、完全混合活性污泥工艺系统等（图 3-1）[1]。

3.1.1.1 活性污泥处理技术的传统工艺

活性污泥处理系统可分为普通的活性污泥工艺系统、阶段曝气活性污泥法系统、吸附-再生活性污泥工艺系统、高负荷活性污泥工艺系统、完全混合活性污泥工艺系统、多级活性污泥工艺系统以及深井曝气活性污泥工艺系统等。

（1）传统的活性污泥工艺系统

传统活性污泥法（普通活性污泥法）是早期开始使用并一直沿用至今的运行方式，原污水从生化池首端进入池内，由二次沉淀池进行泥水分离，部分污泥回流至生化池首端，部分污泥则作为剩余污泥排出池外（图 3-2）。本工艺的优点是对城市污水的处理效果好，有机污染物（以 BOD_5 计）的降解率能够达到 90%以上；缺点是曝气池容积较大，占地面积大，基建费用高，进水负荷低。

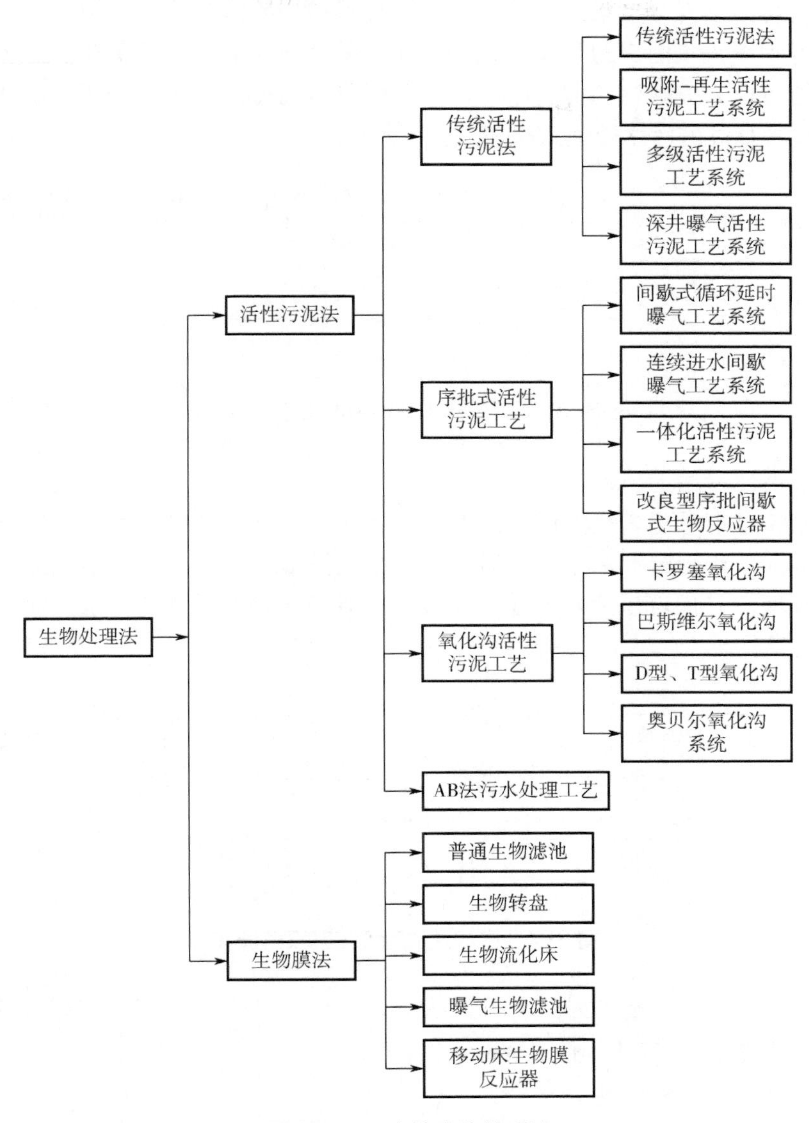

图 3-1　污水的生物处理法

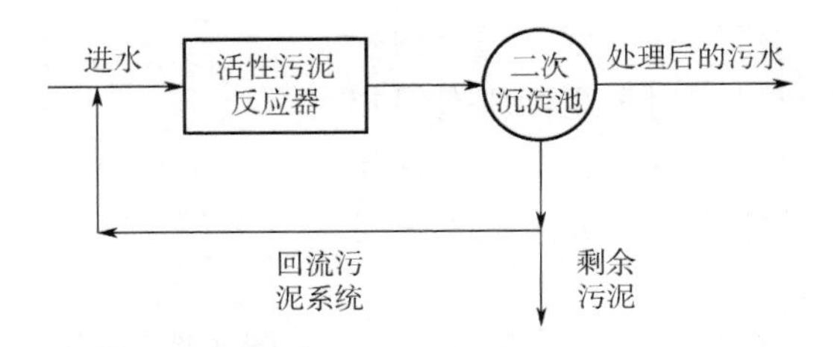

图 3-2　传统的活性污泥工艺系统流程

（2）吸附-再生活性污泥工艺系统

本工艺系统是将活性污泥对有机污染物降解的两个过程（吸附与代谢稳定）分别在各自的反应器内进行，污水与经过再生池充分反应后活性较强的回流污泥同时进入吸附池。这里活性污泥与污水充分接触后，将污水中的悬浮物、胶体、溶解态物质吸附到污泥上，从而使污水得到净化（图3-3）。本工艺的优点是具有一定的抗冲击负荷，当生化池遭到破坏时，再生池可以补充活性污泥；吸附池内的停留时间短，容积小于普通活性污泥池。缺点是对有机物含量高的污水处理效果较差。

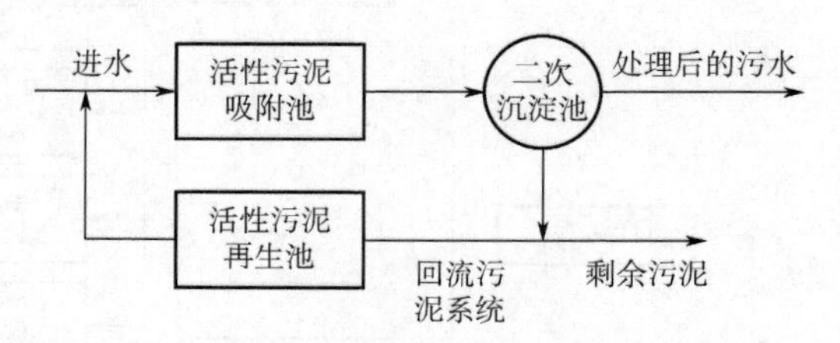

图3-3　吸附-再生活性污泥工艺系统流程

（3）多级活性污泥工艺系统

本工艺系统是指采用多级的活性污泥工艺系统，每级都是独立的处理系统，每级都配套相应的沉淀池，剩余污泥集中在最后一个沉淀池排出（图3-4）。本系统适用于高浓度有机物废水的处理。其优点是污水的处理效果好，能够获取高质量的出水；缺点是建设投资以及运行费用高。

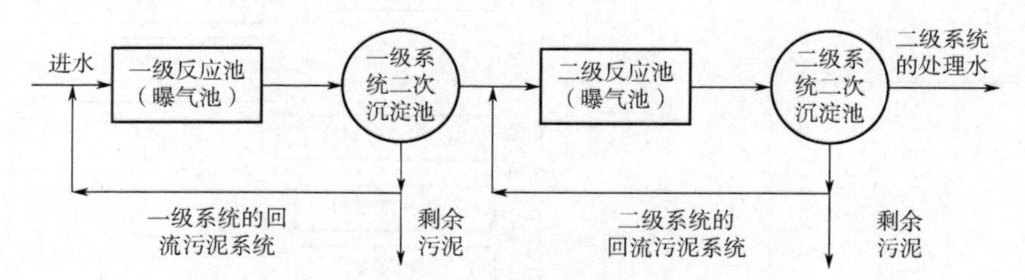

图3-4　多级活性污泥工艺系统流程

（4）深井曝气活性污泥工艺系统

本工艺系统的深度可达50～100m，直径为1～6m，在井中间设隔墙，将井一分为二；在井的一侧，设空气提升装置，使混合液形成从下向上的流动（图3-5）。本工艺的优点是水的深度提高了氧的传递速率和饱和溶解氧浓度，占地面积小，受外界环境的影响小，适用于高浓度有机物废水的处理；缺点是建设、运行以及维护费用高，施工难度大，运行稳定性差，要求操作人员的素质高。

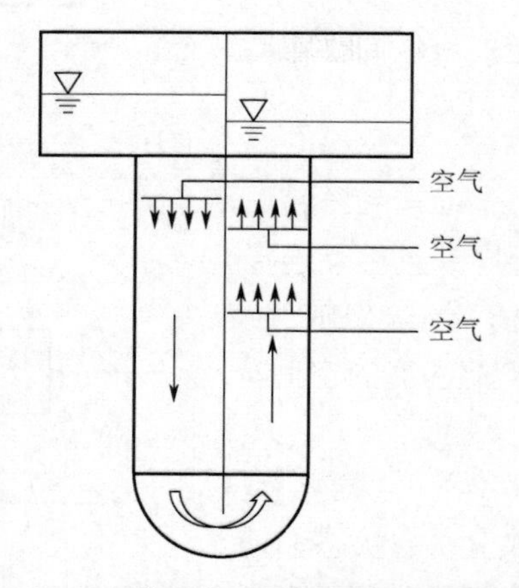

图3-5　深井曝气活性污泥工艺系统流程

3.1.1.2 序批式活性污泥工艺系统

本工艺系统是将原污水的进水、有机物的降解、活性污泥的沉淀和处理水的排放等各项污水处理过程在统一的序批式活性污泥工艺系统内完成。本系统具有系统流程简化、运行方式灵活、建设费用低等优点。本系统的衍生工艺包括间歇循环延时曝气工艺系统（ICEAS 工艺系统）、连续进水间歇曝气工艺系统（DAT-IAT 工艺系统）、一体化活性污泥工艺系统（Unitank 工艺系统）和改良型序批式活性污泥工艺系统（MSBR 工艺系统）等。

（1）间歇式循环延时曝气工艺系统

本工艺系统分为两个部分：预反应区和主反应区（图 3-6）。连续的进水、出水水量较少，污水能够及时地进行处理。本工艺的优点是连续的进水减少了运行操作的复杂性，池体容积小，占地面积、建设投资少，无需污泥回流，设备使用少，能耗低，方便管理，维护费用少。但是会出现出水水质严重不稳定,且运行维护费用高的问题。

（2）连续进水间歇曝气工艺系统

本工艺系统由一座连续曝气反应器和一座间歇曝气反应器串联组成。连续曝气反应池可以提高进水溶解性有机物的去除效率，并起到水质调节与均衡的作用。间歇曝气反应器按传统 SBR 反应器的方式进行周期性运行，反应器进水是连续的（图 3-7）。本工艺的优点是运行的稳定性强，工艺灵活性高，具有脱氮除磷功能，容积利用率高；缺点是污泥回流量大，延长了运行周期，除磷效果较差。

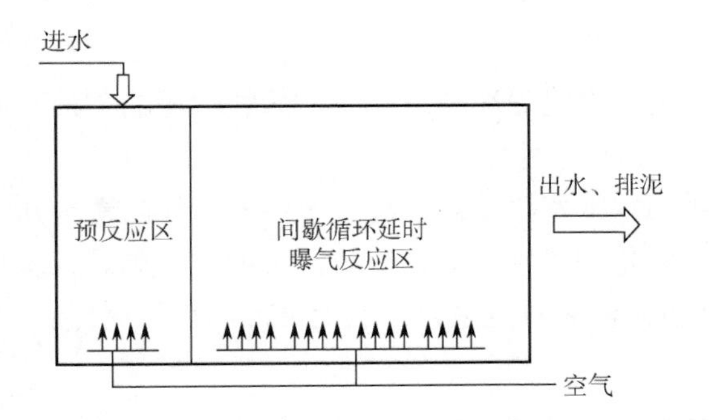

图 3-6 间歇循环延时曝气工艺系统流程

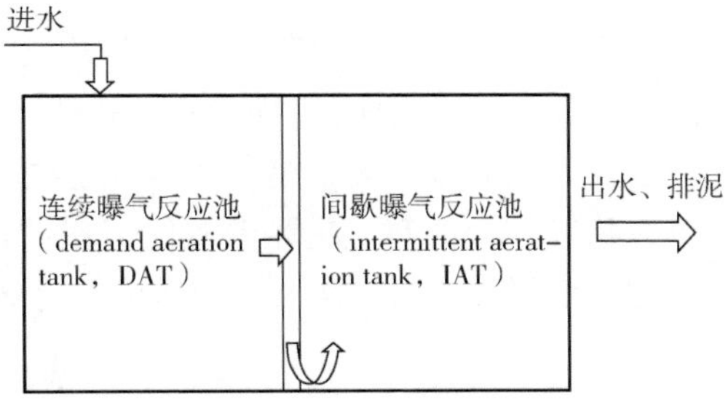

进水
连续曝气反应池
（demand aeration tank，DAT）
间歇曝气反应池
（intermittent aeration tank，IAT）
出水、排泥

图 3-7 连续进水间歇曝气工艺系统流程

（3）一体化活性污泥工艺系统

本工艺系统为一座三沟式氧化沟，三沟结构相同并且相互连接（图 3-8）。本工艺将活性污泥工艺与 SBR 工艺的优点进行了结合，将连续流系统的空间推流和 SBR 工艺的时间推流过程合二为一，使系统整体处于连续进水和连续出水的状态，反应器单体处于间歇进水和间歇出水的状态。适当调整时间和空间，可得到良好的脱氮除磷效果。本工艺的优点是反应器为一体化设备，结构紧凑，水力负荷稳

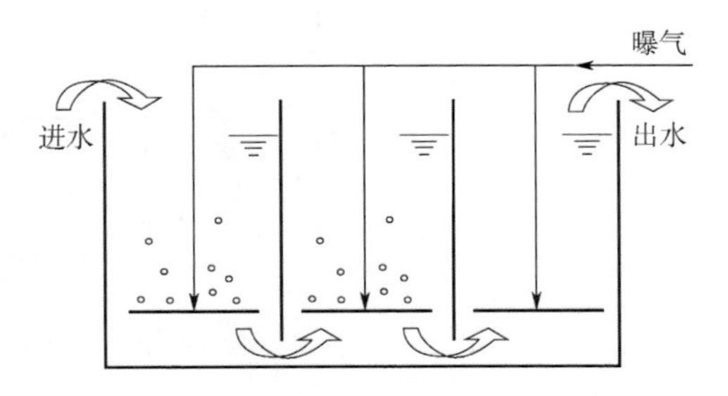

图 3-8 一体化活性污泥工艺系统流程

定，可以不设置初沉池节省占地面积；缺点是无专门的厌氧区，影响除磷效果。

（4）改良型序批间歇式生物反应器

本工艺系统是通过结合SBR工艺和传统活性污泥（A-O-O）工艺开发的一种污水处理新工艺，结合了（A-O-O）工艺和SBR工艺的优点（图3-9）。并且该系统不设置初沉池和二沉池，被认为是集约化程度最高的污水处理工艺，采用单池多单元的处理系统，具有运行可靠、处理效果好、易于实现自动化控制等优点。但是存在工序较多、运行管理较为复杂等问题。

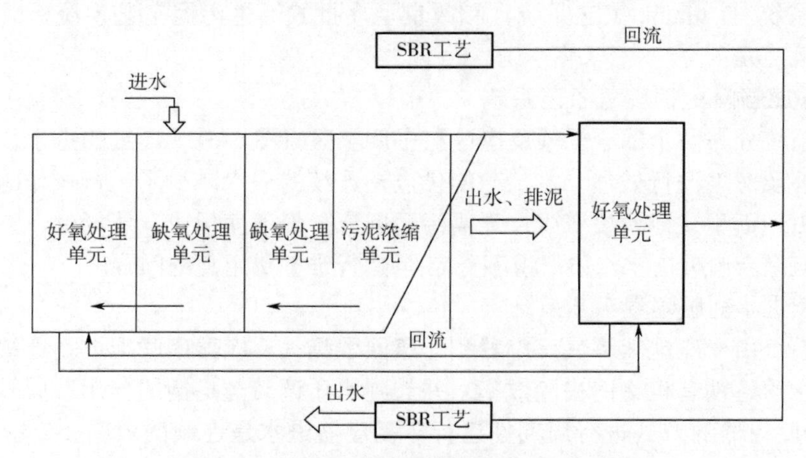

图3-9　改良型序批间歇式生物反应器流程

3.1.1.3　氧化沟活性污泥工艺系统

本工艺系统是由荷兰的巴斯维尔开发的一种污水生物处理技术，属于活性污泥的一种变形。氧化沟呈环形渠状，平面多为椭圆形和圆形，长度可达几十米甚至几百米（图3-10）。在水流混合方面介于完全混合与平推流之间，这种独特的水流状态，有利于活性污泥的絮凝并且可以将其划分为富氧区和缺氧区。在工艺方面氧化沟可不设置初沉池，可考虑不单设二次沉淀池，使氧化沟与二次沉淀池合建，可省去污泥回流装置且生化需氧量（BDD）负荷低。

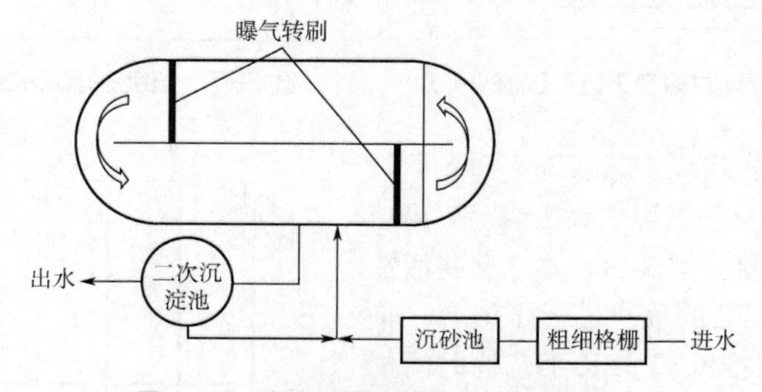

图3-10　氧化沟活性污泥工艺系统流程

常用的氧化沟系统分为卡罗塞氧化沟、巴斯维尔氧化沟、D型/T型氧化沟和奥贝尔氧化沟等。本工艺的优点是流程简化、不需设初沉池、运行稳定、操作简便、运行投资费用少；缺点是占地面积大、容易出现污泥膨胀的问题、会产生大量的泡沫。

3.1.1.4 污水的生物处理–生物膜

（1）普通生物滤池

本工艺系统是以土壤自净原理为依据，在间歇砂滤和接触滤池的基础上发展起来的人工生物处理技术；经过长时间的运行，在污水流经的颗粒表面上就形成了生物膜，生物膜上的微生物通过摄取污水中的有机物作为营养物质，进而使水体净化。一般由钢筋混凝土或砖砌筑而成，呈方形或圆形，主要由池体、滤料、布水装置和排水系统四部分组成（图 3-11）。优点是处理效果好，有机污染物（以 BOD_5 计）的去除率能够达到 90%以上，出水的 BOD_5 能够降到 25mg/L 以下。缺点是占地面积大，易于堵塞。

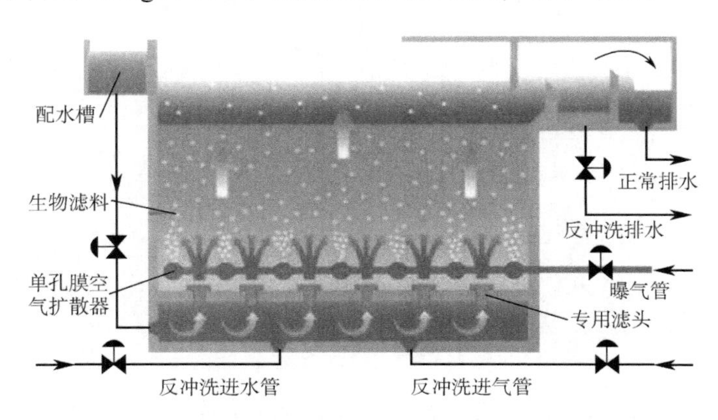

图 3-11 生物滤池

（2）生物转盘

本工艺系统由德国开创，除核心装置生物转盘外，还包括污水预处理设备以及二次沉淀池。二次沉淀池的作用是去除生物转盘处理后的污水所挟带的脱落的生物膜。生物转盘由盘片、接触反应槽以及转轴组成（图 3-12）。生物转盘在转动的过程中交替地和空气与污水相接触，在转盘上附着的生物膜与污水以及空气接触，生物膜上的固着层从空气中吸收氧，再传递到生物膜和污水中，提高槽内的溶解氧，甚至能够使槽内的溶解氧达到饱和。生物膜的外部为好氧区，内部为厌氧区，除了能够去除有机物外，还具有脱氮除磷的作用。本工艺系统的优点是有机污染物的去除率较高、生物膜较薄、生物活性高、易于维修管理；缺点是占地面积大、会产生气味、冬季需做保护。

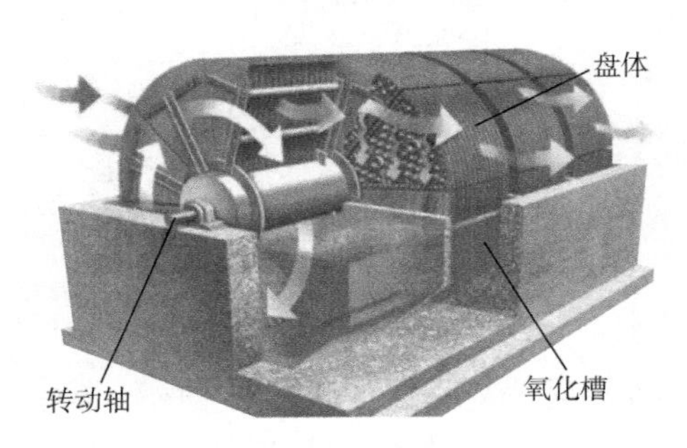

图 3-12 生物转盘

（3）生物流化床

本工艺系统是借助流体使表面生长着微生物的生物颗粒呈流化态，同时去除污水中有机物的生物膜法工艺。生物流化床多以砂、活性炭、焦炭一类较小的颗粒为载体，填充在流化床内，载体表面富着生物膜，污水从下往上流动，使颗粒物质呈现出流化态，如图 3-13 所示，并且附着的生物量高于其他任何一种生物处理工艺。本工艺系统的优点是有机物去除效率、BOD 容积负荷较高，占地面积小，具有一定的抗冲击负荷；缺点是流化床中脱落的生物膜细小，后续沉淀单元难以去除，需要增设气浮池等进行固液分离。

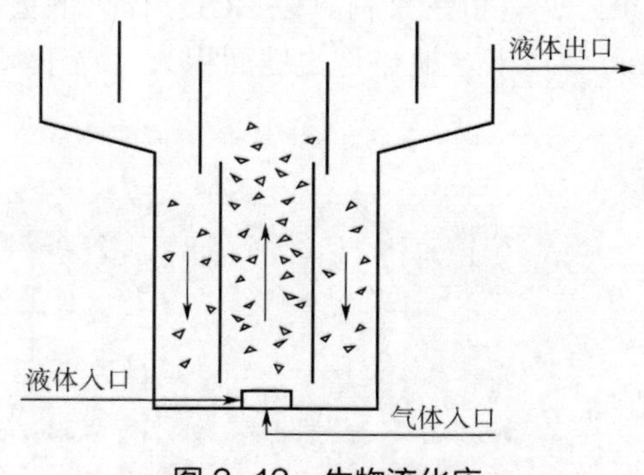

图 3-13　生物流化床

（4）曝气生物滤池

本工艺系统是集生物降解和固液分离于一体的污水处理设备。曝气生物滤池的池底设置承托层，承托层内部设置曝气管，上部装填滤池的滤料。滤池的进水分为上向流和下向流两种方式，一般常用上向流的运行方式，并且与进气的方向是一致的，有利于气与水的充分接触并提高氧的传递效率和底物的降解速率。曝气生物滤池主要由滤料层、布气系统、底层布气补水装置、反冲洗排水装置以及出水口组成（图 3-14）。本工艺系统的优点是处理能力强、容积负荷高、占地面积小、具有一定的抗冲击负荷、易于自动化管理、运行费用低；缺点是对进水水质的要求高，进水中的杂质较多时容易堵塞滤池，需频繁冲洗。

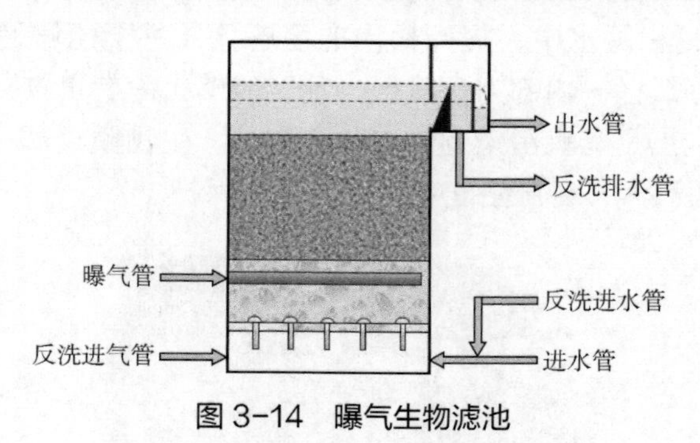

图 3-14　曝气生物滤池

（5）移动床生物膜反应器

本工艺系统是一种将活性污泥法与生物膜法相结合的新型污水处理工艺，载体的密度与水相近，悬浮填料固定在池内，通过曝气使填料呈现出流化态，使填料内的微生物处于气、液、固三相的环境中；并且在该环境下填料的外部生长着好氧菌，内部繁殖着厌氧菌和兼性厌氧菌，每一个载体都形成一个微型的反应器，使池内进行着硝化和反硝化反应（图3-15）。此外，移动床生物膜反应器解决了固定式反应器需要定期反洗、曝气生物滤池易堵塞等问题。移动床生物膜反应器集成了活性污泥法的高效性和运转灵活性及生物膜法耐冲击负荷、泥龄长的特点。本工艺系统的优点是污泥负荷低不易产生污泥膨胀、有机物去除率高、易于管理与维护；缺点是对悬浮固体（SS）没有去除效果，需后置沉淀或过滤工艺来去除SS。

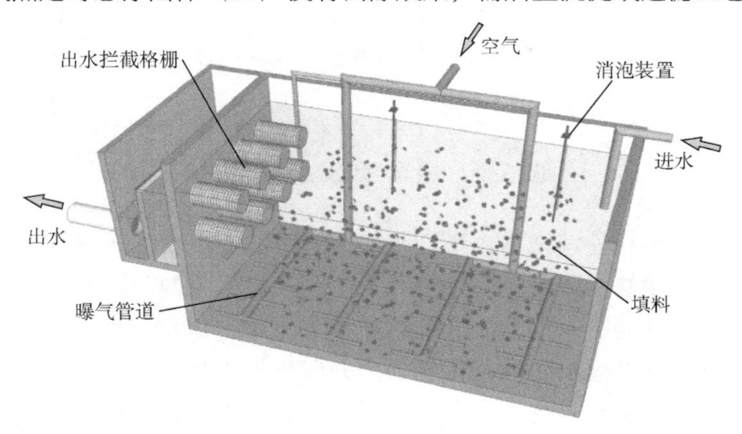

图3-15 移动床生物膜反应器

3.1.2 强化一级处理技术

强化一级处理是向污水中投加化学、生物絮凝剂以及助凝剂，使污水中细小的悬浮颗粒物发生絮凝和聚凝，提高固液的分离效果，降低后续处理构筑物的处理负荷。强化一级处理法可以分为：化学强化处理、生物絮凝强化处理和化学生物絮凝强化处理。具体的工艺系统如图3-16所示。

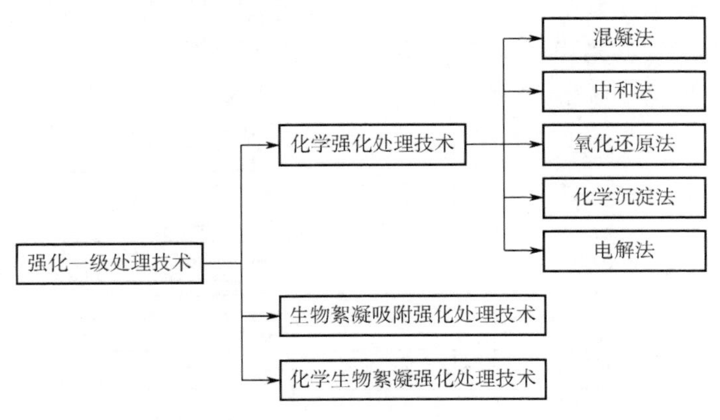

图3-16 化学强化处理技术

化学强化处理技术是向污水中投加絮凝剂、助凝剂，使污水中溶解态物质生成难溶性沉淀以及使悬浮颗粒以及胶体物质急剧变大，形成絮团，加快粒子的聚沉，达到固-液分离的目的。化学强化一级沉淀池主要由混凝区、投加区、熟化区与沉淀区、刮泥机及水力旋流泥水分离器组成（图3-17）。

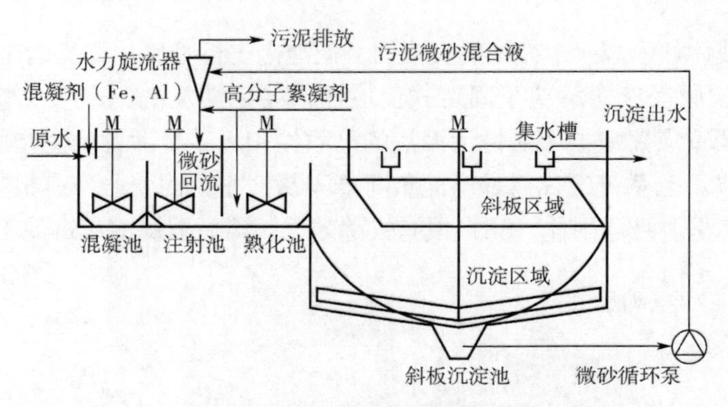

图 3-17　化学强化处理技术流程

生物絮凝吸附法强化处理技术由短期曝气池与沉淀池组成。曝气池中回流少量的剩余污泥或腐殖污泥作为生物絮凝剂至短期曝气池，利用微生物的吸附和分解作用，降解污水中的有机物质，提高沉淀性能和污水中污染物（以COD、BOD_5计）的去除效果。

化学生物絮凝强化处理技术是将化学强化处理与生物吸附絮凝强化处理进行结合而成的强一级处理技术，其优点是污泥产量少、药剂消耗量少、运行稳定、运行成本低。缺点是往往治标不治本，治理费用高昂，易对环境产生二次污染，难以长期持续应用。生物吸附絮凝强化处理由混凝池、化学生物絮凝池、沉淀池组成，回流污泥投加在絮凝池入口处，絮凝剂通常采用铁盐和铝盐。

3.1.3　物理处理法

工业废水以及生活污水含有大量的胶体以及悬浮物质（无机性悬浮物质和有机性悬浮物质），由于污水来源广泛，不同区域间的悬浮物质含量变化幅度较大，从几十毫克每升到几千毫克每升，甚至达数万毫克每升。污水物理处理的去除对象是悬浮物质，处理方法主要分为筛滤截留法（格栅、筛网和滤池等）、重力分离法（沉淀池、沉砂池、隔油池、气浮池和浮选池等）、离心分离法（旋流分离机和离心机等）。具体的工艺系统如图3-18所示。

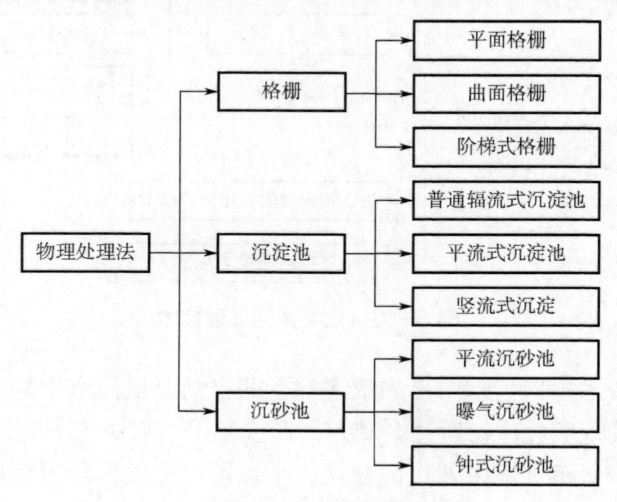

图 3-18　物理处理法

3.1.3.1 格栅

格栅由平行的金属栅条或筛网组成，安装在泵房集水井的进口处或初沉池以及沉砂池的前端（图 3-19）。格栅适用于截留较大的悬浮物质，如纤维、木屑、碎皮、毛发、蔬菜、塑料制品等，以减轻后续处理单元的处理负荷，并使之正常运行。

图 3-19 格栅

格栅按形状，可分为平面格栅、曲面格栅和阶梯式格栅三种。

平面格栅由框架与栅条组成，适用于机械或人工清渣。

曲面格栅适用于各种池深与水深的大颗粒物质的拦污，优点为结构紧凑、体积小、重量轻、运行平稳、维护方便，缺点为制造、安装较为困难。适用范围：该格栅一般适用于大型的城市污水处理厂。

阶梯式格栅适用于一般大型的城市污水处理厂。优点是去污效果好、运转稳定、维护方便，缺点是该设备的占地面积较大。格栅按栅条的净间隙，可分为细格栅（3～10mm）、中格栅（10～40mm）和粗格栅（50～100mm）3 种。

平板格栅与曲面格栅，都可做成细、中、粗三种。由于格栅是污水物理处理的重要构筑物，因此污水处理厂的端部一般采用粗、中两道格栅，甚至是粗、中、细 3 道格栅。

3.1.3.2 沉淀池

沉淀是指悬浮物质在重力的作用下被去除。根据悬浮物的性质，沉淀可以分为自有沉淀、絮凝沉淀、区域沉淀以及压缩沉淀四种类型。例如活性污泥在二沉池以及浓缩池的沉淀与浓缩过程中，基本上是按照第一、第二、第三和第四种类型的沉淀过程依次进行的。沉淀池按照工艺布置的不同主要分为初次沉淀池以及二次沉淀池，初次沉淀池对 SS 的去除率约为 40%～50%，二次沉淀池对 SS 的去除率约为 60%～90%。

沉淀池按照池内水流方向的不同分为辐流式沉淀池、平流式沉淀池和竖流式沉淀池（图 3-20）。普通辐流式沉淀池呈圆形或正方形，直径（或边长）6～60m，最大可达 100m，池周水深 1.5～3.0m。辐流式沉淀池可用作初次沉淀池或二沉淀池。辐流式沉淀池是中心进水，周边出水。辐流式沉淀池适用于大、中型污水处理厂，优点为一般采用机械排泥且设备成熟、运行稳定、管理简单。缺点为机械排泥设备复杂，对施工质量要求高。

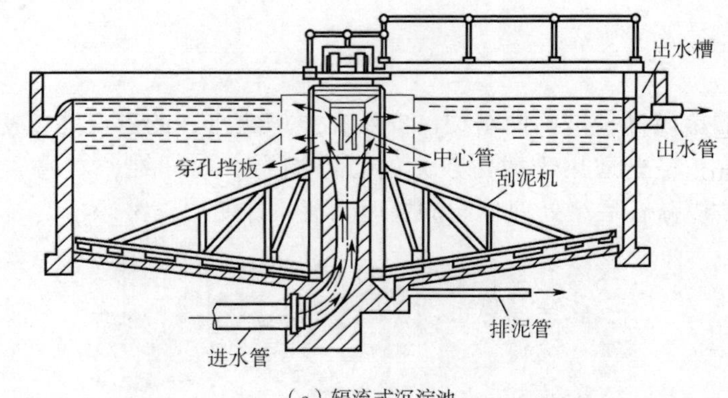

（a）辐流式沉淀池

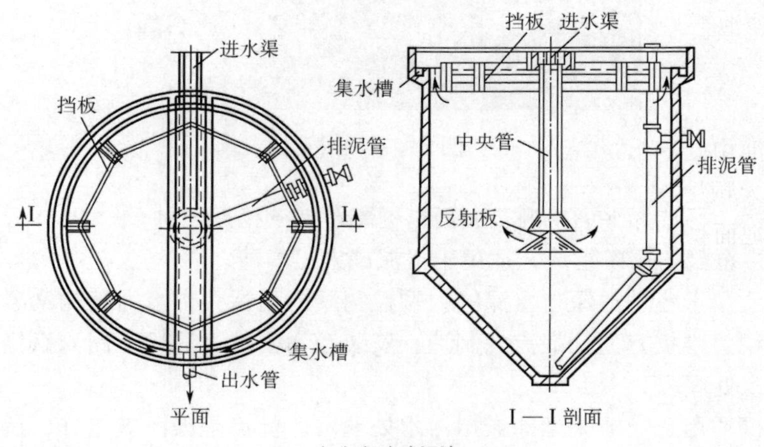

（b）竖流式沉淀

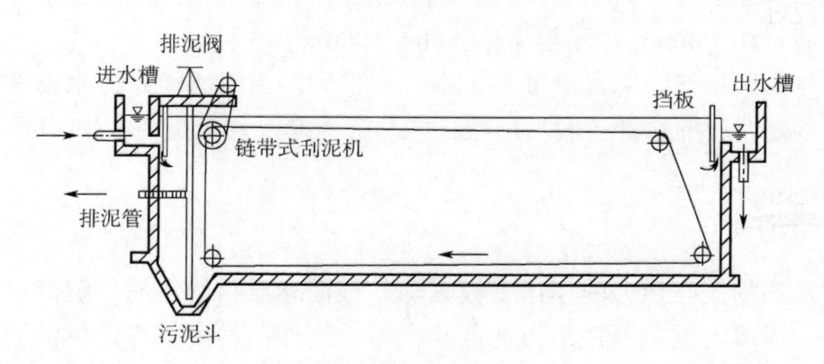

（c）平流式沉淀池

图 3-20　沉淀池

平流式沉淀池主要由进水区、出水区、沉淀区、缓冲区、污泥区以及排泥装置等组成。进水区由配水槽和挡流板组成，起到均匀布水的作用。出水区由出水槽、溢流堰和挡流板组成。溢流堰既可保证水流均匀，又可控制沉淀池水位，为了提高处理效果，在溢流堰前设置挡渣板。缓冲区的作用是避免已沉污泥被水搅起随水流带走。污泥区起到储存、浓缩和排泥的作用。排泥主要的方法有静水压力法和机械排泥法。平流沉淀池适用于大、中、小型污水处理厂。优点是处理水量大小不限，对水量和温度变化的适应能力强，平面布置紧凑，施工方便。缺点是进、出水配水不易均匀，多斗排泥时需手动操作，工序复杂。

竖流式沉淀池采用圆形或正方形，为使池内水流均匀分布，池径一般采用 1～7m 的小半径，不大于 10m；沉淀区呈圆柱状，污泥斗呈倒锥体，池深较深。竖流式沉淀池适用于中小型污水处理厂，优点是沉淀效果好，占地面积小，易排泥。缺点是水池深度大，施工困难，造价高。

3.1.3.3 沉砂池

沉砂池的作用是去除相对密度较大的无机颗粒（如相对密度约为 2.65kg/m^3 的泥砂、煤渣等）。沉砂池一般设在泵站和初次沉淀池前，可以减轻无机颗粒对水泵和管道的磨损，也可减轻初沉池后处理单元的负荷及改善生化单元的处理条件。常用的沉砂池有平流沉砂池、曝气沉砂池和钟式沉砂池等（图 3-21）。

平流沉砂池由闸板、入流渠、出流渠、水流部分和沉砂斗组成。平流沉砂池的优点是排砂方便，对大颗粒无机物的去除效果较好，运行稳定、结构简单；缺点是沉砂池中有机物含量高，占地面积大，抗冲击负荷能力差。

曝气沉砂池呈矩形，池底一侧有 0.1～0.5 的坡度坡向另一侧的集砂槽。曝气装置设在集砂槽侧，空气扩散板距地底 0.6～0.9m，通过曝气使池内水流做旋流运动，有利于无机颗粒之间的互相碰撞与摩擦，去除表面附着的有机物。此外，由于旋流产生的离心力可以把相对密度较大的无机物颗粒甩向外层并下沉，而相对密度较轻的有机物旋至水流的中心部位随水流带走。曝气沉砂池的优点是去除细砂效率高、有机物分离效果好，同时有预曝气、除油以及较好的抗冲击能力；缺点是操控性能差，经常出现过曝气的问题，白白浪费能量。

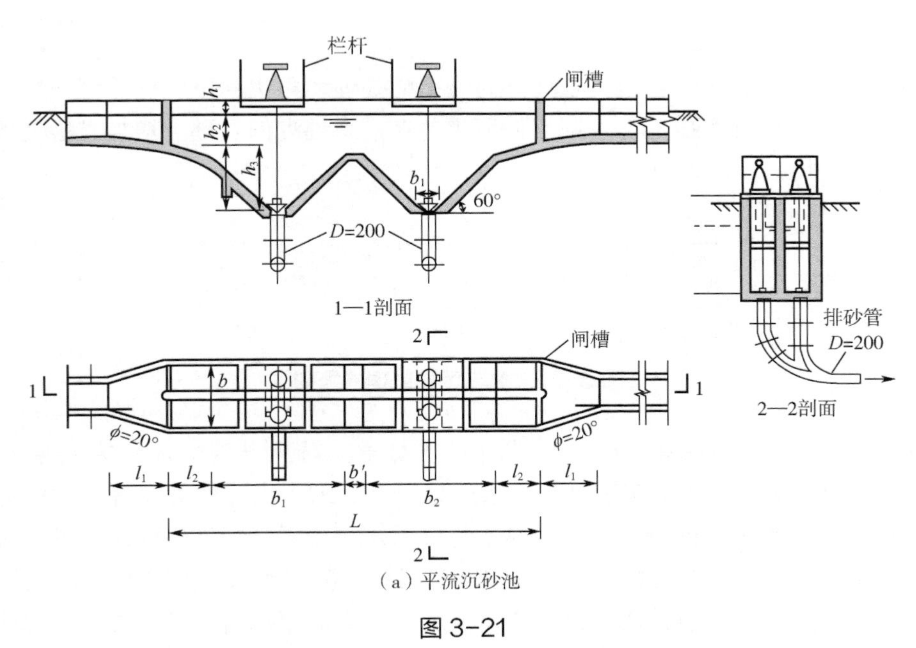

（a）平流沉砂池

图 3-21

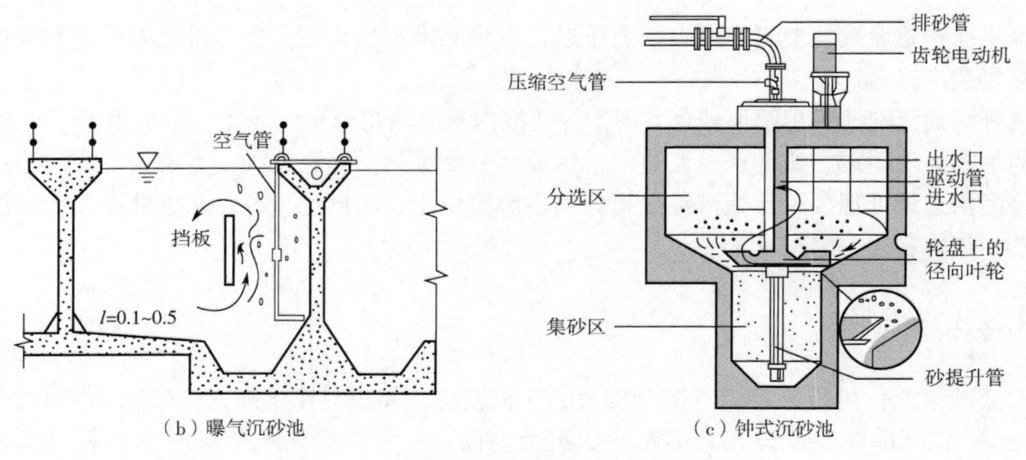

（b）曝气沉砂池　（c）钟式沉砂池

图 3-21　沉砂池

钟式沉砂池是利用机械力控制水流流态与流速，加速砂粒的沉淀并使有机物随水流带走的沉砂装置。沉砂池由流入口、流出口、沉砂区、砂斗及带变速箱的电动机、传动齿轮、压缩空气输送管和砂提升管以及排砂管组成。污水由流入口切线方向流入沉砂区，利用电动机及传动装置带动转盘和斜坡式叶片。由于所受离心力的不同，把砂粒甩向池壁，掉入砂斗，有机物被送回污水中。调整转速，可达到最佳沉砂效果。钟式沉砂池的优点是沉砂池可以间断向集砂区供气搅拌，可防止砂粒板结，抗冲击能力强。缺点是进出水水位不易调节，管理难度大。

3.2 城市污水处理的级别

按照污水处理的要求，将污水处理分为无害化处理和再生回用处理系统两类。无害化处理由一级和二级处理组成，再生回用处理需要在前者处理的基础上增加三级处理或深度处理（图 3-22）[2]。

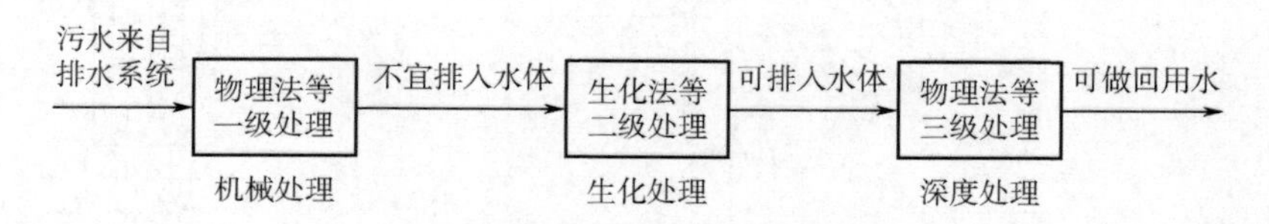

图 3-22　城市污水处理的级别

污水一级处理用于去除污水中悬浮的固态物质，对悬浮物固体的去除率为 70%～80%，但对有机污染物（以 BOD_5 计）的去除率只有 30%左右，对氮磷等物质的去除效果较差，不能达到城市污水的排放标准。对于特殊污水，只需一级处理便可以进行排放，例如农田的灌溉或排放。一级处理单元主要包括有格栅、沉淀池以及沉砂池。

二级处理主要用于去除污水中溶解态以及胶体状态的有机污染物以及可溶解性的氮、

磷等物质。处理后污水的 BOD_5 可以降至 20～30mg/L。一般情况下，经过二级处理的污水便可以达标排放。通常多采用生物处理作为二级处理的主体工艺。生物处理主要包括：传统活性污泥工艺、序批式活性污泥工艺、氧化沟活性污泥工艺、AB 法污水处理工艺、污水的生物处理-生物膜法、A/O 法和 A^2O 法等。

污水三级处理属于污水的深度处理，其目的是进一步处理一级、二级处理单元未能去除的污染物质，包括难降解的有机物质以及氮磷等，主要应用于生活污水再生回用。经三级处理能够将污水中的 BOD_5 从 20～30mg/L 降至 5mg/L 以下，同时能够去除大部分的氮磷等物质。

3.3 城市污水处理膜的分类、制备

3.3.1 膜的分类

市政污水处理过程中用到的膜其分类方式有多种。按照膜的分离精度可分为微滤（MF）膜、超滤（UF）膜等。其中，微滤膜的孔径在 0.1～1μm 之间，而超滤膜的孔径在 0.01～0.1μm 之间。按照膜的形式可以分为中空纤维膜、平板膜、陶瓷管式膜以及波纹膜等。其中，中空纤维膜的应用最为广泛。按照成膜材料可以分为有机膜［如聚偏二氟乙烯（PVDF）膜、聚丙烯腈（PAN）膜、聚醚砜（PES）膜等］和无机膜（如陶瓷膜）等。其中，PVDF 膜最为常见。

3.3.2 膜的制备

市政污水处理过程中用到的膜材料、膜的形式、类型及其制备方法见表 3-1。目前最为常用的方法及材料分别为非溶剂致相分离法（NIPS）和聚偏二氟乙烯（PVDF），形式以中空纤维为主。

表 3-1　应用于城市污水处理中膜的制备材料与方法

制备方法	成膜材料	膜的形式	膜的类型
非溶剂致相分离（NIPS）	聚偏二氟乙烯（PVDF） 聚氯乙烯（PVC） 聚丙烯腈（PAN） 聚醚砜（PES）	中空纤维膜 平板膜 波纹膜	MF/UF
热致相分离（TIPS）	聚偏二氟乙烯（PVDF）	中空纤维膜 平板膜	MF/UF
拉伸法	聚四氟乙烯（PTFE） 聚丙烯（PP） 聚乙烯（PE）	中空纤维膜 平板膜	MF/UF
烧结法	陶瓷（氧化铝、氧化锆）	管式膜	MF/UF

城市污水处理过程中常用的商业化微滤/超滤膜的相关信息汇总于下表 3-2[3]，其中以中空纤维 PVDF 膜最为常见。

表 3-2 城市污水处理过程中常用的商业化微滤/超滤膜

厂家及系列	膜形式及材料	孔径/μm	内/外径/mm	纯水渗透性 /［m/（s·Pa）］
旭化成-Microza	中空、PVDF	0.1	0.7/1.3	4.0×10^{-9}
苏伊士-ZeeWeed	中空、PVDF	0.04	0.9/1.8	1.7×10^{-9}
Koch-Puron	中空、PES	0.05	1.2/2.6	—
久保田-Kubota	平板、PVC	0.2	—	$>1.0\times10^{-8}$
东丽-Membray	平板、PVDF	0.08	—	—
三菱-Sterapore	中空、PVDF	0.4	1.1/2.8	$>1.0\times10^{-8}$
住友-Poreflon	中空、PTFE	0.1	0.8/1.3	2.5×10^{-9}
碧水源-RF	中空、PVDF	0.1	1.0/2.0	1.4×10^{-8}

3.4 膜生物反应器及工程应用

3.4.1 膜生物反应器概述

膜生物反应器（MBR）是一种膜分离单元和生化单元相耦合的水处理技术，目前已经广泛应用于市政污水及工业废水的处理与回用。如图 3-23 所示，与传统生化工艺相比，MBR 工艺以微滤或超滤膜分离单元取代传统生化工艺末端的二沉池，结构上有两种形

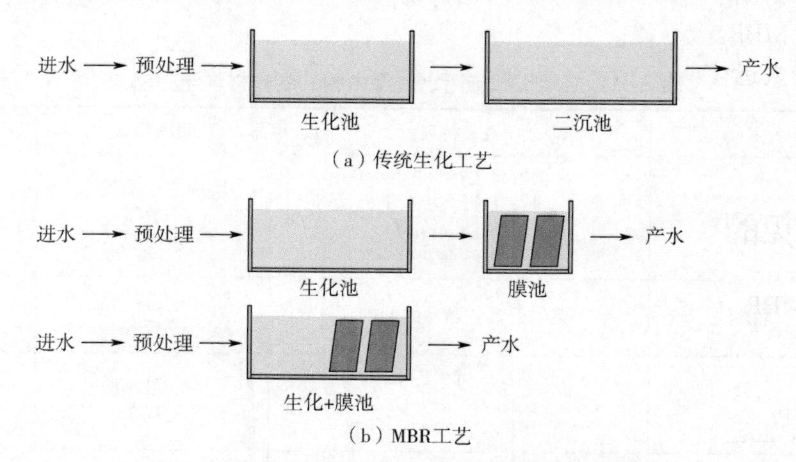

图 3-23 传统生化工艺与 MBR 工艺的流程对比

式：一种是将膜分离单元置于膜池内，直接以膜池取代二沉池，这种形式较为常见；另一种是将膜分离单元置于生化池内（生化池的后段），不另设膜池，整体更加紧凑，节省占地面积。与传统生化工艺相比，MBR 工艺具有出水水质好、生物处理有机负荷高、占地面积小（占地面积可减少到传统活性污泥法的 1/3～1/5）、剩余污泥量低、易实现自动控制及运行管理简单等优点。

MBR 按照结构可以分为一体式 MBR 和分置式 MBR，如图 3-24 所示。一体式 MBR 是将膜分离系统置于生化池内部，通过负压抽吸，实现固液分离，可最大限度地节省占地，目前大部分的 MBR 均采用这种结构设计。分置式 MBR 是将膜分离系统和生化池分开设置，生化池内的混合液经循环泵增压后进入膜分离系统，在压力作用下进行固液分离，浓缩的污泥混合液排回生化池。与一体式 MBR 相比，分置式 MBR 占地相对较大、能耗相对较高，但分置式 MBR 可以更高的运行通量运行，且设备易于拆卸、清洗及更换。

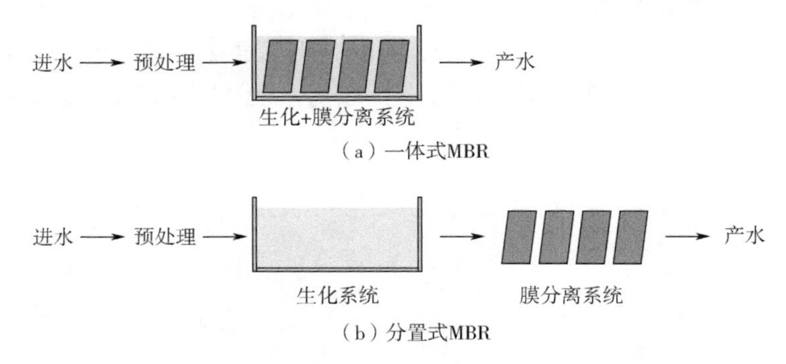

图 3-24　一体式 MBR 与分置式 MBR 工艺的流程

MBR 按照膜池内的生化特性又可以分为好氧 MBR 和厌氧 MBR。好氧 MBR 在膜池内营造富氧的生化环境，利用好氧微生物及兼性微生物在富氧条件下降解有机物，主要用于市政污水的处理。而厌氧 MBR 在膜池内营造贫氧的生化环境，利用厌氧微生物及兼性微生物在贫氧条件下降解有机物，降解的产物为富含甲烷的沼气，可以在热量或电力的生产中用作可再生和存储的补充能源，主要用于高浓度有机废水的处理。

近年来，MBR 技术在我国得到了迅速推广应用。2006 年全国首座 1 万吨/日的 MBR 工程建成并投入运行，2007～2017 年，MBR 的处理规模从不足 50 万吨/日上升到 1200 万吨/日[4]。到了 2019 年，中国投入运行或在建的万吨级 MBR 系统已超过 200 个，处理规模达到了 1980 万吨/天，行业市场规模约 75.33 亿元。

3.4.2　常见的 MBR 工艺简介

常见的 MBR 工艺主要包括：AO-MBR 工艺、A^2O-MBR 工艺、A^2O/A-MBR 工艺、3A-MBR 工艺、A(2A)O-MBR 工艺等。

（1）AO-MBR 工艺

AO-MBR 工艺指膜池前段的生化工艺为厌氧-好氧（anaerobic-oxide，AO）工艺，在厌氧段，厌氧菌将污水中的可溶性有机物水解酸化，大分子有机物降解成小分子有机物，小分子有机物在好氧池内进一步被好氧菌生化降解。该工艺具有流程简单、投资较少等优点。但对于污水中难降解的有机物处理效率较低，脱氮效率相对较低（很难做到 90%以上），多用在对出水水质要求不高的市政污水处理中。AO-MBR 工艺流程见图 3-25。

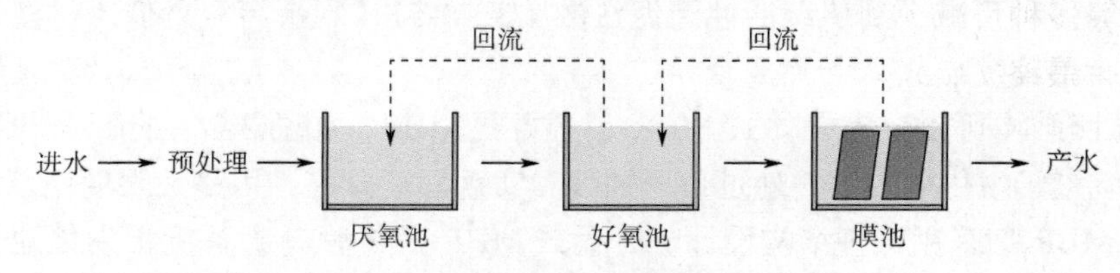

图 3-25　AO-MBR 工艺流程

（2）A^2O-MBR 工艺

A^2O-MBR 工艺指膜池前段的生化工艺为厌氧-缺氧-好氧（anaerobic-anoxic-oxide，A^2O）工艺，对市政污水中氮、COD、BOD 等的去除率更高，同时可去除磷，这是 AO 工艺所不具备的[5]。A^2O-MBR 工艺是目前处理市政污水的主流 MBR 工艺。A^2O-MBR 工艺流程见图 3-26。

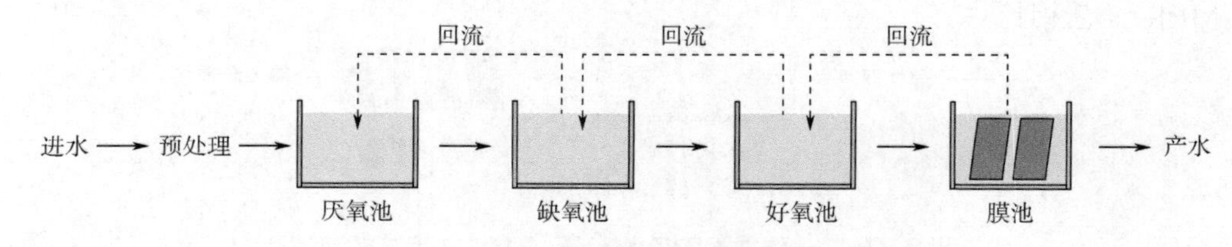

图 3-26　A^2O-MBR 工艺流程

（3）A^2O/A-MBR 工艺

A^2O/A-MBR 工艺指膜池前段的生化工艺为厌氧-缺氧-好氧-缺氧工艺。该工艺在 A^2O 工艺的基础上后置一级缺氧池，进行内源反硝化，在节省外加碳源的条件下，进一步去除总氮，提高了出水水质[6]，多用于进水碳源不足、脱氮要求较高的市政污水处理。A^2O/A-MBR 工艺流程见图 3-27。

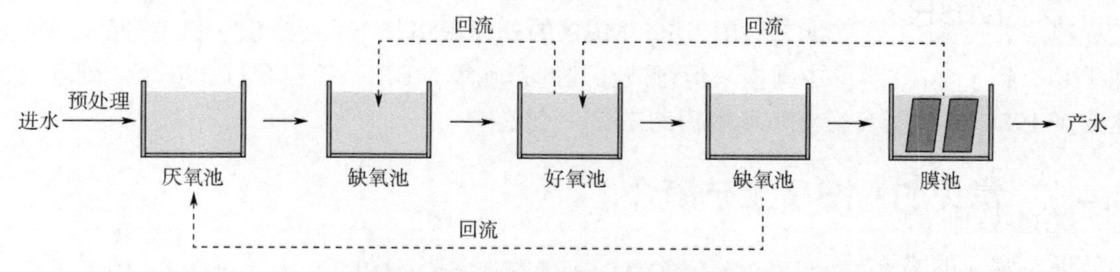

图 3-27　A^2O/A-MBR 工艺流程

（4）3A-MBR 工艺

3A-MBR 工艺即强化脱氮除磷膜生物反应器工艺，膜池前段的生化工艺为缺氧(1)-厌氧-缺氧(2)-好氧工艺。该工艺将膜池的污泥混合液分别回流至 1 号缺氧池及 2 号氧池，然后发生如下过程：①1 号缺氧池利用进水碳源及回流硝化液进行快速反硝化脱氮；②污泥混合液进入厌氧池进行厌氧释磷，降低硝酸盐对释磷的影响；③2 号缺氧池利用进水中的剩余碳源和回流的硝化液进一步反硝化脱氮；④好氧池内同步发生有机物降解、好氧聚磷和好氧硝化等多种反应，降解有机物，强化脱氮除磷；⑤混合液再经膜池过滤产水，进一步提升水质，最终实现对污水中有机物和氮磷的去除[7]。该工艺多用于出水水质要求较高的市政污水处理，其流程见图 3-28。

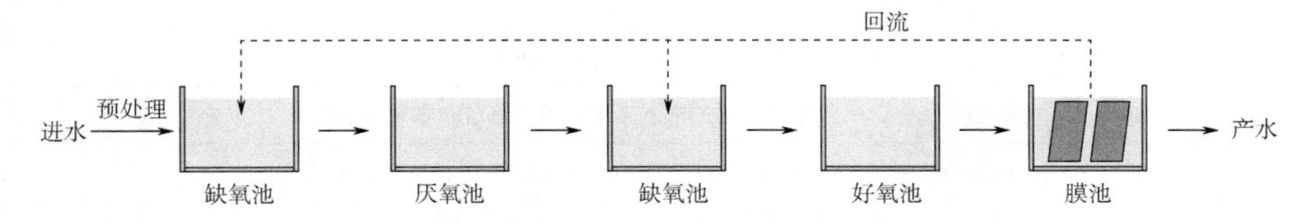

图 3-28 3A-MBR 工艺流程

(5) A(2A)O-MBR 工艺

A(2A)O-MBR 工艺是指膜池前段的生化工艺为厌氧-缺氧(1)-缺氧(2)-好氧工艺。与 A^2O-MBR 工艺相比，多设置了一个缺氧池。该工艺在 1 号缺氧池内实现好氧区回流的 NO_3^- 完全被还原，完成完全反硝化，然后在 2 号缺氧池内进行内源反硝化，实现总氮的有效去除，同时降低外加碳源的投加[8]。该工艺多用于进水碳源不足、脱氮要求较高的市政污水处理，其流程见图 3-29。

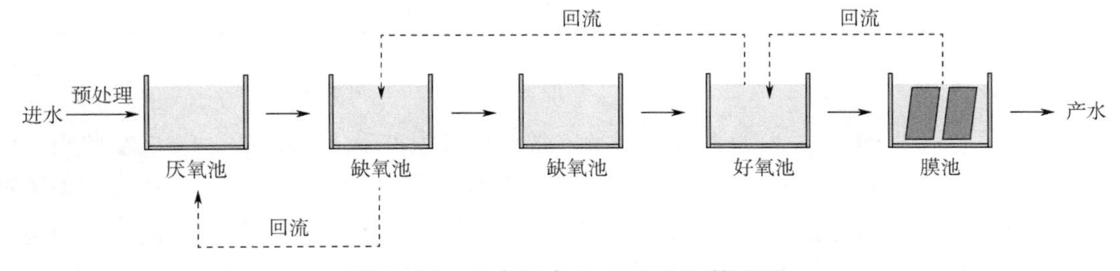

图 3-29 A（2A）O-MBR 工艺流程

3.4.3 MBR 的设计要点

膜生物反应器（MBR）主要由预处理系统、膜池、膜组器及离线清洗系统等部分组成，下面对各部分的设计要点进行逐一介绍。

(1) 预处理系统

MBR 处理市政污水时，为了确保膜的安全稳定运行，需利用超细孔格栅对进水进行预处理。常见的格栅类型包括转鼓格栅、水平转鼓格栅及网板格栅等。对于中空纤维膜，一般进水采用孔径 1.0mm 及以下的网状格栅（格栅之间的间距为 0.2～2mm）进行预处理，以减少纤维状物质进入膜池，避免膜丝受到损害。对于平板膜，格栅的孔径可以适当放大至 2mm。

(2) 膜池

MBR 中膜池设计的一般要点如表 3-3 所示。

表 3-3　MBR 中膜池设计的一般要点

序号	要求
1	膜池形状一般为矩形，池深应与膜组器的尺寸匹配，并留有足够的富余空间以保证膜组器内外水流循环畅通
2	膜池一般设置进水口、汇流口以及排泥管，能单独隔离、放空、检修。当前设置生物反应池时，膜池内的污泥混合液应一部分回流至生化池，另一部分作为剩余污泥定期排放
3	膜池一般分廊道设计，根据膜组器的数量确定廊道数量；廊道数量一般大于 2，单个廊道布置的膜组器数量不宜超过 10 个
4	在膜池内初次布设膜组器时，应留 10%～20%的富余空间，作为备用
5	每个廊道应能独立运行，一般设置独立的产水系统、进水系统和曝气系统
6	同一廊道的膜组器应保障产水均匀，膜组器间的产水量差值应小于 5%
7	膜池应设置膜组器的定位装置，确保膜组器安装时的水平位置偏差、机座水平偏差不超过±5mm；安装的支撑结构预埋件位置允许偏差为±5mm
8	各膜池的进水、回流均匀，同时应设置溢流堰
9	膜池上方设计相应的组器吊装设备，便于对膜组器安装和检查。且上部空间应满足设备起吊要求，膜组器的起吊重量应为湿重
10	膜组器之间、膜组器与廊道池壁之间、膜组器顶部与水面、曝气管与膜组件底部、曝气管与膜池底部，应保持适当的间距，以利于膜池内形成较好的水力循环流
11	膜池管路布置可采用两种方式： ① 膜池上设置管沟，所有曝气管道、产水管道以及阀门和接口均安装在管沟内，整体美观，但操作不方便； ②所有曝气管道、产水管道以及阀门和接口均布置在走道板两侧，操作方便

（3）膜组器

膜组器从结构上可以分为两大类，一类不带封板［以苏伊士 Zee Weed 500D 膜组器为代表，见图 3-30（a）］，另一类带封板［以碧水源膜组器为代表，见图 3-30（b）］。无论哪种形式，其结构都主要由膜组件、曝气系统、产水系统及清洗系统等部分组成。下面逐一介绍各部件的设计要点。

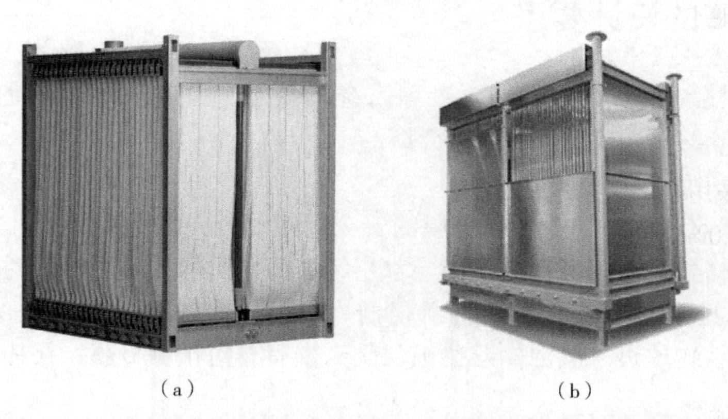

（a）　　（b）

图 3-30　苏伊士 Zee Weed 500D 膜组器及碧水源膜组器的外观

1）膜组件

中空纤维膜组件一般采用帘式设计［图 3-31（a）］，平板膜组件一般采用板框式设计［图 3-31（b）］，管式膜组件一般采用柱式设计。

一般的设计要求包括：

① 结构简单，便于安装、拆卸、清洗及检修。

② 装填密度适宜，不宜过高，过高会加剧运行过程中的膜污染；一般单个膜组件的有效过滤面积在 $40m^2$ 左右，膜组件的高度在 2m 左右，例如苏伊士 Zee Weed 500D 膜组件，有效膜面积为 40.9 m^2，组件高度为 2.198m。

③ 一般竖向安装，且膜丝（膜片）长度要比支撑架的高度高，即要保持一定的抖动量。抖动量一般为膜丝（膜片）长度的 1%左右。

④ 流道通畅，没有流动死角和静水区。

⑤ 具有足够的机械强度、化学和热稳定性。

总的来说，膜组件的设计及选用要综合考虑其成本、装填密度、应用场合、系统流程、膜污染及清洗、使用寿命等。

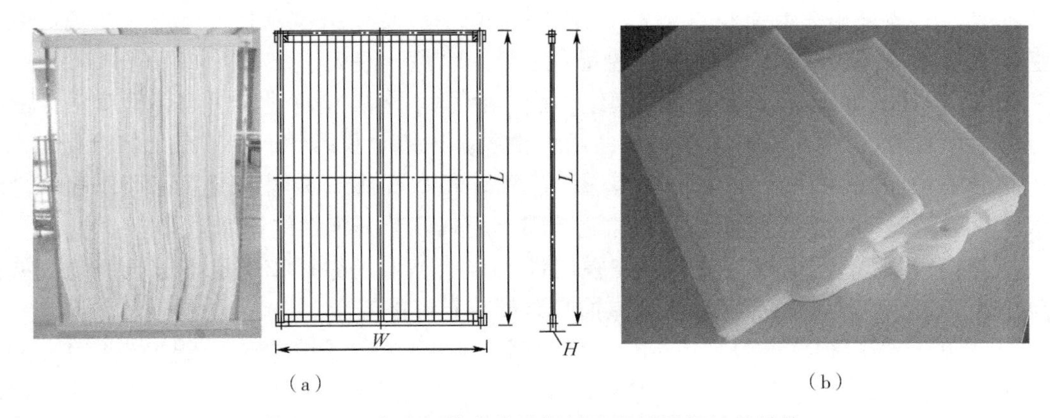

图 3-31　中空纤维帘式膜组件及平板膜组件的结构

2）曝气系统

膜组器内的曝气系统其作用主要有两方面：一方面对膜表面进行物理冲刷，缓解膜污染；另一方面对膜池内的溶解氧（DO）进行控制。设计的要求如下：

① 曝气系统的位置一般有两种：a.固定在池底，需要做膜组件承托架和滑入导轨；b.与膜组件固定在一起。两种方式各有优劣，应根据实际情况而定。

② 曝气管采用微孔曝气的方式，一般采用 DN20 的穿孔管，置于每个膜片间隙；穿孔直径为 2.0～4.0mm，穿孔间距 100mm，相邻两路管穿孔位置交错穿插，孔口做单排垂直向上。

③ 曝气量大小的估算：a.气水比：据经验，一般按照气水比 20∶1～30∶1（常规池深 3.5m）设计。b.风机选型：风机排风压头一般比最高液位高 0.01MPa；风机出口设置泄气阀，泄气管口径全开一般能卸掉 70%的空气量；泄气口上加装消音器。

④ 每个膜组件的曝气系统一般都会设置单独的调节阀，同时整个膜池的曝气系统要

另外做单独的控制阀。

⑤ 膜组器的曝气系统加上膜池内的曝气系统，应能够保证膜池内的溶解氧（DO）在 $2.5\times10^{-6}\sim5\times10^{-6}$ 之间；正常液位 DO 约为 3×10^{-6}，在液位高低不同时，DO 也会有变化，不宜长时间超过 5.0×10^{-6}。

⑥ 设计曝气管路时，注意防止水流经曝气管进入鼓风机侧，导致鼓风机故障。

⑦ 工程设计时，需计算膜组器曝气和生物处理所必需的空气量，并进行比较，以数值较大的空气量值为基础设计。但是实际运转时，需要确认活性污泥的 DO 值和水力循环流的状况，适当调整空气量。

3）产水系统

产水系统的设计主要考虑产水管、抽吸泵及抽吸方式的选择。

对于产水管，一般选择 PVC 或者不锈钢管，外径一般在 60～160mm 之间，依据组器的产水量而定。根据运行通量，选择合适的产水流量计。

抽吸泵：

① 对于小规模项目，设计流量小于 $50m^3/h$，一般采用自吸泵；对于廊道数量较少的中型项目，一般采用离心泵与真空发生器组合的形式；对于大型项目，一般采用离心泵与真空引水装置组合的形式；泵的扬程要留有余量，余量一般大于 5%。

② 有条件的情况下，尽量每个膜组件配 1 台泵，这样方便观察判定每个膜组件的状态（压力和通量），也可以多个膜组件共用一台泵。在每个膜组件产水管路上装流量计。

③ 抽吸泵出口管路上一定要加装透明流量计和取样阀。透明的流量计可以直观地看到水质状态，每个流量计前面或后面加调节阀，用来调节膜组件的出水量。

④ 抽吸泵尽量低于液位安装，在膜组件正常状态下，靠虹吸也是可以出水的；如果膜池是地下式，应选择地下机房，确保抽吸泵能有足够的吸程。

⑤ 泵的电气控制，一般采用运行一段时间、停止一段时间的操作，比如运行 13min，停 2min，具体的启动、停止时间需结合厂家的意见及工艺确定；在电接点压力表压力超限时，能停泵并报警；抽吸泵要能与风机联动，风机在停止状态时，抽吸泵不工作。

4）清洗系统

清洗系统的设计一般要考虑加药泵、加药管道、阀门、仪表及储药罐等几个方面的选型与设计。

具体来说：

① 加药泵：一般采用泵头为 PVC 材质的计量泵或氟塑料或 PP 材质为泵头的耐腐蚀性化工泵。加药泵需要配备变频器以便在操作条件和跨膜压差在一定范围内变化时能够保持恒定的流量。

② 加药管道、阀门、仪表：管路、阀门、仪表的材质应能够耐受高浓度酸、碱药剂的腐蚀。

③ 储药罐：储药罐一般包括罐体、进料口、出料口、液位装置及放空阀，所有部件的材质都应具有良好的耐化学腐蚀性。罐体的壁厚应具有足够的强度和刚度，其大小应根据每次洗膜的药剂量确定，应不小于 1 周清洗所需的药剂量。

④ 整体布局：加药、储药单元应与设备间、膜池隔离。

此外，膜组器在膜池廊道内的平面布局应满足的要求如表 3-4 所示。

表 3-4 膜组器在膜池廊道内的平面布局要求

序号	要求
1	应尽可能位于廊道的中央，做到平均分布、间距相等
2	膜组器之间以及膜组器与廊道池壁之间的距离应大于 500mm
3	膜组器顶部与最低水面的距离，应大于膜组件短边长度的 50%，且不应小于 500mm
4	曝气系统与膜组件底部的距离不应小于 200mm
5	曝气管与膜池池底的距离，应大于膜组件短边长度的 50%，且不应小于 150mm
6	对于平板膜组器，可采用双层或三层布置

（4）离线清洗系统

离线清洗系统用于膜的离线清洗，主要由冲洗区、化学清洗池、吊装装置和配药管道阀门等组成。化学清洗池一般分为碱液浸泡池、酸液浸泡池及清水池。其设计的一般要求包括：

① 在有条件的情况下，为了减少工作强度，能实现整个膜组件的清洗，一般要求做好膜组件的出池入池定位，水管及气管要做方便拆卸的活连接（气管如果不与膜组件做在一起则气管不用考虑），而且活连接要经久耐用。

② 清洗池要有足够的空间容纳膜组件和清洗剂，一般高度在淹没膜组件之后再留 500mm 的余量，即浸泡槽总深度=池底平台高度+膜组件底部到最上层膜丝的高度+500mm 余量。

③ 清洗池旁边要设置储液桶，用来将清洗药液重复利用。

④ 每个浸泡槽都要配套 1 台耐腐蚀排污泵，用于将药液从浸泡槽移送到储液桶或排放。

⑤ 清洗池内壁应做好防腐措施，避免化学药剂带来的腐蚀。防腐做法可参考《工业建筑防腐蚀设计标准》（GB/T 50046—2018）。

⑥ 清洗池的废液应单独收集与处理，中和处理后再排放。

3.4.4 MBR 运行-清洗要点及注意事项

3.4.4.1 MBR 运行-清洗要点

（1）运行

① 运行通量及运行方式。对于 MBR，一般采用恒通量运行，膜的运行通量［LMH=L/(m^2 • h)］一般在 15～25LMH 之间。工程数据反馈，在我国北方地区，膜的运行通量一般在 16LMH 左右；在中部地区，膜的运行通量一般在 18LMH 左右；在南方地区，膜的运行通量一般在 25LMH 左右。

MBR 一般采用间歇式的运行方式，比如，运行 7min/停 1min、运行 12min/停 1min、运行 13min/停 2min 等。

② 产水量。产水量=膜池设计流量/每天实际运行时间×安全系数。其中，安全系数在 1.2～1.5 之间，大型污水处理厂一般为 1.3。

③ 膜组器数量。膜组器数量=产水量/（单个膜组件面积×单个组器内膜组件的数量×

运行通量）。

④ 曝气量及曝气方式。膜组器曝气所需的风量=曝气强度×膜组器的截面积。对于普通生活污水和市政污水，一般采用的曝气强度为60～110m^3/（m^2·h）；曝气强度与设计运行状态下的污泥浓度有直接的关系，污泥浓度越高，曝气强度越高，最高可以选择150m^3/（m^2·h）。如果出现污泥形状恶化、水温降低等情况，甚至会选择200m^3/（m^2·h）的曝气强度。

曝气方式一般可以分为两种，一种是恒曝气强度进行曝气，另一种是高低交互式脉冲曝气。高低交互式脉冲曝气是近些年来新兴的一种曝气方式，由北京碧水源科技股份有限公司率先提出并应用。其控制方式包括膜组器间循环高低脉冲及廊道间循环高低脉冲。采用高低交互式脉冲曝气可以在保证不加剧膜污染的前提下，有效地降低能耗。

（2）清洗

MBR的清洗可以分为物理清洗和化学清洗，物理清洗一般包括水力冲洗及水反洗等，化学清洗分为在线清洗和离线清洗。工程常用的在线清洗及离线清洗的方式见表3-5、表3-6[9]。

表3-5 不同厂家不同形式膜的在线清洗方式

膜形式	厂商	清洗方法
平板膜	久保田（日本）	2～4个月清洗一次，5000mg/L的NaClO浸泡膜片2h；如需要，可随后浸泡300mg/L的柠檬酸
中空纤维膜	旭化成（日本）	每月清洗一次，3000mg/L的NaClO清洗1.5h
中空纤维膜	三菱（日本）	每周清洗一次，500～3000mg/L的NaClO（2h）； 每季度在NaClO清洗后，用1%（质量分数）的柠檬酸清洗（2h）
中空纤维膜	住友（日本）	每月清洗一次，2%（质量分数）的NaOH（2h）+3000mg/L的NaClO（2h）
中空纤维膜	GE Zenon（法国苏伊士）	每周清洗一次，500mg/L的NaClO（0.75～1h）+0.2%（质量分数）的柠檬酸（0.75～1h）
中空纤维膜	科氏（美国）	每周清洗一次，1000mg/L的NaClO（4.5h）+柠檬酸（pH=3，4.5h）
中空纤维膜	美能（新加坡）	10～30天清洗一次，200～500mg/L的NaClO（1.5～3h）
中空纤维膜	北京碧水源	每周清洗一次，300～500mg/L的NaClO［2～4L（清洗剂）/m^2（膜）］；如需要，后可用300～500mg/L的柠檬酸清洗
中空纤维膜	天津膜天膜	每半月一次，300mg/L的NaClO（0.5～1h）

备注：500mg/L NaClO（0.75～1h）+0.2%柠檬酸（0.75～1h）表示先500mg/L NaClO清洗0.75～1h，后0.2%柠檬酸清洗0.75～1h。

表3-6 不同厂家不同形式膜的离线清洗方式

膜形式	厂商	清洗方法
平板膜	久保田（日本）	每年2～3次，2000～6000mg/L的NaClO+5000×10^{-6}的草酸；药剂量：3～5L（清洗剂）/片（膜）
平板膜	东丽（日本）	每三个月一次，2000～6000mg/L的NaClO+1%～3%（质量分数）的柠檬酸，清洗时间大于3h
中空纤维膜	旭化成（日本）	每年一次，3000mg/L的NaClO（24h）+2%（质量分数）的柠檬酸（24h）

续表

膜形式	厂商	清洗方法
中空纤维膜	三菱（日本）	每年一次，3000mg/L 的 NaClO（24h）+2%（质量分数）的柠檬酸（4h）
中空纤维膜	GE Zenon（法国苏伊士）	每年 1～2 次，800～2000mg/L 的 NaClO+pH=2 的柠檬酸，清洗 4～8h
中空纤维膜	科氏（美国）	每年 2 次，2000mg/L 的 NaClO + pH=3 的柠檬酸，清洗 30h
中空纤维膜	美能（新加坡）	每年 1～2 次，800～1000mg/L 的 NaClO，清洗 16～24h
中空纤维膜	北京碧水源	每年 2 次，5000mg/L 的 NaClO+2%（质量分数）的柠檬酸，清洗 12h
中空纤维膜	天津膜天膜	每年 1～2 次，1500～2000mg/L 的 NaClO+5g/L 的 HCl，清洗 6～10h

备注：2000～6000mg/L NaClO+5000 × 10^{-6} 草酸表示首先 2000～6000mg/L NaClO 清洗，然后 5000 × 10^{-6} 草酸清洗。

3.4.4.2 MBR 运行–清洗注意事项

（1）运行

膜组器运行前，必须注意以下几点事项：

① 确认污水处理厂曝气系统、出水系统、预处理系统、控制系统正常。

② 确认污水处理厂进水水质、水量正常；油分会造成膜严重堵塞，须避免进水混入油分。总植物油控制在 50mg/L 以下，矿物油控制在 3mg/L 以下；标准运行条件下，进水水质的要求如表 3-7 所示。

③ 做好预处理，防止栅渣、毛发等进入膜池。

④ 确认膜池内各项指标正常，具体指标如表 3-8 所示。尤其是活性污泥的浓度要达到要求，可采用投加活性污泥的方法快速提高膜内池活性污泥的浓度，但所投加的活性污泥必须经过孔径小于等于 1.0mm 的格栅过滤，避免可能损伤膜产品的物体进入膜池。此外，还应合理控制膜池内污水的液位，液位太高会存在溢流的风险。

表 3-7 标准运行条件下进水水质的要求

指标	限制范围
水温	12～30℃
pH	6～9
矿物油	≤3mg/L
植物油	≤50mg/L
急性毒性物质	避免进入

表 3-8 膜池内各项指标的要求

指标	限制范围
污泥浓度	5000～10000mg/L
污泥黏度	≤30mPa•s

续表

指标	限制范围
上清液 TOC	≤20mg/L
污泥过滤性	≥15mL
溶解氧	5～9mg/L
平均曝气强度	≥70m³/（m²·h）
回流比	300%～500%
运行通量	15～25LMH
跨膜压差	0～35kPa

⑤ 停止曝气或曝气量不能达到要求时，应停止膜组器的运行。

⑥ 单廊道如需停止数个膜组器产水，则将该廊道产水流量值相应减小几个膜组器的产水量后，再关闭相应膜组器的产水手动蝶阀，否则余下的膜组器产水流量可能会超过设计值，易加剧膜污染。

（2）清洗

1）在线化学清洗

① 停止过滤和曝气。需要清洗的廊道，先关闭其产水泵，并将产水气动阀关闭，1～2min 后再关闭曝气，须现场确认曝气已关闭完全；有条件可将该廊道进水及回流也关闭，然后打开供给药剂管道的阀门。

② 加入药液。在水温较低的地区，应考虑适当加热清洗溶液，提高温度，以提高清洗效果。推荐的清洗液温度为 25～35℃。打开药液注入管，注入药液；药液分三次加入，每次加入药量的三分之一。加入方式如下：第一次加药 5min，静止 5min；之后进行第二次加药，加药 5min，静止 5min；再进行第三次加药，加药 5min，然后关闭该廊道的药剂供给阀门。

③ 加药完成后需静置 1～1.5h，然后空曝气（只曝气不产水）0.5～1h 再开启廊道进水及回流，恢复产水为自动状态。

2）离线清洗

膜组器中的膜组件一般运行半年或 1 年需进行一次离线清洗。离线清洗过程中需注意避免以下问题：

① 膜组件的拆卸：因膜组件运行后积累的污染物较多，易导致相互缠绕，不易分离。如未对交联部位进行充分冲洗，拆取某个膜组件时，因与邻近的膜组件连为一体，发生整体移动，重量较大，易发生坠落、摔倒，导致膜组件损坏。拆出膜组件时的不正当操作，也是膜组件损坏的原因之一，如膜丝因污染物缠绕在一起，拆除膜组件时未进行处理，强行拉拽导致断丝。

② 膜组件转运：转运膜组件时操作失误导致膜组件摔坏，抓取、拉拽膜丝引起膜丝划伤或断裂。

③ 膜组件冲洗：水力冲洗时，水压不能超过 0.3MPa，水压过大会使膜丝划伤或断裂。

3.4.5 MBR 的工程应用

这里分别以无锡城北污水处理厂（南方）、吉林市污水厂二期（北方）为代表，阐述膜生物反应器 的工程应用情况。

3.4.5.1 MBR 在无锡城北污水处理厂的应用[10]

（1）工程概况

为达到国家关于全国城镇污水处理厂出水均要满足国家一级A的排放标准、改善河道水环境以及实现部分产水回用于厂区的目的，无锡城北污水处理厂采用了 A^2O+MBR 工艺对该地区的生活污水进行处理，产水排入附近的北兴塘河湿地。以其四期工程为例，介绍其工程基本情况（表 3-9）。

表 3-9 无锡城北污水处理厂工程概况

工艺	A^2O+MBR
日处理量/（m^3/d）	50000
廊道数/个	8
膜组器/个	64
每个膜面积/m^2	1590
出水水质执行标准	GB 18918—2002 一级 A
投入运行时间	2010 年 1 月

（2）工艺流程

该项目的工艺流程见图 3-32。

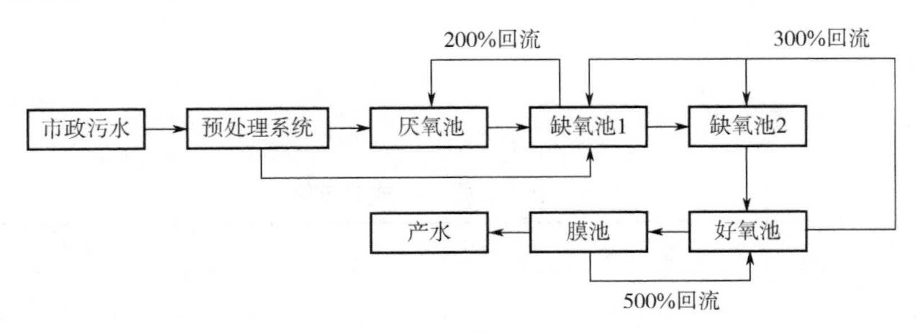

图 3-32 无锡城北污水处理厂的工艺流程

（3）运行条件

该项目的运行条件见表 3-10。

表 3-10 无锡城北污水处理厂主要运行条件

指标	运行值
运行通量/LMH	22～26

续表

指标		运行值
水力停留时间/h	厌氧池	1.47
	缺氧池 1	2.01
	缺氧池 2	2.20
	好氧池	5.05
	膜池	2.04
溶解氧/（mg/L）	好氧池	3.0
MLSS①/（mg/L）	生化池	8000
	膜池	9000～12000
膜组器运行方式		运行 7min，停 1min

①MLSS——混合液悬浮固体浓度（mixed liquor suspended solids），下同。

（4）进出水水质

该项目的进出水水质见表 3-11。

表 3-11　无锡城北污水处理厂进出水水质

指标	COD/（mg/L）	SS/（mg/L）	氨氮/（mg/L）	总磷/（mg/L）	总氮/（mg/L）
设计进水	500	400	35	7	50
设计出水	50	10	5	0.5	15
实际进水	515	384	24.2	11.3	45.7
实际出水	24.7	5.9	0.8	0.2	12.6

（5）运行成本

该项目的运行成本见表 3-12。

表 3-12　主要运行成本核算

项目	吨水耗量	吨水成本/（元/m^3）
电耗	0.7・kW・h	0.546
次氯酸钠	0.023kg	0.015
柠檬酸	0.007kg	0.027
醋酸钠	0.044kg	0.088
聚合铝铁	0.059kg	0.026
助凝剂	0.001kg	0.036

（6）优缺点

与传统活性污泥法相比，该工程采用生化+MBR 工艺，具有出水水质好且稳定、耐冲击负荷强、占地面积小等优势，但存在运行维护成本略高的问题。

3.4.5.2 MBR在吉林市污水厂的应用[11]

（1）工程概况

为达到国家关于全国城镇污水处理厂出水均要满足国家一级A的排放标准、消除该地区污水对松花江上游流域的污染以及实现部分产水回用于厂区的目的，吉林市污水处理厂采用了A^2O+MBR工艺对该地区的生活污水进行处理。以其二期工程为例，介绍工程基本情况，具体如表3-13所示。

表3-13 吉林市污水厂二期工程基本情况

工艺	A^2O+MBR
日处理量/（m^3/d）	150000
廊道数/个	24
膜组器/个	192
每个组器膜面积/m^2	1656
出水水质执行标准	GB 18918—2002 一级A
投入运行时间	2014年7月

（2）工艺流程

该项目的工艺流程如图3-33所示。

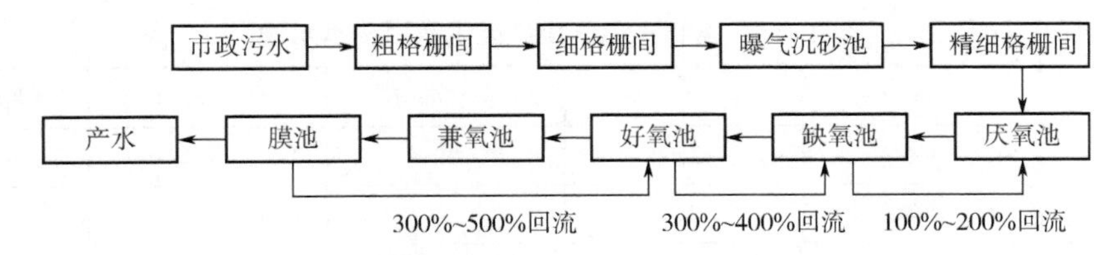

图3-33 吉林市污水厂（二期工程）的工艺流程

（3）运行条件

该项目的运行条件见表3-14。

表3-14 吉林市污水厂二期工程主要运行条件

指标		运行值
运行通量/LMH		18
水力停留时间/h	厌氧池	1.5
	缺氧池	3.0
	兼氧池	1.5
	好氧池	6.5

续表

指标		运行值
污泥龄/天		15
MLSS/（mg/L）	生化池	4000
	膜池	5000～8000
膜组器运行方式		运行 7min，停止 1min

（4）清洗方式

该项目的清洗方式见表 3-15。

表 3-15　吉林市污水厂二期工程清洗方式

清洗类别	清洗剂	清洗剂剂量	清洗时间	清洗频率
在线清洗	次氯酸钠 1500～3000mg/L	2～4L/m^2（膜）	120min	每周一次
离线清洗	次氯酸钠、柠檬酸	1%～3%（质量分数）的柠檬酸浸泡 24h；3000×10^{-6}～5000×10^{-6}的 NaClO 浸泡 24h		每年两次

（5）进出水水质

该工程自 2014 年 7 月运行以来，一直比较稳定，出水水质达到了 GB 18918—2002《城镇污水处理厂污染物排放标准》的一级 A 标准，具体如表 3-16 所示。

表 3-16　吉林市污水厂二期工程进出水水质

指标	COD/（mg/L）	SS/（mg/L）	氨氮/（mg/L）	总磷/（mg/L）	总氮/（mg/L）
设计进水	400	250	30	6	45
设计出水	50	10	5	0.5	15
实际进水	≤400	≤250	≤30	≤6	≤45
实际出水	＜30	＜10	＜1	＜0.5	＜15

（6）运行成本

该项目的运行成本见表 3-17。

表 3-17　吉林市污水厂二期工程运行成本

项目	吨水成本/（元/m^3）
电费	0.48
药剂费	0.107
污泥处理费	0.075
人工费	0.027

（7）优缺点

与传统活性污泥法相比，该工程采用生化+MBR 工艺，具有出水水质好且稳定、耐冲击负荷强、占地面积小等优势，但存在运行成本和离线清洗费用较高及冬季低温运行膜污染严重的问题。

3.5 超滤膜工艺及工程应用

3.5.1 超滤膜工艺的设计

① 收集进水的水质指标，包括悬浮物、胶体、有机物、无机污染物、pH 和温度等。对于压力式膜系统，一般分为内压和外压式膜过滤，膜组件的填装密度高，适用于水质较好的原水或者与其他处理工艺进行联用。对于浸没式膜系统，一般为外压式设计，膜组件的装填密度适中，适用于水质波动较大的原水[12]。

② 原水的预处理。根据原水水质特点确定超滤膜的预处理方案。

③ 超滤膜过滤方式。依据水质、水量以及处理效果选择错流或者死端过滤。

④ 确定运行通量。对于压力式膜系统，膜通量一般为 40～60L/(m^2·h)，运行过程采用压力式过滤，跨膜压差一般小于 0.3MPa。对于浸没式膜系统，一般为外压式设计，膜通量一般为 10～40L/(m^2·h)，运行过程采用虹吸或真空式抽吸过滤，跨膜压差一般为 0.02～0.03MPa[12]。

⑤ 确定系统实际产水量。根据膜的运行通量、每个膜组件的面积以及膜组件的数量确定产水量，并选择合适的原水泵。

⑥ 辅助系统的设计。辅助系统设计包括正反洗设计以及化学清洗。

⑦ 超滤膜的工艺配置。超滤膜系统的三种配置如图 3-34 所示。

下面介绍几个超滤膜的工程应用案例。

3.5.2 超滤膜在沙河再生水厂污水深度处理中的应用

（1）工程概况

沙河再生水厂的处理对象是城市污水，出水全部为再生水，主要用于城市杂用水和景观环境用水，部分排入沙河水库，为河道提供更优良的景观用水，改善下游水质，提高沙河水库的水质状况。北京市沙河再生水厂的一期工程规模为 30000 m^3/d，远期工程规模将达到 90000 m^3/d。沙河再生水厂的进水水质如表 3-18 所示。

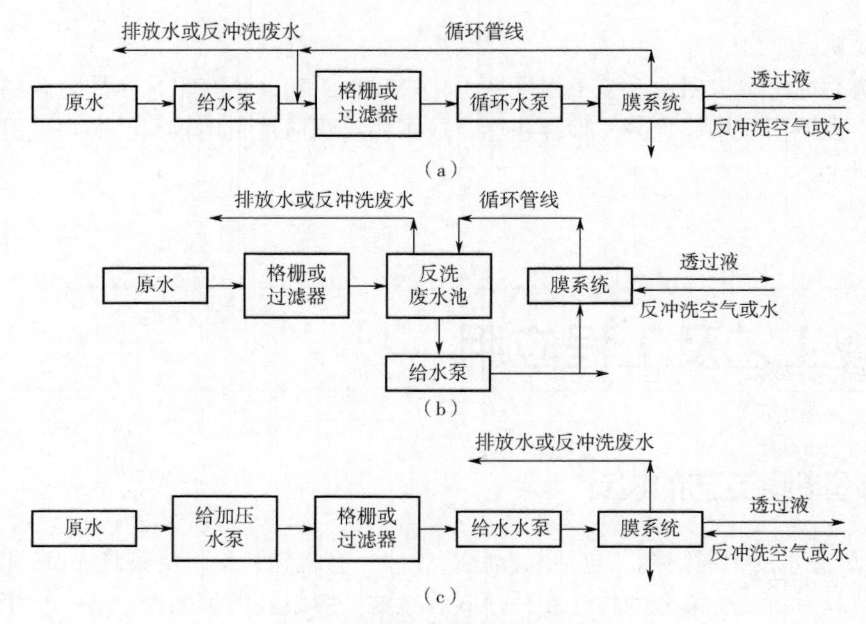

图 3-34 超滤膜系统的配置[13]

表 3-18 沙河再生水厂的进水水质[13]

项目	生化需氧量 BOD_5 /（mg/L）	化学需氧量 COD /（mg/L）	悬浮固体 SS /（mg/L）	总磷 TP /（mg/L）	氨氮 NH_3-N /（mg/L）
进水水质	250	400	250	7	50

（2）工艺路线及系统设计

北京市沙河再生水厂的工艺流程如图 3-35 所示。处理流程包括粗格栅、细格栅、曝气沉砂池、膜格栅、A/A/O 工艺、二沉池和外压式超滤膜系统[13]。

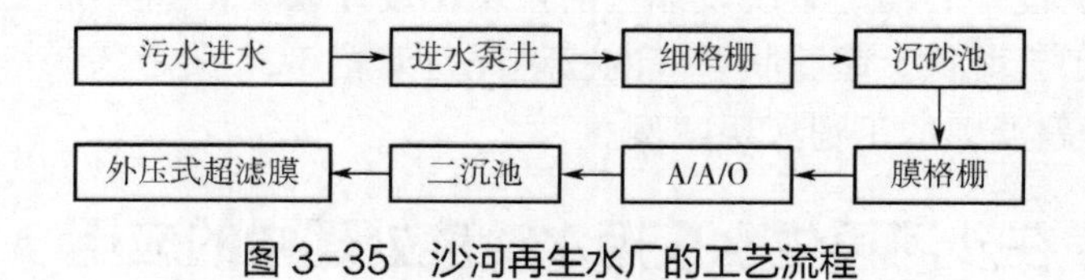

图 3-35 沙河再生水厂的工艺流程

沙河再生水厂主要处理单元的技术参数如表 3-19 所示。

表 3-19 沙河再生水厂主要处理单元的技术参数[13]

处理单元	参数	处理规模
二沉池	固体负荷：86.4kg（MLSS）/（m^2・h） 面积：694m^2 有效水深：4m 停留时间：4.44h 表面负荷：0.9m^3/（m^2・h） 有效容积：2776.9m^3 堰口负荷：1.67L/（s・m）	每组规模：$1.5\times10^4 m^3/d$

续表

处理单元	参数	处理规模
超滤膜系统	膜丝形式：外压式超滤 膜材质：PVDF 膜孔径：0.1μm 单支有效膜面积：$50m^2$ 膜通量：28LMH 膜数量：900 支	6 套超滤膜系统，设计水量：$30000m^3/d$

（3）运行参数及效果

① 运行参数如下：

超滤膜的运行方式：每组膜约 30min 进行一次反洗（30～60s），反冲洗水中加入 5mg/L 的 NaClO。

维护性清洗频次：3～5 天一次，清洗时间为 30～60min；恢复性清洗频次：3 个月一次，恢复性清洗按碱洗、浸泡、循环冲洗、酸洗、浸泡、循环冲洗的流程进行，清洗时间为 6～8h[13]。

② 运行效果。本工程出水水质标准较高，执行《城市污水再生利用 城市杂用水水质》（GB/T 18920—2020）标准，同时满足《城市污水再生利用 景观环境用水水质》（GB/T 18921—2019）中观赏性景观环境用水（河道类）的再生水水质要求，具体如表 3-20 所示。

表 3-20 沙河再生水厂的出水水质[13]

项目	生化需氧量 BOD_5 /（mg/L）	化学需氧量 COD /（mg/L）	悬浮固体 SS /（mg/L）	总磷 TP /（mg/L）	氨氮 NH_3-N /（mg/L）
出水水质	10	50	5	1	5

（4）工艺的优缺点

本工艺的优点是出水水质稳定、硝化能力强，可同时进行硝化、反硝化，对含氮与含磷高的污水有着重要的作用，操作管理方便，易于实现自动化控制。缺点是缺氧池中 COD 浓度不高会影响脱氮能力，因此需向缺氧池中投加碳源，提高反硝化能力。

3.5.3 超滤膜在昌平再生水厂污水深度处理中的应用

（1）工程概况

昌平再生水厂是在二级出水的基础上新建的污水处理水厂，为了使污水二级处理系统和再生水系统分离，污水处理不受膜设备稳定性的影响，再生水厂可以根据回用水要求灵活调整运行方式，减少运行成本；沉淀池出水进入再生水厂，沉淀池出水水质符合 GB 18918—2002《城镇污水处理厂污染物排放标准》中一级 B 的标准。水厂的处理规模为 $20000m^3/d$。昌平再生水厂的进水水质如表 3-21 所示[14]。

表 3-21　昌平再生水厂的进水水质

项目	生化需氧量 BOD/（mg/L）	化学需氧量 COD/（mg/L）	悬浮固体 SS/（mg/L）	总磷 TP /（mg/L）	氨氮 NH_3-N /（mg/L）	总氮 /（mg/L）	pH 值
进水水质	5.5	25	9	0.2	1.0	14	7.5

（2）工艺路线及系统设计

昌平再生水厂的工艺流程如图 3-36 所示。处理流程包括：1mm 格栅间、集水池、自清洗过滤器、外压式超滤膜系统、清水池、配水泵房和出水。

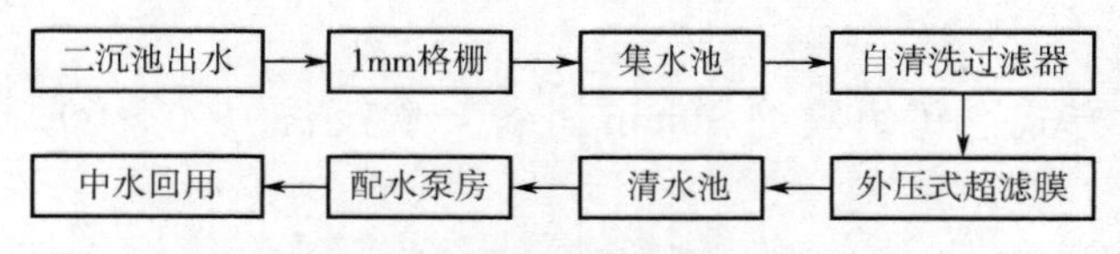

图 3-36　昌平再生水厂的工艺流程[14]

昌平再生水厂各处理单元的技术参数如表 3-22 所示。

表 3-22　昌平再生水厂处理单元的技术参数[14]

处理单元	参数	处理规模
格栅	精度：1mm	—
自清洗过滤器	过滤器精度：100μm，2 套过滤系统（1 用 1 备）	处理能力：1100m^3/h
超滤膜组件	膜丝形式：外压式超滤 膜材质：PVDF 膜孔径：0.1μm 膜面积：50m^2 膜通量：<56LMH 膜数量：368 支	4 套超滤膜系统，处理能力：18000m^3/d

（3）运行参数及效果

① 运行参数如下：

超滤进水前的加氯量：2～3mg/L。

超滤膜的运行方式：每组膜约 40min 进行一次空气擦洗（30s）、一次气水联合反洗（45s）；超滤膜的化学清洗：次氯酸钠清洗 1 次/d，次氯酸钠的加药量：400～800mg/L；酸洗 1 次/60d，药剂量：0.2%的盐酸；次氯酸钠+酸洗 1 次/90d，加药量：次氯酸钠 1500～3000mg/L，盐酸 0.4%。

② 运行效果。昌平再生水厂设计出水回用于上游景观，再生水出水满足《城市污水再生利用 景观环境用水水质》（GB/T 18921—2019）标准，具体如表 3-23 所示。

表 3-23　昌平再生水厂的出水水质[14]

项目	生化需氧量 BOD /（mg/L）	化学需氧量 COD /（mg/L）	悬浮固体 SS/（mg/L）	总磷 TP /（mg/L）	氨氮 NH_3-N /（mg/L）	总氮 /（mg/L）	pH 值
出水水质	4.81	20	4	0.12	0.81	12.6	7.4

（4）工艺的优缺点

本工艺的优点是出水水质高、运行稳定，但在运行过程中会存在自清洗过滤器以及超滤膜易污堵及断丝等问题，并且运行维护成本较高。

3.5.4 浸没式超滤系统在北京清河再生水厂中的应用

（1）工程概况

清河污水处理厂再生水回用工程始建于2005年7月，2006年12月正式建成投产运行。该工程设计规模为80000m^3/d。其中60000m^3将作为城市景观水体的补充用水，剩余20000m^3用于城区的市政杂用水。该工程是北京市污水处理和资源化的重要工程项目，是市政府为民办实事工程之一，也是奥运的配套工程。该工程的实施对奥运建设及北京市景观水体建设和污水资源化利用有着重要的意义。清河再生水厂的进水水质如表3-24所示[15]。

表3-24 清河再生水厂的进水水质

项目	浊度/NTU	COD/（mg/L）	总悬浮固体SS/（mg/L）	大肠杆菌/（个/L）
进水水质	<10	<50	<20	<104

（2）工艺路线及系统设计

清河再生水厂的工艺流程如图3-37所示。处理流程包括：提升泵房、自清洗过滤器、浸没式超滤膜系统、活性炭滤池、清水池和配水泵房。

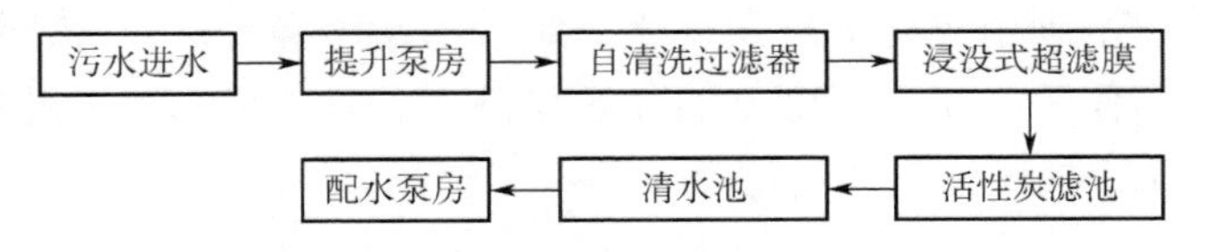

图3-37 清河污水处理厂再生水的工艺流程[15]

清河再生水厂各处理单元的技术参数如表3-25所示。

表3-25 清河再生水厂处理单元的技术参数

处理单元	参数	处理规模
超滤膜组件	膜丝形式：浸没式超滤 膜材质：PVDF 膜通量：<37LMH	6套超滤膜系统，处理能力：80000m^3/d

（3）运行效果

清河再生水厂出水优异，能够满足《城市污水再生利用 景观环境用水水质》（GB/T 18921—2019）标准，具体如表3-26所示。

表3-26 清河再生水厂的出水水质[15]

项目	浊度/NTU	COD/（mg/L）	总悬浮固体SS/（mg/L）	大肠杆菌/（个/L）
出水水质	＜0.2	＜25	＜1	＜3

(4) 工艺的优缺点

本工艺的优点是能够有效去除水中的颗粒物和微生物，不受进水水质的影响，具有良好的抗冲击负荷，系统操作简单、占地面积小，但是前期存在投资成本较高、进水水质的要求较高、膜清洗困难、不能用机械清洗等问题。

3.6 膜耦合技术及应用

为了缓解水资源短缺的问题，近年来，再生水的开发和利用得到了广泛的关注，尤其是市政污水经活性污泥法或活性污泥法+MBR 法处理后，进一步深度处理净化达到规定水质标准的再生水。但总体来看，我国再生水的整体利用规模较小，传统深度处理技术无法满足中水回用的多样化需求。为了解决这一问题，目前开发了一系列新型的深度处理技术。比较有代表性是高级氧化与膜技术的耦合技术、活性炭与膜技术的耦合技术，下面逐一介绍。

3.6.1 高级氧化与膜技术的耦合技术

近些年来，有研究将高级氧化技术与膜技术耦合起来，用于污水的深度处理，从而达到回用的目的。该技术利用氧化剂（如臭氧、氯或高锰酸钾等）对进水污染物的氧化降解作用及超滤膜的分离作用，实现污染物的降解与分离。其中最具代表性的是超滤与臭氧高级氧化耦合工艺，流程如图 3-38 所示。

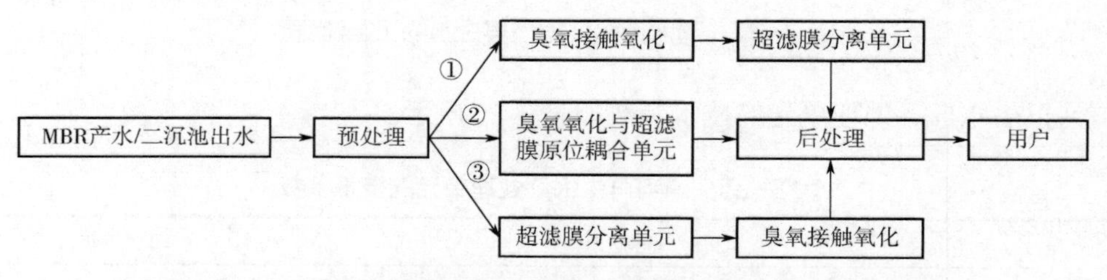

图 3-38 超滤与臭氧高级氧化耦合工艺深度处理污水工艺流程

3.6.1.1 超滤膜分离+臭氧高级氧化

作为城市污水处理厂二级出水的深度处理工艺，超滤膜分离+臭氧高级氧化组合工艺首先利用超滤膜的截留分离作用，降低进水中有机物、胶体、悬浮物、微生物的含量及进水浊度，然后借助臭氧的氧化作用对其做进一步处理，降低出水的色度及异味。目前，国内深圳横岗污水厂及天津双林污水处理厂采用此工艺实现了再生水回用。这里以深圳横岗污水厂的超滤膜分离+臭氧高级氧化技术为例做简要介绍，其工艺流程、设计运行参数及处理效果如图 3-39、表 3-27、表 3-28 所示。

(1) 工艺流程图

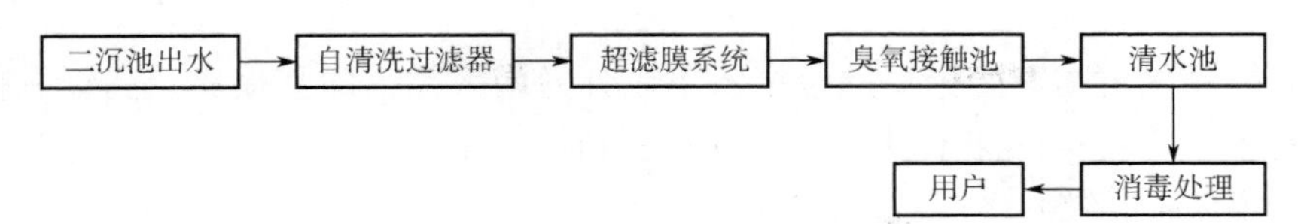

图 3-39 深圳横岗污水厂再生水的工艺流程[16]

(2) 设计运行参数

表 3-27 超滤及臭氧氧化系统设计运行参数[16]

系统	模式	指标	参数
超滤膜分离系统	运行	超滤膜元件数量/支	420
		单支膜元件面积/m^2	50
		产水量/(m^3/d)	25000
		回收率	>90%
	气水反洗	反洗水源	超滤系统产水
		反洗通量/LMH	72.6
		反洗频率/(次/30min)	1
		每次反洗时间/min	2.25
		用气量/[m^3/(h·支膜)]	5
	化学清洗	酸洗药剂及浓度	2%(质量分数)的柠檬酸
		碱洗药剂及浓度	0.1%~0.3%(质量分数)的 NaClO+0.5%~1.0%(质量分数)的 NaOH
		清洗剂用量/[m^3/(h·支膜)]	1
		清洗节点	压力上涨 0.1~0.15MPa,反洗效果不佳
臭氧氧化系统		臭氧接触池尺寸	35.4m×5.5m×6.1m
		臭氧投加量/(mg/L)	5
		接触时间/min	20

(3) 进出水水质

表 3-28 进出水水质[16]

项目	COD_{Cr}/(mg/L)	BOD_5/(mg/L)	浊度/NTU	氨氮/(mg/L)	总氮/(mg/L)	总磷/(mg/L)	色度(稀释倍数)	总大肠杆菌数/(个/L)
进水	≤50	≤10	≤10	≤5	≤15	≤0.5	≤30	≤1000
出水	≤30	≤6	≤0.5	≤5	≤15	≤0.5	≤10	≤3

3.6.1.2 臭氧高级氧化+陶瓷膜分离

臭氧高级氧化与陶瓷膜分离耦合技术可以分为两大类，即直接臭氧高级氧化+陶瓷膜分离、臭氧催化氧化+陶瓷膜分离。目前主要以研究为主。

（1）直接臭氧高级氧化+陶瓷膜分离

根据臭氧与陶瓷膜分离耦合的形式，可分为臭氧高级氧化预处理+陶瓷膜分离、臭氧高级氧化与陶瓷膜分离原位耦合[17]。

① 臭氧高级氧化预处理+陶瓷膜分离。首先利用臭氧对进水进行预处理，将水体中的难降解污染物降解；然后借助陶瓷膜的分离作用，实现对污染物的截留分离。这种形式可以提升出水水质、降低膜污染，但投资费相对较高。其工艺流程如图 3-40 所示。

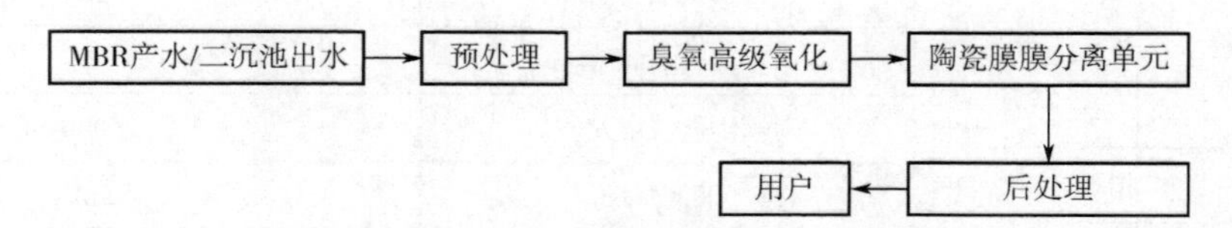

图 3-40　臭氧高级氧化预处理+陶瓷膜分离深度处理污水工艺流程

② 臭氧高级氧化与陶瓷膜分离原位耦合。该技术直接将臭氧高级氧化与陶瓷膜分离技术原位融合在一个操作单元内，其实现形式主要分为两种：一种是臭氧经曝气盘进入操作单元，与水体中的污染物接触，实现有机物的降解[18]；另一种是臭氧或含臭氧的水经陶瓷膜进入操作单元（陶瓷膜停止运行时），一方面实现污染物的氧化降解，另一方面实现陶瓷膜的臭氧气反洗或水反洗[19]，缓解膜污染。其工艺流程如图 3-41 所示。

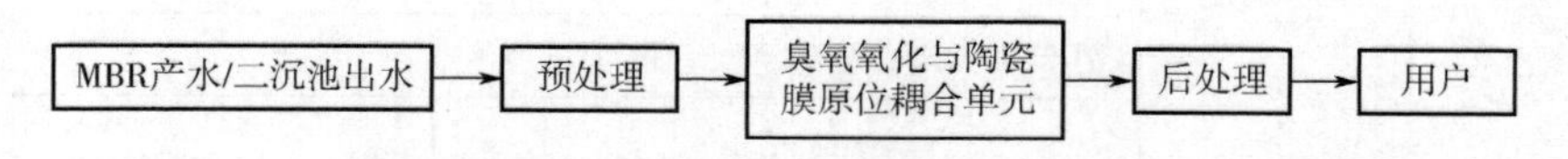

图 3-41　臭氧高级氧化与陶瓷膜分离原位耦合深度处理污水工艺流程

（2）臭氧催化氧化+陶瓷膜分离

在臭氧氧化过程中，存在臭氧向羟基自由基转化慢而引起的臭氧利用率低的问题。为了解决这一问题，研究者提出将催化技术与臭氧氧化技术耦合起来，利用催化剂的催化作用提高臭氧向羟基自由基转化的速率，进而提升臭氧的利用率及有机物的降解速率。基于此，将催化剂（如 MnO_2-Co_3O_4、TiO_2）负载在陶瓷膜上，可以实现臭氧催化氧化与陶瓷膜分离的原位耦合。在这一过程中，陶瓷膜充当催化剂的载体及分离介质。其工艺流程如图 3-42 所示。

图 3-42　臭氧催化氧化与陶瓷膜分离原位耦合深度处理污水工艺流程

3.6.2 活性炭与膜技术的耦合技术

活性炭与膜技术耦合的技术主要以超滤-活性炭工艺为代表。超滤-活性炭组合工艺一般是在超滤膜系统后增加活性炭滤池，利用活性炭的紧密堆积及大的吸附比表面积，进一步截留超滤产水中的悬浮物、吸附部分有机物、除臭脱色，解决再生水使用过程中用户更关注的水的浊度、色度及臭味等指标不达标的问题。目前，北京清河再生水厂采用的就是此工艺。该工艺以清河二期工程二沉池出水作为进水，首先经自清洗过滤器进行预处理，然后进入超滤膜处理系统过滤分离，最后进入活性炭滤池进一步过滤、吸附。该工艺对悬浮物、胶体及有机物的去除效果良好，产水中的COD、SS及BOD_5均能达到设计要求，得到的再生水用于朝阳部分区域及海淀区市政杂用水及奥林匹克公园景观水体补水。该工程超滤膜系统及活性炭滤池的主要参数如表3-29所示[20]。

表3-29 清河再生水厂超滤膜系统及活性炭滤池的主要参数

系统	指标	内容
超滤系统	膜材料	聚偏二氟乙烯（PVDF）
	膜箱数量/个	54
	过滤方式	外压
	设计进水量/m^3	87471
	设计产生量/m^3	80000
	回收率/%	91.4
	设计最高运行通量/LMH	23
	实际平均运行通量/LMH	16
	物理清洗	气水联合反冲洗；29次/天，30s/次
	维护性清洗	0.7%（质量分数）的NaOH+400mg/L的NaClO；1次/天，25 min/次
	恢复性清洗	1.5%（质量分数）的NaOH+400mg/L的NaClO，1.5%（质量分数）的柠檬酸；12次/年，6h/次
活性炭滤池	活性炭形状	圆柱状颗粒
	活性炭直径/mm	1.5
	活性炭长度/mm	2～3
	比表面积/（m^2/g）	≥900
	装填密度/（g/L）	450～530
	设计滤速/（m/h）	13

3.7 膜技术在国内外城市污水处理应用中的发展方向

3.7.1 以膜技术为核心的 MBR 优化

随着 MBR 在城市污水处理中的广泛应用，目前国内外关于 MBR 的研究主要集中在如何通过膜、膜组件及膜组器三者的优化来提高 MBR 的运行稳定性并降低能耗及投资成本方面。下面通过几个方面做简要介绍。

3.7.1.1 平板膜

目前，MBR 中应用最为广泛的膜为 PVDF 中空纤维膜。但是近年来，平板膜得到了越来越多的应用。以日本久保田 PVC 平板膜（图 3-43）为代表，其污水处理工程涉足美国、法国、土耳其、沙特阿拉伯等国家。在美国俄亥俄州的一家污水处理厂，污水处理量达到了 159000m^3/d。其相关产品参数如表 3-30 所示。

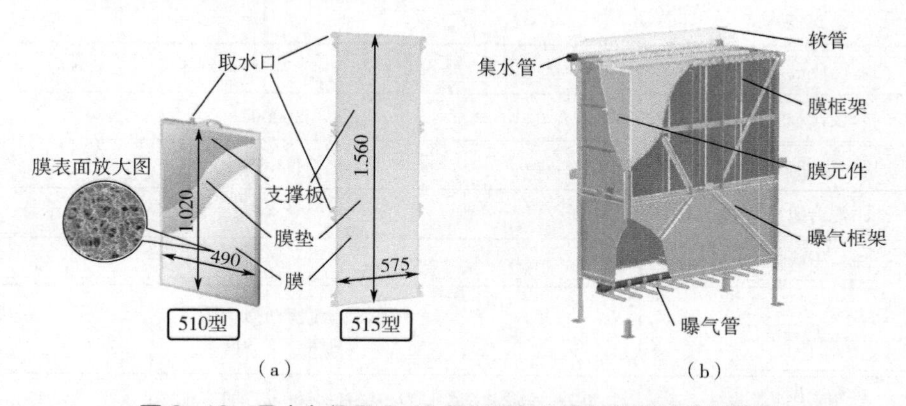

图 3-43 日本久保田 PVC 平板膜组件及其组器结构示意图

表 3-30 日本久保田 PVC 平板膜及组器的相关参数

产品型号	EK400	ES200	RW400	RM200
膜材料	聚氯乙烯（PVC）			
平均膜孔径/μm	0.2μm			
膜组器型号	510 型		515 型	
膜片数	400	200	400	200
膜面积/m^2	320	160	580	290
运行通量/LMH	20～29		20～31	

续表

产品型号	EK400	ES200	RW400	RM200
曝气量/（m^3/min）	2.8	2	2.8	2
MLSS/（mg/L）	5000～20000		5000～15000	
运行方式	开 8min 停 2min 或开 9min 停 1min			
清洗方式	药剂：（2000～6000）$\times10^{-6}$的 NaClO（1.5h）+5000$\times10^{-6}$的草酸（1.5h） 药剂用量：3L/片（膜）		药剂：（2000～6000）$\times10^{-6}$的 NaClO（1.5h）+5000$\times10^{-6}$的草酸（1.5h） 药剂用量：3L/片（膜）	

与中空纤维膜相比，平板膜具有适用污泥浓度更广更高、清洗维护简单（可原位清洗、不积泥及毛发）、使用寿命长、抗污染等优点，但也存在能耗高、填充密度低的缺点。具体对比如表 3-31 所示。

表 3-31　平板膜及中空纤维膜的对比

指标	平板膜	中空纤维膜
适用污泥浓度/（mg/L）	5000～20000	5000～10000
使用寿命	大于 10 年	5～8 年
恢复性清洗	无需吊出，原位清洗	需吊出，离线清洗
清洗周期	长	短
抗污染能力	强	弱
污泥产量	低，无需浓缩池	高，需浓缩池
进口格栅	2～3mm，设备少	1mm，设备多
自动化水平要求	低	高
膜组器体积	大	小
填充密度	低	高
运行能耗	高（气水比大于 30）	低（气水比在 3～5 之间）

3.7.1.2　新膜开发

近几年，出现了一些 PVDF 中空纤维膜以外的新形式膜，其中比较有代表性的为 FibrePlate™ 膜、Microdyn BIO-CEL®膜等。

（1）FibrePlate™ 膜

如上所述，平板膜的装填率低，但机械强度高于中空纤维膜。为了充分结合平板膜与中空纤维膜各自的优势，加拿大的 Fibracast 公司开发了一款新形式的 PVDF 超滤膜（平均膜孔径为 40nm）——FibrePlate™ 膜。其结构介于中空纤维膜与平板膜之间，整体外观呈现出平板膜的样式，但表面呈现出平行、均匀、整齐排布的细丝波纹结构，这样的结构设计增加了膜的表面积，有效地解决了平板膜装填密度低的问题（图 3-44）。

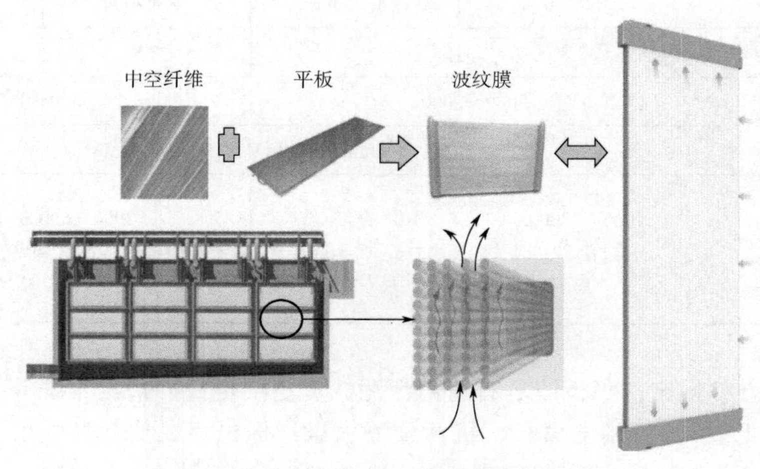

图 3-44 FibrePlate™ 膜及其组器

该公司宣称与传统的中空纤维或平板膜相比，FibrePlate™ 膜具有如下优势：

① 填充密度可高达 $500m^2/m^3$，高于中空纤维膜（$260m^2/m^3$）及平板膜（100～$120m^2/m^3$）；

② 运行通量比传统膜高 30%；

③ 占地面积节省 50%；

④ 能耗降低 40%；

⑤ 机械强度高、使用寿命长。

目前，该膜已经应用到 MBR 工程上。例如，美国加利福尼亚州维克多谷污水处理厂以 FibrePlate™ 膜作为 MBR 的分离单元处理该地区的市政污水，处理量为 $7570m^3/d$。FibrePlate™ 膜较小的孔径（40nm）保证了良好的产水水质，因此，该工程的产水直接回用于园林灌溉。

（2）Microdyn BIO-CEL®膜

传统平板膜组件一般采用以导流板为支撑体，支撑体两面粘接膜的结构设计，但是导流板通常比较厚，导致平板膜组器的装填率较低。为解决这一问题，Microdyn Nadir 公司开发了一款聚醚砜（PES）平板超滤膜，即 Microdyn BIO-CEL®膜。该膜采用 PES 膜材料与多孔薄层支撑材料（聚酯，PET）融合在一起的结构设计，将膜组件的厚度降低至 2mm，有效地提高了平板膜组器的装填率。除了厚度的降低，这样的结构设计还实现了膜组件的自支撑，可无框安装，并且能够实现膜的在线反洗，解决了传统平板膜无法在线反洗的问题（图 3-45）。该膜的分离精度较高（平均孔径为 40nm，截留分子量为 150kDa），能够保证良好的产水水质。目前，该技术已经在德国、意大利、捷克、墨西哥等国家的市政污水处理厂得到了应用。例如，德国 Hünxe 污水处理厂，以 Microdyn BIO-CEL®膜作为 MBR 的分离单元处理该地区的市政污水，处理量为 $1130m^3/d$，运行通量在 19～28LMH 之间，产水 COD 维持在 25mg/L 左右。

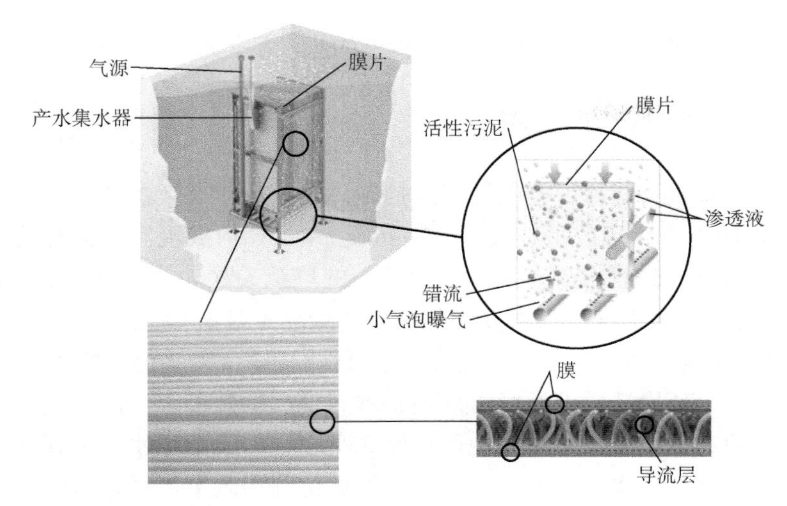

图 3-45 Microdyn BIO-CEL®膜、组器及其结构

3.7.1.3 膜组件及组器的优化及通用化设计

随着 MBR 技术工程化推广的深入进行，人们逐渐认识到膜组件及组器的结构设计对于 MBR 稳定运行、能耗的降低起着至关重要的作用，其影响程度高于膜本身的影响。为此，膜组件及组器结构的优化成为近些年来研究的重点。膜组件的优化主要集中在膜的有效长度、膜丝的排列、膜的装填密度、组件产水抽吸方式（单端抽吸、双端抽吸）等方面。膜组器的优化主要集中在膜组件的排布方式、膜组件的装填密度、曝气方式结构、产水管路设计方面。研究方法一般采用计算流体动力学（computational fluid dynamics，CFD）与实际实验相结合的方式。目前，国际上膜组件及结构设计比较好的公司是法国苏伊士公司，以 ZeeWeed 500D 浸没式超滤 MBR 产品为代表，整体结构设计呈现轻巧、独特的特点（图 3-46）。其良好的结构设计可以保证该产品能够以 1.5 倍的传统 MBR 运行通量稳定运行，并能实现前两年无需离线清洗。

图 3-46 ZeeWeed 500D 浸没式超滤 MBR 膜组器及组件

此外，如何将 MBR 系统通用化也是近些年来 MBR 发展的一个方向。例如，H_2O Innovations 公司建立了 FlexMBR 系统，期望将 MBR 系统通用化，实现不同厂家膜组件的

原位替换，但是，如何使这套系统适应不同性能的膜产品是难点。

3.7.2 膜技术促进污水回用

污水回用是缓解水资源短缺问题的有效措施。全球每年有大量的污水排放，以中国为例，2017 年全国的污水年排放量达到了 587.46 亿 m^3，如何实现污水的有效回用成为近些年来人们关注的重点，并且得到了国家相关部门的广泛关注。2021 年 1 月 11 日，发改委等 10 部委联合发布《关于推进污水资源化利用的指导意见》（发改环资〔2021〕13 号），指出到 2025 年，全国污水收集效能显著提升，县城及城市污水处理能力基本满足当地经济社会发展需要，水环境敏感地区污水处理基本实现提标升级；全国地级及以上缺水城市再生水利用率达到 25%以上，京津冀地区达到 35%以上；工业用水重复利用、畜禽粪污和渔业养殖尾水资源化利用水平显著提升；污水资源化利用政策体系和市场机制基本建立。从国家战略层面，释放了污水资源化发展的有力信号。因此，为了配合国家政策的需求，迫切需要发展并落地配套的污水资源化技术。膜技术，特别是分离精度更高的膜技术能够有效地促进污水回用。目前，污水回用一般采用 UF、MF/UF+NF/RO 工艺。常见的工艺流程见图 3-47。

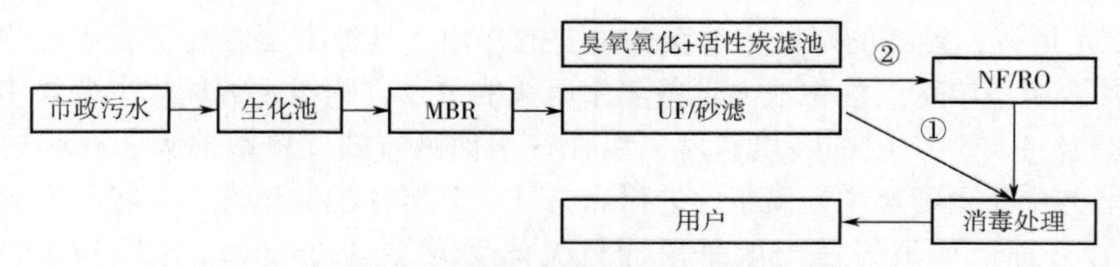

图 3-47 常见的市政污水深度处理流程

据 GWI（global water intelligence）《全球水市场报告 2019》数据统计显示，2019 年全球污水回用总规模达到了 7120 万立方米/日，并预测 2022 年全球污水回用总规模将达 8730 万立方米/日，将超过全球海水淡化总规模（8580 万立方米/日）。各地区污水回用规模及各用途所占比例如图 3-48 所示。可以看出：东亚和太平洋地区回用水规模遥遥领先其他地区。污水回用水主要用于农业灌溉、园林灌溉、工业用水等方面，而用作间接饮用水或直饮水的比例较低，尤其是用作直饮水，尽管成本与传统饮用水相当［Bluefield 提供的数据显示：在美国，回用水作为间接饮用水或直饮水的成本为 3.6 美元/100US gal（水）（1US gal=3.78541dm^3），传统饮用水处理的成本为 3.9 美元/100US gal（水）］。主要的原因在于人们对于回用水安全问题的担忧，缺乏病毒、细菌、隐孢子虫和贾第虫属等微生物对数去除率（LRV 值）的实时数据以及相应的安全标准。仅局部地区出台了当地的标准，如美国加利福尼亚州的 121010 标准，即对病毒的去除达到 LRV=12，对隐孢子虫和贾第虫属的去除达到 LRV=10。

目前，部分水厂已经开始利用膜技术对污水进行深度处理，回用作直饮水。例如，美国德州大斯普林科罗拉多河水厂采用 MF+RO+UV-AOP 技术对该地区的污水进行深度处理，处理规模达到了 7600t/天，产水直接用作该地区的直饮水；南非开普敦西博福特水厂采用 UF+RO+UV-AOP 技术对该地区的污水进行深度处理，处理规模达到了 2200t/天，产水直接用作该地区的直饮水。然而，目前来看污水经深度处理得到的回用水更适合作为间接饮用水，比如回注到地下。其占污水回用总量的比例已经达到了 2%，主要采用 MF/UF+NF/RO 的复合膜技术，相关工程、使用的膜技术及处理量如表 3-32 所示[21]。例如，美国加利福尼亚州橘郡水厂采用 MF+RO 的技术对污水进行深度处理，处理规模达到了 38 万吨/天，产水用作该地区地下饮用水的补给。北京翠湖新水源厂采用 MF+NF 的技术对污水进行深度处理，处理规模 2.0 万吨/天，出水水质达到了《地表水环境质量标准》(GB 3838—2002) 中Ⅱ类水质标准，部分产水用作该区域集中式生活饮用水地表水源地保护区补充水源。

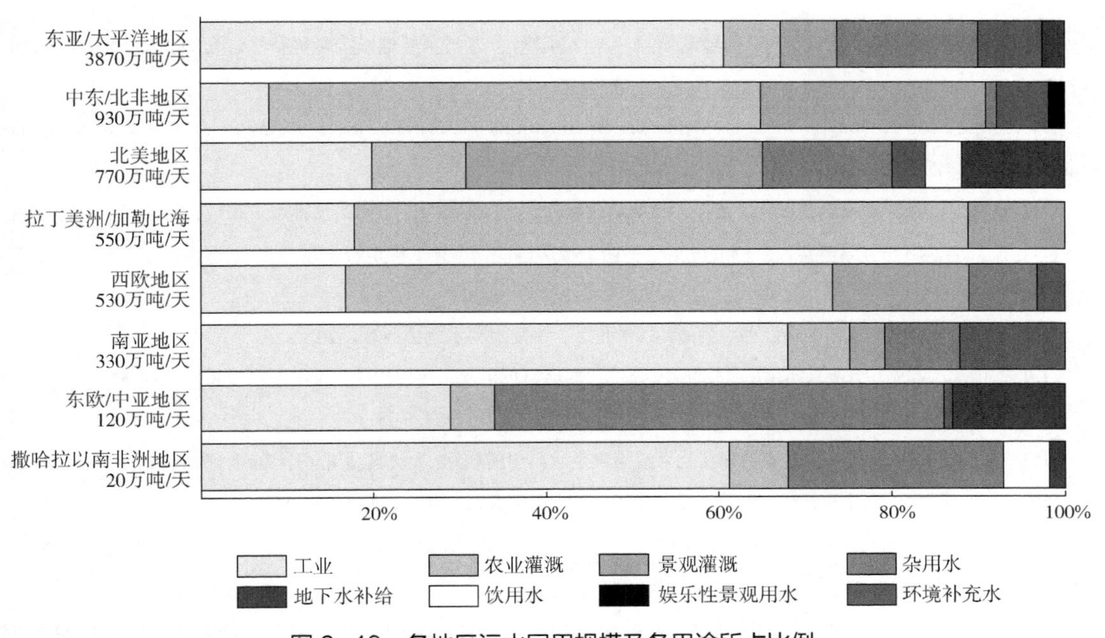

图 3-48　各地区污水回用规模及各用途所占比例

表 3-32　膜技术在污水回用作间接饮用水中的应用工程

工程	膜技术	涉及的其他技术	处理量/（万吨/天）
美国加州橘郡水厂	MF+RO	预处理、UV-AOP	38
美国斯科茨代尔市水厂	MF+RO	预臭氧氧化、UV 消毒	9.5
美国加州卡尔森西部盆地水厂	MF+RO	预臭氧氧化、UV-AOP	5.6
美国洛杉矶水厂	MF+RO	脱碳	1.7
新加坡公共事业部水厂	MF+RO	UV 消毒、脱碳	＞19
澳大利亚昆士兰东南水厂	MF+RO	预沉淀、UV-AOP	9.8
美国圣地亚哥水厂	MF/UF+RO	臭氧氧化、UV-AOP	0.38
北京翠湖新水源厂	MF+NF	臭氧催化氧化	2

参考文献

[1] 北京市市政工程设计研究总院有限公司. 给水排水设计手册[M]. 北京：中国建筑工业出版社，2017.

[2] 崔玉川.城镇污水污泥处理构筑物设计计算[M]. 北京：化学工业出版社，2013.

[3] Yoon S H . Membrane bioreactor processes：principles and applications[J]. Crc Press，2014.

[4] 黄霞，肖康，许颖，等.膜生物反应器污水处理技术在我国的工程应用现状[J]. 生物产业技术，2015（3）：9-14.

[5] 胡以松，王晓昌，张永梅，等. A^{2}O-MBR 工艺处理校园生活污水与回用评价[J]. 中国给水排水，2012（21）：20-22.

[6] 华佳，柏双友，张军，等. A^2/OA-MBR 工艺在污水处理厂扩建设计中的应用[J]. 给水排水.

[7] 北京碧水源科技股份有限公司. 3AMBR 工艺在污水资源化和城市水环境治理中的应用[J]. 中国环保产业，2009（11）：20-22.

[8] 蒋岚岚，张万里，梁汀，等. 两段缺氧 A(2A)O-MBR 工艺污水处理系统降解特性研究[J]. 水处理技术，2013（01）：93-96.

[9] Wang Z，Ma J，Tang C Y，et al. Membrane cleaning in membrane bioreactors：A review[J]. Journal of Membrane Science，2014，468：276-307.

[10] 杨薇兰，陈豪，陈虎. MBR 工艺在无锡城北污水处理厂的应用[J]. 中国给水排水，2012，28（22）：126-129.

[11] 张文华，赵鹤，索坤等. 吉林市污水厂二期工程实例[J]. 长春工程学院学报（自然科学版），2017（2）：77-82.

[12] 于海琴. 膜技术及其在水处理中的应用[M].北京：中国水利水电出版社，2011.

[13] 李艳萍，高金华. 改良 A/A/O 与超滤组合工艺在沙河再生水厂的应用[J]. 净水技术，2011，3：51-54.

[14] 刘莹. 超滤膜在污水深度处理中的应用[J]. 北京水务，2019，2：9-11.

[15] 罗敏. Zee Weed 浸没式超滤系统在北京清河再生水厂中的应用[J]. 水工业市场，2008（7）：58，59，61.

[16] 姚远. 深圳市横岗污水再生利用工程设计[J]. 中国农村水利水电，2009（8）：44-45.

[17] 李友铃，邓志毅，柳寒，等. 无机陶瓷膜分离耦合高级氧化技术在水处理中的研究进展[J]. 膜科学与技术，2017（5）：134-141.

[18] Wei D，Tao Y，Zhang Z，et al. Effect of in-situ ozonation on ceramic UF membrane fouling mitigation in algal-rich water treatment[J]. Journal of Membrane Science，2015，498：116-124.

[19] Fujioka T，Nghiem L D . Fouling control of a ceramic microfiltration membrane for direct sewer mining by backwashing with ozonated water[J]. Separation and Purification Technology，2015，142：268-273.

[20] 张文超 张建新，石磊，等. 超滤膜-活性炭工艺在大型再生水工程中的应用[J]. 给水排水，2008（2）：32-35.

[21] Warsinger D M，Chakraborty S C，Tow E W，et al. A review of polymeric membranes and processes for potable water reuse [J]. Progress in Polymer Science，2018，81：209-237.

第4章

膜技术在农村污水处理中的应用

4.1 我国农村污水处理概况

我国农村污水排放量惊人，根据测算[1]，2020 年我国农村污水 250 亿吨。相对城镇生活污水，我国现阶段农村污水主要具有如下特点。

① 农村污水分布：污水分布分散，集中收集比较困难。我国农村约占全国总面积的 90%，然而绝大部分的农村村庄缺少收集管网和污水处理系统。

② 农村污水产生量：农村农户用水量较少，每天产生的污水量少且变化系数大(3.5~5.0)。

③ 农村污水性质：农村产生的污水性质相差不大（重金属和有毒有害物质较少），但水质变化较大。

④ 政府对农村环境污染存在监管缺位问题。

农村产生的污水包括粪便冲洗、洗涤、洗浴、厨用产生的污水废水，污水中含有机物、氮、磷、悬浮物、细菌等。污水中各污染物组分的浓度：COD_{Cr} 约 200～400mg/L，NH_3-N 约 40～60mg/L，TP 约 2.5～5mg/L，可生化性较强。

在我国城市，有完善的污水收集和处理设施，政府部门根据国家颁布的法律法规和标准进行监管，污水得到了有效的处理；在我国农村，产生的污水大部分未经处理，直接排放给土壤、地表水和地下水造成严重污染，不仅对广大群众的健康造成损害，而且严重危害国家水环境的安全和农村经济的可持续发展。

我国对农村污水的处理也具有阶段性的特点，2005～2008 年为起步萌芽阶段，该阶段国家逐渐重视和不断出台一系列政策措施改善农村环境。近年来，国家先后出台一系列的相关政策，提供了政策保障，各种污水处理技术不断应用于农村污水处理。目前，农村污水处理单元工艺主要有：活性污泥、人工湿地、地下渗滤、氧化塘、生物膜技术、膜分离技术等。

4.1.1 活性污泥法

活性污泥处理技术是通过在农村生活污水中曝气，好氧微生物得到大量繁殖，形成具很强吸附能力的生物絮体，即活性污泥。活性污泥和污水通过曝气充分接触，有机污染物被吸附、降解，使得污水得到净化，见图 4-1。

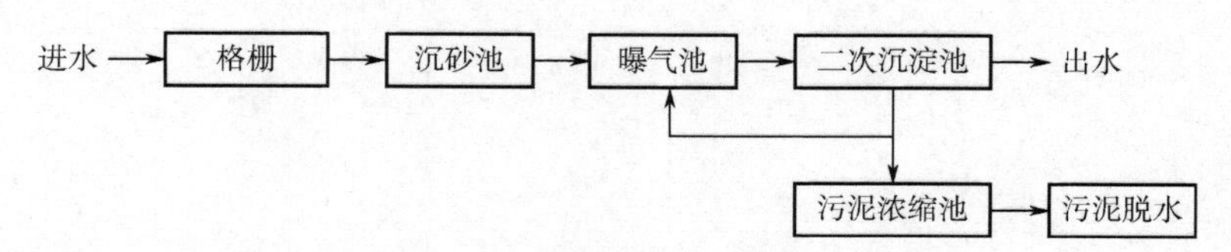

图 4-1 活性污泥处理技术工艺流程

活性污泥处理系统一般由预处理、沉砂池、曝气池、二沉池、污泥浓缩池、曝气系统、污泥回流系统、脱水系统等组成。活性污泥技术细分可以分为普通活性污泥法、氧化沟法、AB 式活性污泥法、序批式活性污泥（SBR）法等。目前，活性污泥法较成熟的工艺有：A/O 脱氮法、A/O 除磷法、A^2/O 法及其改进工艺及传统 SBR 系列工艺，包括 CASS 工艺和 ICEAS 工艺等[1]。

4.1.2 人工湿地

人工湿地类似于自然中的沼泽地，是一种为处理污水而利用工程手段模拟自然湿地系统建造的构筑物；在构筑物的底部按一定的坡度填充填料，如碎石、砂子、泥炭等，在填料表层土壤中种植对污水处理效果良好、成活率高的水生植物，如芦苇、香蒲、灯心草、香根草、风车草等。污水与污泥按照特定的方向流动过程中在土壤、植物、微生物的共同作用下，发生物理、化学、生物变化，污染物得到降解，污水得到净化。其主要分为表面流湿地、潜流湿地、垂直流湿地。人工湿地适宜气候温暖、土地可利用面积广阔的区域，尤其适用于利用盐碱地或废弃河道进行工程设计。人工湿地处理技术工艺流程见图 4-2。

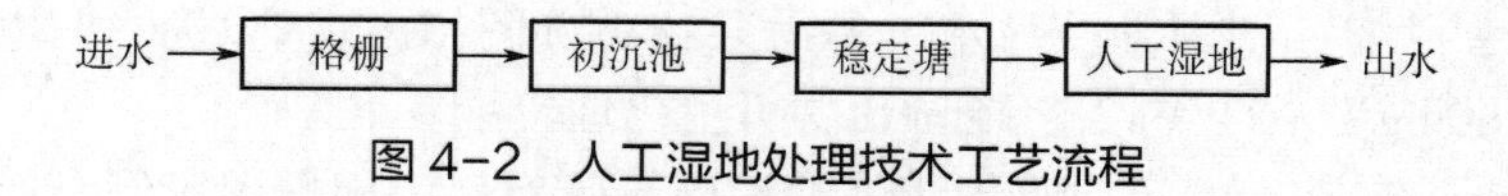

图 4-2 人工湿地处理技术工艺流程

在具有较多闲置面积的农村地区该技术具有一定优势。该技术的劣势在于占地面积较大、调试周期长、易受病虫害的影响等。

4.1.3 地下渗滤

地下渗滤技术是将污水送入到具有良好渗滤性能的土壤表面，使其在向下渗透过程中经过表土层、渗滤沟层、土壤处理层，发生沉淀、过滤、氧化、硝化、反硝化等一系列反应，从而使污染物降解，污水得到净化，见图 4-3。

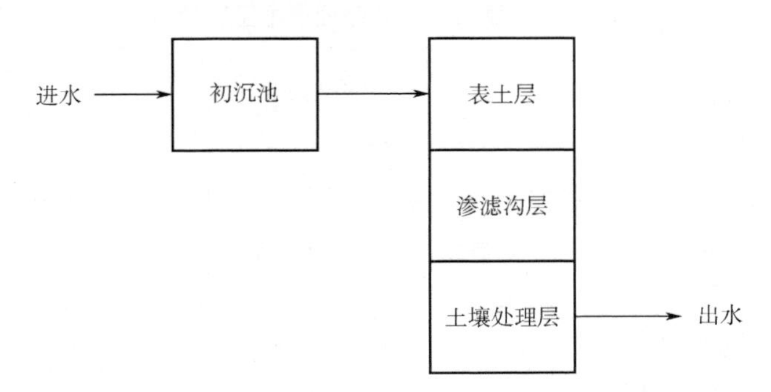

图 4-3 地下渗滤技术工艺流程

本工艺的优势在于建设投资少，运行费用低，操作维护简单，保持原始景观，无臭气产生，对 SS、COD 具有良好的去除效果；劣势在于主要依靠土壤的消解净化作用，对总磷、氨氮等污染物的去除十分有限，长时间运行后易发生板结而影响出水，不适合污水产量较大的地区。

毛细管土壤渗滤沟工艺是利用植物、土壤、填料及其表面生长的微生物、小型动物等一系列复杂的物理、化学、生物协同作用实现对污染物的去除。毛细管土壤渗滤系统将污水投配到距地表一定距离、有良好渗透性的土层中，利用土壤毛细管的浸润和渗透作用，使污水向四周扩散，经过沉淀、过滤、吸附和生物降解达到处理要求。该工艺处理水量较少，停留时间较长，水质净化效果比较好，且出水量和水质比较稳定，不仅可以实现对污水的处理，还能够实现与当地景观绿地的结合，起到美化环境的作用。整个工艺系统抗冲击能力强，即使用于偏僻地区也可发挥良好的处理效果。

4.1.4 氧化塘

氧化塘或称生物塘、稳定塘，是利用水体本身的自净能力来对污水进行处理的技术。即采用人工将土地进行修整和改建，建设一个具有防渗层的污水池塘。在污水处理塘中，充分利用了有机物的沉降和吸附、微生物的降解和过滤等操作，同时通过稳定塘中藻类的代谢作用，将污水中的有机物去除。这种处理技术对有机污染物（以 BOD_5 计）的处理效果在 80%以上；水体中的氮通过硝化、NH_3 挥发、水生植物吸收这三个过程得到去除。稳定塘的主要优点是造价低，不需要大量能耗支撑，能够将污水直接回收再利用，实现资源化，充分利用水资源，在处理过程中不产生污泥。

根据塘内的微生物类型和功能不同，可划分为厌氧塘、兼氧塘和好氧塘。高效藻类塘

（图 4-4）是在氧化塘的基础上，利用藻类产生的氧气，使塘内的一级降解动力学常数值大幅增加，大大提升降解能力。

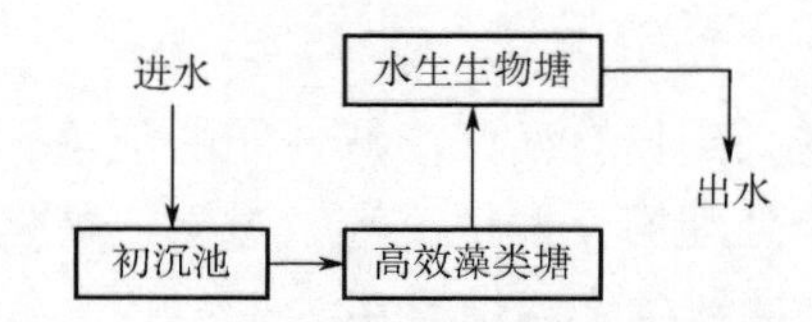

图 4-4　高效藻类塘处理技术工艺流程

4.1.5　生物膜技术

生物膜技术是通过厌氧或者好氧微生物不断繁殖，在载体表面形成生物膜，达到吸附、降解污水中的污染物目的的。生物滤池、生物转盘、生物接触氧化、生物流化床等均属于生物膜技术。其工艺流程见图 4-5。

生物膜法有诸多优点：

① 设备占地小、空间利用率高；

② 设备耐冲击力强；

③ 污泥的发生量大大减少。

近年来，人们已改变了生物膜法只能用于处理高浓度有机废水的观念，将生物膜法应用于低浓度水的处理，特别是对饮用水的处理是目前新的应用尝试。

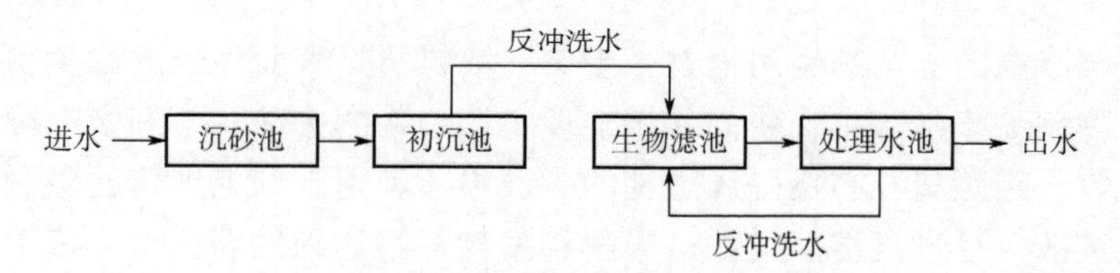

图 4-5　生物膜技术工艺流程

4.1.6　膜分离技术

膜分离技术是充分利用膜的高效过滤特性对污水进行分离。膜分离技术结合微生物菌群对污水中的有机物进行彻底地分解、分离的污水处理技术，近年来倍受关注[2]。

在农村污水处理中，污水中污泥的有效组分主要是细菌，细菌的直径大多在 0.5μm 以上；MBR 工艺中的膜一般为微滤膜（MF）和超滤膜（UF），或者介于超滤（孔径 1nm～0.05μm）与微滤（孔径 0.1～1μm）之间的膜，大都采用 0.1～0.4μm 的膜孔径，应用较多的是微滤膜，可以对污泥起到很好的截留作用。膜截留污泥的分离机理为筛分，在压差的作用下，污水中的小分子物质可透过滤膜，污水中的大分子和胶体物质则无法通过而被拦截下来。除了截留作用外，吸附和静电作用等因素对截留也有一定的影响。

4.2 膜技术在农村污水处理中的应用现状与特点

4.2.1 应用现状

4.2.1.1 各处理技术应用情况比较

对一些居住比较集中、污水产生量较大的农村地区，可将污水收集后进行集中处理[3]。而对一些居住分散、水量小、管网设施落后的地区，污水收集有一定的难度，所以需要进行分散处理[1]。在农村污水处理过程中应用较多的技术有活性污泥、人工湿地、快速渗滤、生物膜法、氧化塘技术、MBR 等。各处理技术的应用情况如图 4-6、图 4-7 所示。

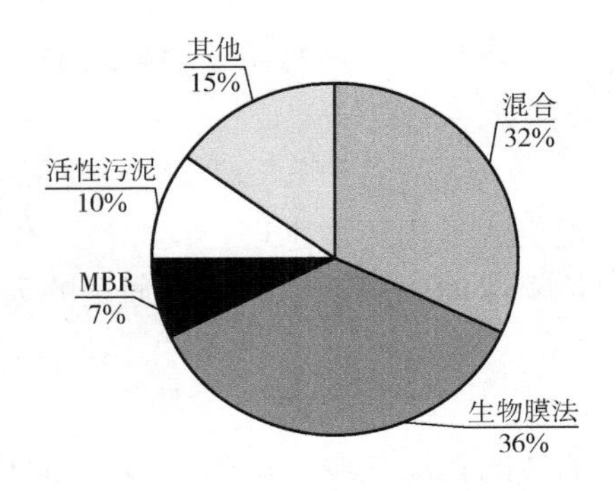

图 4-6　污水集中处理技术占比

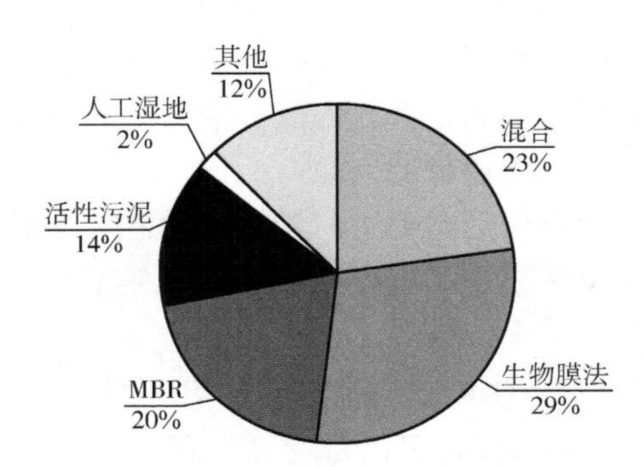

图 4-7　污水分散处理技术占比

MBR 技术在污水集中处理中占比 7%，在分散处理中占比 20%；污水集中处理中膜分离技术可作为核心处理单元，在污水分散处理中充当小型的处理回用设备，在污水处理领域具有很好的应用前景。

集中式污水处理法和分散式污水处理法应用过程中的一个重要影响因素是城镇化率。MBR 应用于污水集中处理过程，可以节省占地面积，并且膜的分离高效，保证了良好的出水水质。MBR 膜技术应用于农村分散性污水处理领域的优势在于，一方面可以解决污染物的去除问题，保证出水水质，另一方面减少了占地，避免施工不便。

4.2.1.2 膜分离技术的优势

与许多传统的活性污泥处理技术、生物膜技术、人工湿地技术、氧化塘、地下渗滤技术等污水处理技术相比，MBR 应用于农村污水处理具有如下优点:

① 膜的化学稳定性高，能够很好地适应农村污水水质和水量的变化，通用性强，耐冲击负荷，出水水质稳定。

② 由于微生物被截流在生物反应器内，系统内能够维持较高的微生物浓度，保证

良好的生化处理效率，而且由于膜的分离效果好，悬浮物和浊度接近于零，出水水质良好。

③ 膜分离设备结构紧凑、占地面积小，可适用于多样的场地环境。

④ 操作过程实现自动控制，操作管理方便。

⑤ 膜分离技术与传统工艺易结合，可以作为深度处理单元，提高出水质量。

膜技术应用过程中也存在如下劣势:

① 膜造价高，膜分离技术的基建投资一般较高;

② 膜污染容易出现，给操作管理带来不便;

③ 能耗较高，运行过程中需保持一定的跨膜压差，MBR 池中要维持一定的传氧速率、流速和曝气强度，能耗比传统处理工艺高。

4.2.2 膜性能特点

(1) MBR 膜的耐污染性能

膜在运行过程中，水体中的悬浮物、胶体、微生物等物质，在跨膜压差的作用下，聚集到膜的表面和膜孔内部，使得膜的水通量下降或跨膜压差增加。

(2) 膜通量的恢复

膜污染后需要进行物理反洗和化学药剂反洗。物理反洗是利用清水进行反冲洗，化学药剂反洗是利用化学药剂进行化学清洗；清洗后可以检测膜的水通量，判断膜通量的恢复情况。

(3) MBR 膜的强度和使用寿命

一般 MBR 膜内部有支撑层，抗拉强度很高，但是其抗剥离强度，即膜层与支撑管的结合力各有不同，抗剥离强度在一定程度上决定了膜的使用寿命。不同材料的膜使用寿命不同，是否对膜材料进行改性、改性的方法工艺同样影响膜的使用寿命。而且，膜的运行条件也很大程度上影响膜的使用寿命，包括进水水质、清洗频率、膜组件的优化设计等。

4.3 典型案例介绍[4，5]

4.3.1 污水集中处理

以秦皇岛市卢龙美丽乡村污水处理工程为例进行介绍。

该工程位于秦皇岛市卢龙县，处理该县刘田各庄镇、蛤泊镇 16 个村收集的生活污水，有集中式和分散式两种处理方式。集中污水处理站采用 MBR 一体化污水处理工艺，农户产生的污水通过管网收集输送至集中污水处理站，依次经过沉淀池、调节池、膜生物反应处理器处理，处理量为 60t/d。分散式处理采用多级 A/O 工艺，经过集中式 MBR 污水处理站处理后出水达到《城镇污水处理厂污染物排放标准》(GB 18918—2002) 中的一级 A 标准 (表 4-1), 直接排放。通过分散式污水处理设备处理后, 出水可达到《农村生活污水物排放标准》(DB13/ 2171—2020) 中的一级 B 排放标准 (表 4-2)。

表 4-1 《城镇污水处理厂污染物排放标准》(GB 18918—2002) 一级 A 标准

化学需氧量 COD /(mg/L)	生化需氧量 BOD_5 /(mg/L)	悬浮物 SS /(mg/L)	动植物油 /(mg/L)	石油类 /(mg/L)	阴离子表面活性剂/(mg/L)
50	10	10	1	1	0.5
总氮(以 N 计) /(mg/L)	氨氮(以 N 计) /(mg/L)	总磷(以 P 计) /(mg/L)	色度(稀释倍数)	pH	粪大肠菌群数 /(个/L)
15	5(8)	0.5	30	6～9	10^3

注: 括号外数值为水温＞12℃时的控制指标, 括号内数值为水温≤12℃时的控制指标。

表 4-2 《农村生活污水物排放标准》(DB13/ 2171—2020) 一级 B 排放标准

化学需氧量 COD_{Cr}/(mg/L)	生化需氧量 BOD_5 /(mg/L)	悬浮物 SS /(mg/L)	动植物油 /(mg/L)	粪大肠菌群数 /(个/L)	阴离子表面活性剂/(mg/L)
60	20	20	3	10^4	1
总氮(以 N 计)/(mg/L)	氨氮(以 N 计) /(mg/L)	总磷(以 P 计) /(mg/L)	色度(稀释倍数)	pH	
20	8(15)	1	30	6~9	

注: 表中数值为水温＞12°C时的控制指标, 括号内数值为水温≤12°C时的控制指标。

集中式 MBR 设备主要由厌氧池、缺氧池和好氧池组成, 通过不同类型生物菌种的生物分解, 能够很好地将污水中的含碳有机物、含氮有机物和含磷有机物分离出去。生化处理后端采用 MBR 膜处理工艺, 能够进一步降解水中的营养物质, 采用平板式膜组件彻底地将污水中的悬浮物去除, 处理出水清澈、透明, 悬浮物和浊度接近于零。通过紫外线消毒, 去除水中的粪大肠杆菌。

4.3.2 农村污水一体化设备

4.3.2.1 湛江市麻章区农村生活污水处理站项目

该项目位于湛江市麻章区, 该区外来人口较多, 产生的生活污水水质、水量波动大; 处理系统按照城镇生活污水标准 (COD_{Cr}≤400mg/L, BOD_5≤200mg/L, 氨氮≤25mg/L, SS≤200mg/L, TN≤35mg/L, TP≤3.0mg/L) 进行设计, 采用缺氧-好氧-MBR 的工艺进行处理, 出水达到《城镇污水处理厂污染物排放标准》(GB 18918—2002) 中的一级 B 标准 (表 4-3)。出水直接排放, 或者进行农田灌溉进行资源化利用。

表 4-3 《城镇污水处理厂污染物排放标准》(GB 18918—2002)一级 B 标准

化学需氧量 COD/(mg/L)	生化需氧量 BOD_5/(mg/L)	悬浮物 SS /(mg/L)	动植物油 /(mg/L)	石油类 /(mg/L)	阴离子表面活性剂 /(mg/L)
60	20	20	3	3	1
总氮(以 N 计)/(mg/L)	氨氮(以 N 计)/(mg/L)	总磷(以 P 计)/(mg/L)	色度(稀释倍数)	pH	粪大肠菌群数 /(个/L)
20	8(15)	1	30	6~9	10^4

注:表中数值为水温>12℃时的控制指标,括号内数值为水温≤12℃时的控制指标。

厌氧区主要进行悬浮物去除、厌氧水解、缺氧反硝化脱硝为进一步反应创造合适的条件;好氧区进行好氧降解、硝化脱氮、好氧聚磷等;膜池中的超、微滤膜组件作为泥水分离单元,截留活性污泥中的微生物絮体和较大分子有机物,使反应器内获得高生物浓度,并延长有机固体停留时间。该设备出水水质稳定、占地面积小、自动化程度高、快速接头对接系统维护简单[6]。其系统构成见图 4-8。

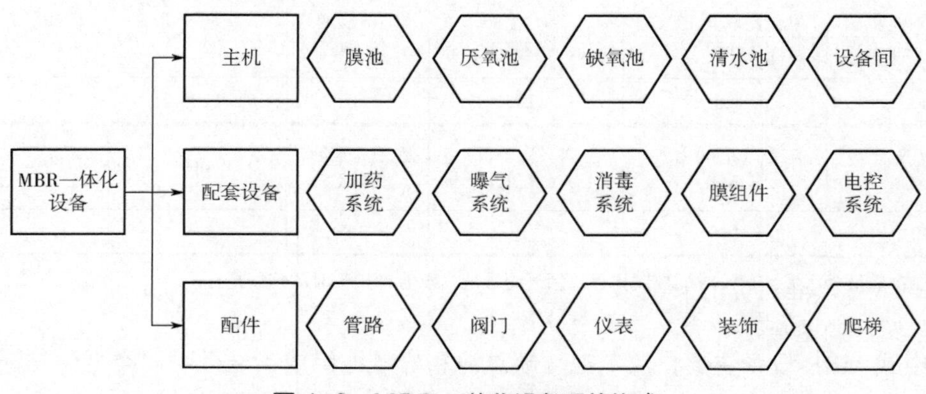

图 4-8 MBR 一体化设备系统构成

4.3.2.2 延安文兴书院生活污水处理项目

该项目采用一体化污水处理标准集装箱式设备[7],生化处理单元为缺氧和好氧处理,膜处理单元采用膜束式浸没式膜组件,实现了便捷的安装和维护;设备处理规模为 25~200m^3/d,最后经过消毒处理,出水 COD<30mg/L,BOD_5<5mg/L,SS 几乎没有,氨氮<1.5mg/L,总氮<10mg/L,总磷<0.5mg/L(表 4-4)。其工艺流程见图 4-9。

表 4-4 进出水水质基本指标

基本指标	进水水质	出水水质
化学需氧量 COD/(mg/L)	<350	<30
生化需氧量 BOD_5/(mg/L)	<200	<5
悬浮物 SS/(mg/L)	<200	几乎没有

续表

基本指标	进水水质	出水水质
氨氮（以N计）/（mg/L）	＜30	＜1.5
总氮（以N计）/（mg/L）	＜45	＜10
总磷（以P计）/（mg/L）	＜2～3	＜0.5
水温/℃	15～30	

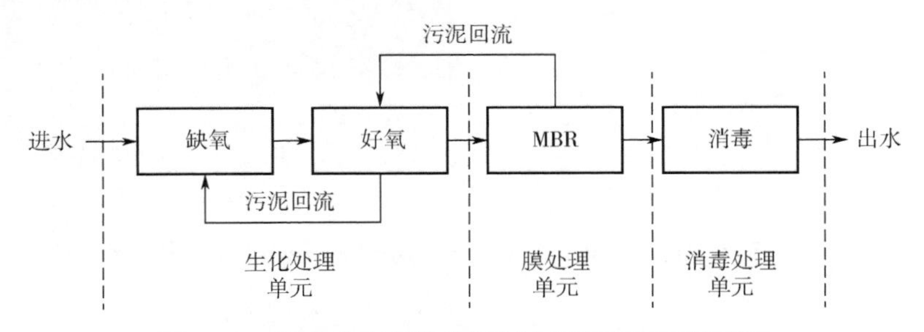

图 4-9　延安文兴书院生活污水处理项目工艺流程

4.3.2.3　云南省昭通市镇雄县松林村污水处理站项目

该项目位于云南省镇雄县芒部镇松林村上下街，人口约 600 人，处理规模为 $100m^3/d$，负责收集处理村域范围内村民日常排放的生活污水。该项目采用“A/O 生物接触氧化+浸没式超滤”工艺，以生物膜法去除 COD 及氮磷，以浸没式超滤去除悬浮物，使污水得以净化。其主体处理设备为分散式双膜法污水处理设备，出水可达到《城镇污水处理厂污染物排放标准》（GB 18918—2002）中的一级 B 标准。该项目进水水质要求如表 4-5 所示，一体化设备结构见图 4-10。

表 4-5　进水水质要求

指标	化学需氧量 COD /（mg/L）	生化需氧量 BOD_5 /（mg/L）	悬浮物 SS /（mg/L）	氨氮（以N计）/（mg/L）	总磷（以P计）/（mg/L）	pH	水温/℃
进水水质	≤400	≤200	≤150	≤30	≤4	6～9	15～30

4.3.2.4　汉寿县罐头嘴、蒋家嘴镇污水处理厂站项目[9]

随着城市建设步伐的加快，蒋家嘴、罐头嘴镇经济快速发展，污水排放量亦在不断增加。为防止污水对高水内江生态环境、自然资源的污染和破坏，建设了污水处理场站来处理蒋家嘴、罐头嘴镇产生的生活污水，由乡政府建设的管网收集生活污水到污水处理厂站集中处理。一体化污水处理场站采用一体化集装箱式处理设备，采用的主体工艺为 MBR 工艺，单体设备处理规模涵盖 0.6～500t/d；设备就地安装，见效快、建设周期短，设备自动运行，搭载智慧水务系统，实现远程监控、远程操作，不需专业人员现场管理，可实现无人值守。目前建设的污水处理场站出水水质能稳定达标，达到了国家一级A排放标准要求。该项目的工艺流程见图4-11。

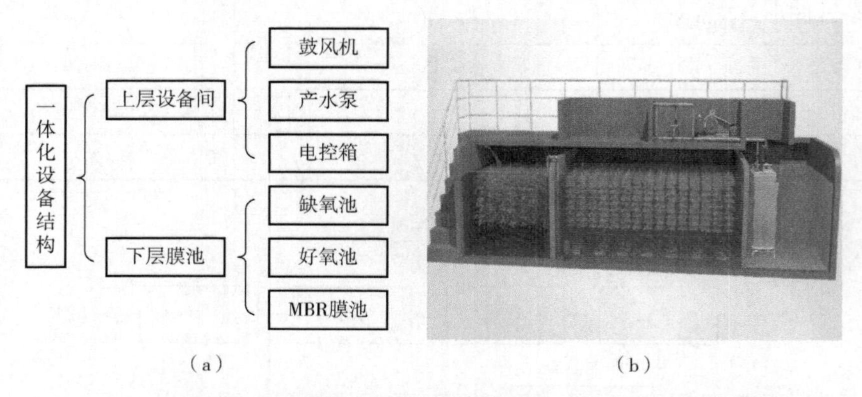

图4-10　云南省昭通市镇雄县松林村污水处理站项目一体化处理设备[8]

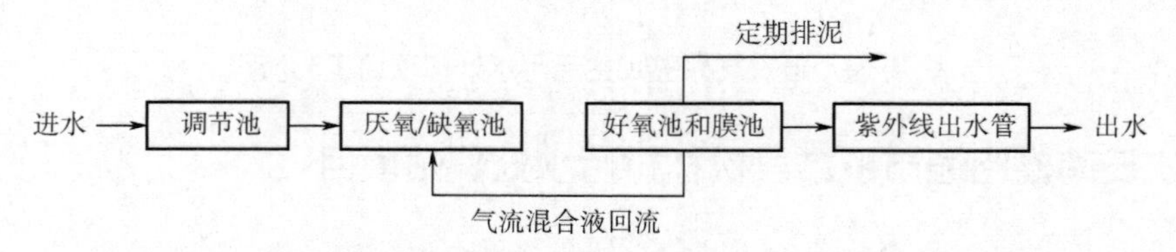

图4-11　汉寿县罐头嘴、蒋家嘴镇污水处理厂站项目工艺流程

4.3.2.5　内江市东兴区顺河镇应急污水处理站项目[10]

内江市东兴区顺河镇临时处理设施项目总处理规模约为900m³/d，采用气浮+A/MBR工艺，排放要求须达到《城镇污水处理厂污染物排放标准》（GB 18918—2002）中的一级A标准，建设和调试工期为40天，建设周期短，可短时间内解决污水直排和溢流的问题。

因该镇有部分农家乐，因此管网收集污水浓度较高，特别是油脂含量远高于一般生活污水浓度。目前平均进水水质COD约550mg/L，氨氮约65mg/L，TP约6mg/L，TN约80mg/L（表4-6），因此在前端设置了气浮设备，以降低进入生化系统的处理负荷（特别是COD、TP、SS、动植物油）；后端采用缺氧+MBR工艺，硝化液回流至缺氧池进行脱氮（适当补充碳源），MBR池内进行好氧生化处理和膜过滤物理处理，最后经过紫外消毒设备对大肠菌群进行去除，即可达标排放。

表4-6　内江市东兴区顺河镇应急污水处理站项目平均进水水质

指标	化学需氧量COD/（mg/L）	总氮/（mg/L）	氨氮（以N计）/（mg/L）	总磷（以P计）/（mg/L）	pH
进水水质	550	80	65	6	6~9

4.3.2.6　成都市双流区污水处理项目

成都市双流区污水处理项目采用一体化污水处理设备，处理总水量2500m³/d。该一体化处理设备，由缺氧单元、好氧单元、设备和控制单元、办公单元组成（图4-12）。四个基本单元可根据不同的需要采取不同数目的组合，根据现场情况安装成为地上式、半地下式和地下式三种形式[11]。

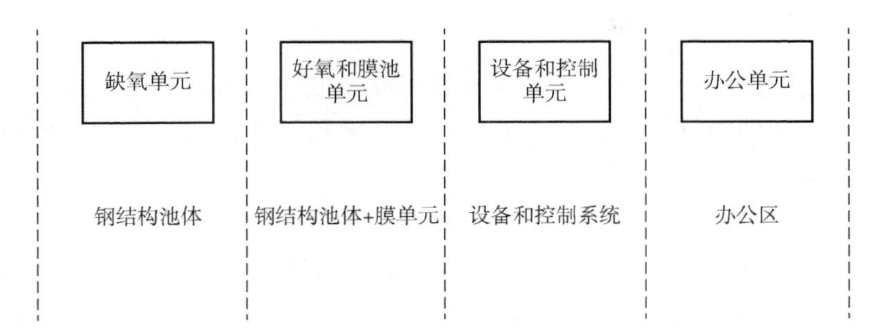

图4-12　成都市双流区污水处理项目一体化设备组成

该设备的工艺过程（图4-13）为：缺氧单元发生反硝化反应，完成脱氮过程；好氧单元，活性污泥与污水中的有机污染物物质充分混合、接触、吸收，降解污染物；污水通过膜池透过膜表面，产生清水外排，处理后出水可达到《四川省岷江、沱江流域水污染物排放标准》(DB51/ 2311—2016)（总氮除外）。

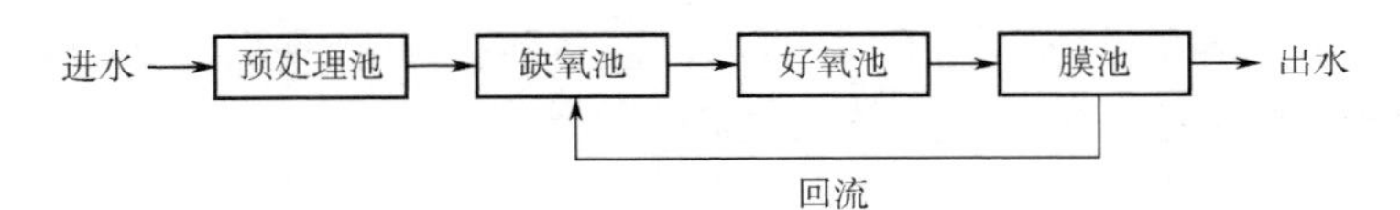

图4-13　成都市双流区污水处理项目一体化设备工艺流程

4.3.2.7　静海区生活污水处理工程

该项目位于天津市静海区，采用兼氧-MBR膜工艺技术，处理农村居民产生的生活污水。好氧区内设置膜组件，采用全微孔防堵塞曝气工艺，污水在生化池内不断循环，充分地与微生物接触，达到彻底降解污染物的作用。该设备实现了智能控制和远程监管[12]，其工艺流程见图4-14。

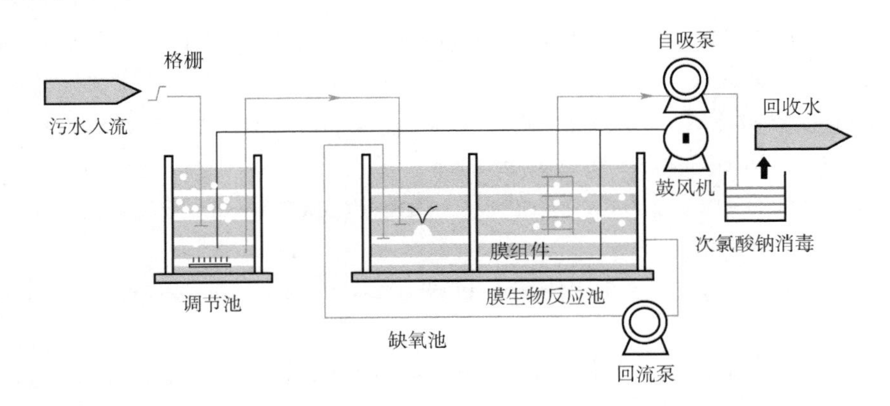

图4-14　MBR一体化设备工艺流程

4.4 未来发展方向预测

我国农村污水排放量逐年增加，而污水处理率远低于城市。国家近些年出台的相关政策助推农村污水处理的发展，农村污水处理迎来了发展机遇，膜技术在应用过程中大有可为，其未来在农村污水处理中的发展方向主要为：

（1）成本

在农村进行污水处理基础设施建设的时候，建设及运行费用较低，膜技术污水处理设备通过系统控制，实现无人值守，可以降低运行成本[13]。膜材料与膜组件国产化，可降低膜技术设备制造成本，将促进膜技术在农村污水中的应用[14]。

（2）技术

在农村污水处理中会出现较大的水量和水质变化，工艺应成熟可靠、稳定性好。脱氮除磷工艺与 MBR 膜分离技术相结合，可进一步拓展膜技术的应用范围，使膜技术在农村污水处理中得到更广泛的应用[15]。

（3）管理

未来农村污水处理的管理要实现自动化、简单化，并且要积极学习和运用互联网思维，采用新型管理模式对农村污水处理过程进行管理。

参考文献

[1] 前瞻产业研究院. 2018 年农村污水处理行业市场规模与发展前景（趋势）分析——处理产能还有待提升[EB/OL]. https：//www.qianzhan.com/analyst/detail/220/190403-17c8fb66.html.

[2] 梁稳. 兼氧型膜技术污水处理工艺在广州市农村生活污水治理工程中的应用[J]. 低碳世界，2015（14）：1-2.

[3] 余晓敏. 一体化生物膜技术处理农村生活污水试验分析[J]. 科技与创新，2015（15）：93-94.

[4] 中国水网. 34 个农村污水治理典型案例详解[EB/OL].[2018-06-04].http：//www.h2o-china.com/news/ 275808.html.

[5] E20 水网固废网. 12 个乡镇污水治理典型案例[EB/OL].[2019-05-17]. http：//www.yidianzixun.com/ article/0M1dIUJW.

[6] 湖南清之源环保科技有限公司. MBR 系列-生活污水一体化设备[EB/OL].[2019-10-18]. http：//www. qzyuan.com/hbsb/fssh/2019/1016/509.html.

[7] 三达膜环境技术股份有限公司. 三达“膜箱”荣获“中国村镇污水处理优秀案例”[EB/OL].[2018-06-15]. http：//www.suntarwater.com/aspcms/news/2018-6-15/2817.html.

[8] 广东东日环保股份有限公司. DR-A 小城镇生活污水处理一体化系统[EB/OL]. http：//www.dongricn. com/list/index/id/5.

[9] 长沙中联重科环境产业有限公司. 村镇污水处理设备[EB/OL]. http：//www.zoomlion-enviro.com/product/hj-detail-1236.html.

[10] 四川中测环境技术有限公司. ZC 膜技术污水处理器[EB/OL].[2013-06-26]. http：//www.zchjjs. com/ReadNews.asp?rid=755.

[11] 北京碧水源科技股份有限公司. 一体化污水净化系统[EB/OL].[2017-12-22]. http：//www.originwater. com/cpyjs/MF/jsyy/wscl/6175.html.

[12] 富凯迪沃（天津）环保科技有限公司. FH-MBR 智能一体化设备[EB/OL].[2016-06-22]. http：//www. tjfkdw. com/index.php/scjstcq/155.html.

[13] 冯雪娟. MBR 膜技术在分散性生活污水处理中的运用[J]. 绿色环保建材，2017（6）：193.

[14] 中国环境保护产业协会会长王心芳在第二次膜技术处理废水推广会上的讲话[J]. 中国环保产业，2013（10）：10-12.

[15] 冯雪娟. A^2/O-MBR 组合工艺在生活污水处理中的应用[J]. 低碳世界，2017（9）：4.

第 5 章

膜技术在电泳涂装上的应用

5.1 电泳涂装工艺介绍

电泳涂装是一种特殊的涂膜形成方法，是将金属工件浸渍在电泳涂料溶液中作为阴极（或阳极），在槽中设置对应的阳极（或阴极），两极间通过直流电，而在被涂物表面析出一层均匀的不溶于水的涂膜的涂装方法[1]。

电泳涂装分阴极电泳与阳极电泳两种方法：被涂物为阴极，涂料为阳离子型（带正电荷）的，称为阴极电泳；被涂物为阳极，涂料为阴离子型（带负电荷）的，称为阳极电泳[2]。典型的电泳涂装工艺流程如图 5-1 所示。本章主要针对电泳涂装工艺中的阳极（阴极）膜及电泳漆超滤膜做介绍。

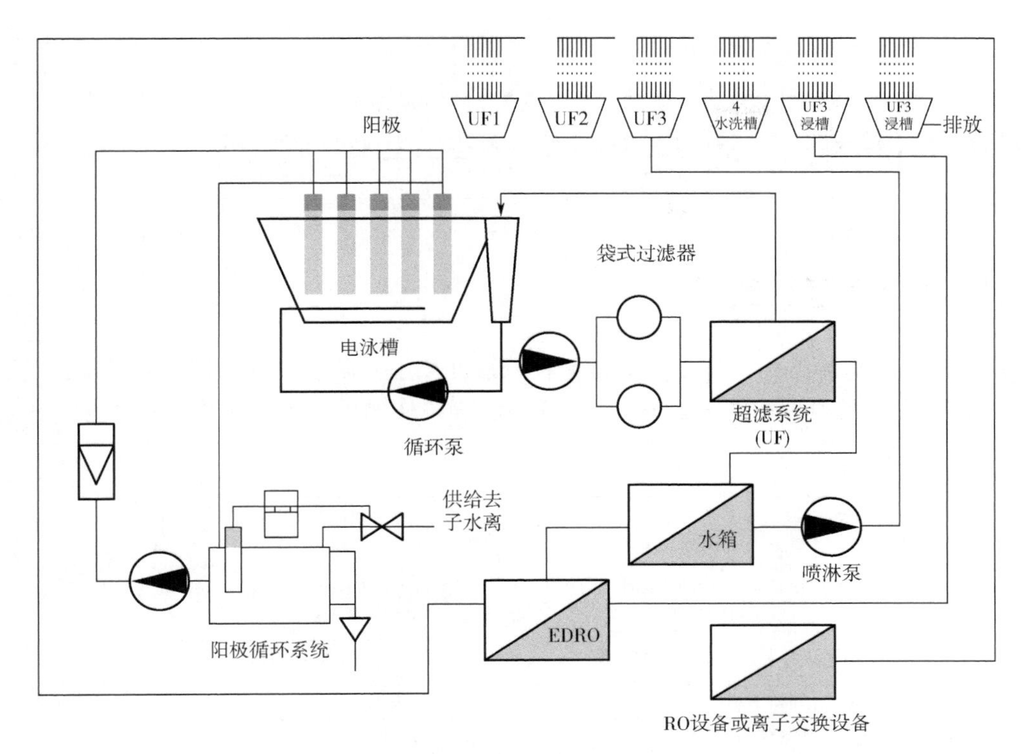

图 5-1　典型的电泳涂装工艺流程

膜在电泳涂装中的应用及其功能见表 5-1。

表 5-1　膜在电泳涂装中的应用及其功能

应用	可选的膜组件	功能
涂装前预处理中的应用	微滤膜组 超滤膜组	通过采用微滤或超滤技术，实现脱脂过程中油水分离的目的
	反渗透膜组	采用反渗透技术获得淋洗用的纯水
电泳涂装中的应用	阳极（阴极）膜	在阳极（阴极）电泳涂装中作为反向电极去除电泳漆中的增溶剂或中和剂（通常为有机酸），维持系统的化学平衡
电泳后清洗中的应用	超滤膜组	1.提高经济效益，实现电泳后的“闭合回路”清洗方式，提高涂料的利用率 2.减少后清洗水的脏物，减少污水处理量及费用，有利于环境保护 3.去除杂离子，净化槽液，提高涂膜质量
	反渗透膜组	1.提高电泳漆的回收率 2.减轻废水处理负担 3.实现闭合回路淋洗 4.减少纯水使用量
	纳滤膜组	1.提高电泳漆的回收率 2.减轻废水处理负担 3.实现闭合回路淋洗 4.减少纯水使用量

5.2 阳极（阴极）膜在电泳涂装中的应用

5.2.1 电泳原理介绍

在外加直流电源的作用下，胶体微粒在分散介质里向阴极或阳极做定向移动，这种现象叫作电泳[3]。其原理如图 5-2 所示。利用电泳现象使物质分离，这种技术也叫作电泳。

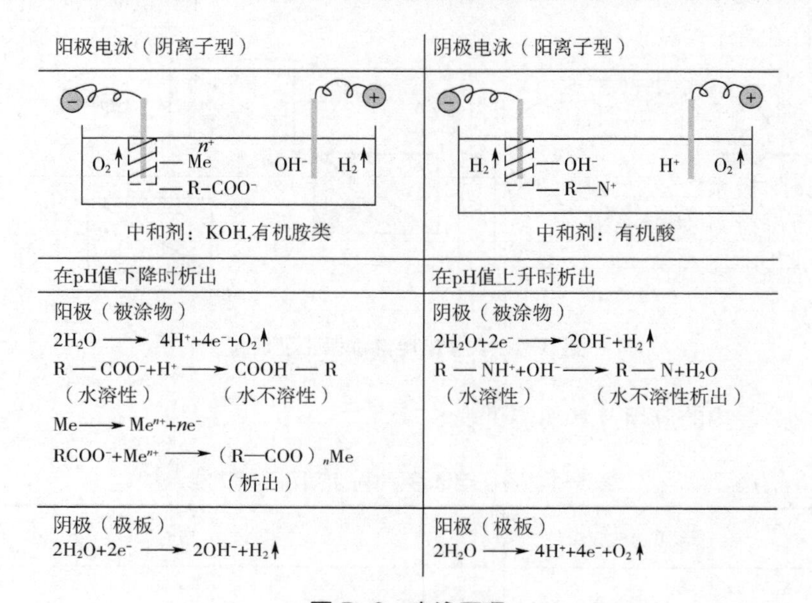

图 5-2 电泳原理

5.2.2 阳极系统简介

5.2.2.1 阴极电泳涂装系统中的阳极系统

电泳是一种化学过程。在漆槽中悬浮的漆颗粒在酸性溶液中，其离子形式为阳离子，它可以沉积在阴极或工件身上。当漆沉积到工件身上后，酸就以阴离子形式释放出来了，它会降低电泳槽的 pH 值，增加电导率（如下式）。

$$H^++CH_3COO^-或HCOO^- \longrightarrow CH_3COOH或HCOOH$$

如果 pH 值太低，电泳槽就会因为酸性过大而造成系统停机。由于电化学过程产生的过剩阴离子可以通过使用选择型的、单向的半透膜来去除，因此只有电泳槽中的阴离子可以通过这种膜，然后排出系统，维持了系统的化学平衡。

对阴极电泳涂装工艺而言，若要在生产过程中获得优质的电泳漆膜，必须确保槽液 pH 值和电导率的稳定。而在阴极电泳涂装工艺中，阳极系统正是扮演稳定槽液 pH 值和电

导率的角色 [4]。

5.2.2.2 阴极电泳的阳极反应

在阴极电泳涂装过程中，当带正电荷的树脂阳离子在工件上沉积时，在电泳槽液中会不断有有机酸根离子（醋酸根离子、甲酸根离子）和氯离子生成（有机酸根离子来源于电泳漆，氯离子来源于固化剂），并在槽液中积聚。当有机酸根离子在槽液中聚积过多时将直接导致 pH 值降低和电导率增高，从而影响电泳漆膜的质量和外观（例如在电泳漆表面产生条印致使漆膜粗糙）[5]。为了确保最佳的涂装效果和电泳漆液的稳定，必须在涂装过程中通过阳极系统将这些酸根离子持续不断地除去。这些有机酸根离子会与在阳极上富集的带正电荷的氢离子发生反应，我们称为“阳极反应”。

5.2.2.3 阳极系统的组成

通常电泳阳极系统的要素有：阳极单元、阳极液槽、阳极泵、电导率仪、流量计、压力表、阳极液供应及返回管路、阳极液溢流及排放管路等。阴极电泳涂装的阳极系统如图 5-3 所示。

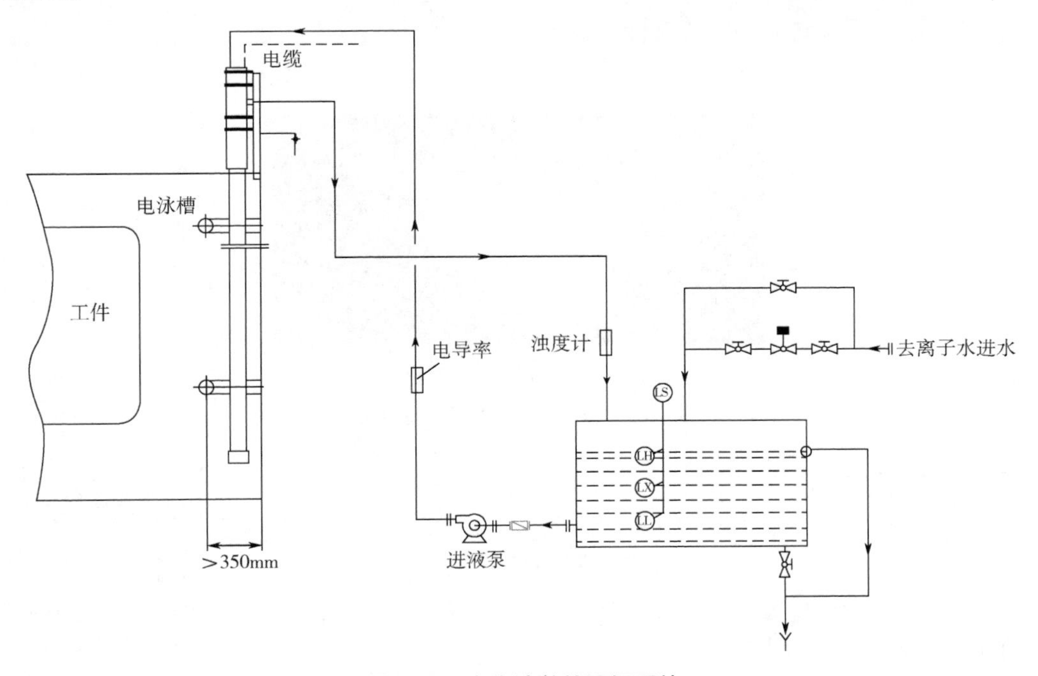

图 5-3 电泳涂装的阳极系统

阳极槽中的溶液通过进液泵抽出，流经电导率仪探头时，电导率仪探头会向控制器发出信号，如果溶液正在检查中，则去离子水系统中的电磁阀将暂时关闭；如果溶液呈酸性，电磁阀将自动打开，去离子水将填充进极液槽中，稀释溶液呈酸性。阳极液一旦通过电导率仪探头，极液便在压力的作用下通过单向阀开始流动，进入供液管，并由各个的流量计控制供给各个阳极管。

溶液进入阳极管后，因自重而流到阳极管底端。当阳极系统处于运行状态时，电泳漆液中的酸或增溶剂被阳极吸引发生迁移并通过选择透过性的离子交换膜进入阳极管的电解质溶液中，且随着阳极液的漩流发生迁移，到达阳极管顶端，从顶端进入回流管返回极液槽中，依次反复。

5.2.2.4 阳极类型

用于电泳槽的阳极有三种基本类型，即板式、管式和弧形阳极，如图 5-4 所示。阳极因为有电流通过，必须远离裸露的金属表面，如果不能做到这一点，较近的金属表面必须用不导电的材料隔离。

（a）板式阳极

（b）管式阳极

（c）弧形阳极

图 5-4 用于电泳槽的阳极类型

5.2.2.5 阳极单元

阳极单元一般由阳极棒（电极）、阳极隔膜、绝缘的阳极罩、阳极液输入管、阳极液输出管等构成。阳极单元的结构如图 5-5 所示。

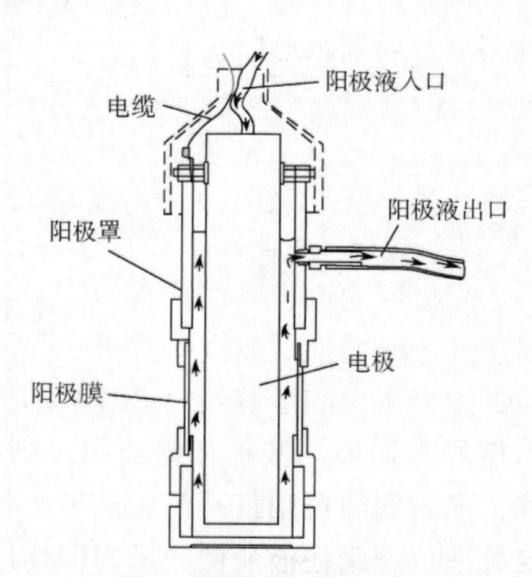

图 5-5 阳极单元结构

（1）阴极电泳阳极棒

阴极电泳的阳极棒是和工件阴极一起形成电场的阳极，可见其在电泳工艺中的重要性。阴极电泳的阳极棒、螺栓及垫片通常使用不锈钢（常用 316L 不锈钢）或钛合金板，阳极棒的厚度最好不小于 3.5mm。阳极单元的阳极棒直接参与了电泳涂装的电化学反应，所以会逐渐损耗。阳极棒都有一定的生命周期，其消耗速率取决于通过电泳槽的产品及生产率。如果操作正确，通常阳极单元有3～5年的生命周期，经过特殊处理的阳极棒生命周期会相对长一些。在实际生产中每年都应该对10%～20%的阳极单元进行拆开检查。通常每个极罩均应配备一个便于观察的安培计，以便连续监测每个阳极的工作情况。

(2) 阴极电泳阳极隔膜

阳极膜是阳极单元的主要构件之一，其作用正是通过电渗析除去电泳过程中产生的酸积聚，这样就可以除去多余的酸，维持槽液的正常pH值。阳极膜是一种半透膜，它能够在电场的作用下选择性地允许带有相应电荷（负电荷）的离子通过。这种半透膜只有水分子、小的酸根离子等小分子能够通过，树脂、颜料等大分子则不能透过[6]。阳极液和电泳槽液就是借助这种选择性透过的半透膜隔离开来的。酸根离子只有在电场的作用下才能从电泳槽液向阳极系统迁移，若没有电场的作用，酸根离子将在浓度极差的作用下在槽液及阳极液中均匀分散。

(3) 阳极膜的两点注意事项

① 若有阳极单元渗漏或破损时应立即停止阳极泵，必要时需关闭整流器，并及时更换渗漏的阳极单元。在更换阳极之前，首先必须关掉电源。具体操作如下:

a. 关闭阳极液系统的泵，必要的话将整流器也关闭;

b. 查出渗漏的阳极棒;

c. 将渗漏的阳极单元与电泳系统隔离开来;

d. 更换渗漏的阳极单元。

② 电泳倒槽时阳极膜应保湿。当电泳主槽倒空时，阳极液循环系统必须保持循环状态，并不断给阳极膜喷洒去离子水。否则会使电泳漆干结在阳极膜上和阳极膜干透，干结的电泳漆将增大电阻，而且阳极膜一经干透将永久失去半透膜的渗透功能。

(4) 其他

在阳极液循环系统中必须使用立式泵，而不宜使用卧式泵，这样可以避免卧式泵在密封失效时带来的不良影响。阳极液的输送管路必须用耐酸的不锈钢或塑料制成，若阳极液返回管为塑料材质，须将阳极接地。为了获得更加均匀的电泳涂层，电泳涂装可以使用顶盖阳极或底部阳极。顶盖阳极和底部阳极通常安装在第二段电压区，若安装在第一段电压区则可能会因为电压低而导致效果不佳。

5.2.2.6 阳极液

阳极液的电导率反映出酸的浓度。在电泳涂装过程中，阳极液的电导率将随酸的浓度增加而逐渐增加。定期排放极罩内的阳极液并补充去离子水即可降低漆液的电导率。阳极液的电导率应该维持在一定的范围内，例如500～1000mS/cm。若电导率偏高，必须排放一定的阳极液，并补加新鲜去离子水。阳极液必须是清洁且透明的。在新槽投槽的前几周，尤其要注意阳极液的颜色，很快变色则表明阳极系统有问题。若变色了，应给予特别的关注。若阳极液变得模糊不清，可能是阳极膜破损或细菌污染。若阳极液变得颜色和槽液接近，则可能是阳极膜破损。若阳极液颜色虽然变深了（棕色或黑色），但是仍然是透明的，则说明不锈钢阳极棒腐蚀过快或流量低或电导率过高等。

每个阳极单元都要保持适当的阳极液流量，而且每个阳极单元的流量都应该能够单独监控。流量阀精度不宜过大，以便将流量控制在合适的范围内。阳极液维持正常的流量是至关重要的，每天都应该进行检查。

阴极与阳极比通常为 4∶1～6∶1，阳极面积可通过下列公式计算：

$$SA=\frac{JPH}{60}\times T\frac{SC}{R} \tag{5-1}$$

式中 SA——阳极面积；

JPH——生产节拍，h^{-1}；

T——单车电泳涂装时间，min；

SC——单车表面积，m^2；

R——阴极面积/阳极面积，通常为 4。

单车涂装时间是指有效的浸涂时间。单车涂装时间长于 2min 时，按 2min 计算。若是柔性生产线，单车表面积要按最大设计车身尺寸来计算。根据式（5-1）计算出所需的总阳极面积，然后再根据单个阳极单元的面积确定所需阳极单元的数量。阳极的排布要遵循一定的规则，对间歇式的电泳槽更要注意。

阳极管的安装与排布应遵循以下原则：阳极系统的安装包括机械设施安装、电路连接和槽液循环管路连接。阳极单元必须在电泳漆投槽之前安装好，并通过渗漏测试。但是，通常阳极单元的安装时间要离电泳漆投槽的时间越短越好，以将阳极受损的概率降到最低。在安装过程中也必须特别小心保护阳极膜。阳极单元应沿各槽壁布置，深度不小于槽液深度的 40%。通常在两个电极段之间至少留有一个极罩的间隙，以防止电泳漆沉积在电压较低区的阳极和极罩上。

5.3 UF（超滤）系统

电泳涂装技术以其独有的高生产效率、优质耐蚀的涂层、安全经济等优点，受到了涂装界的重视。随着新型电泳涂料的开发和涂装技术的进步，尤其是阳离子型电泳涂料的阴极电泳技术的开发，现今用电泳涂装法涂底漆的车身达 90%以上，车箱、车架、车轮等已基本使用电泳涂装涂底漆或一次成漆。

在电泳涂装过程中，被涂件要用大量去离子水洗才能进入烘房，被水冲走的涂料占所用涂料的 30%左右，不仅造成资源的浪费，而且污染环境。1971 年 PPG 和 Abcro 公司联合将超滤法用于电泳涂装，实现了完备的水循环系统，使电泳涂装工艺更为合理化，既节省了劳动力，提高了涂料利用率，又减少了电泳废水的污染，还可稳定漆槽，工件涂层质量更为优良[7]。超滤器已成为一个完整的电泳涂装系统中不可缺少的关键设备之一，如图 5-6 所示。

图 5-6 超滤系统设备

5.3.1 超滤及其特点

超滤器的设计，有三个基本要求：一是确保有足够的流量通过膜表面；二是尽可能紧密，在既定的体积内可容纳最大的膜面积；三是拆卸更换膜方便，易清洗等。

常见的超滤膜有管式（又分内压、外压两种）、板式、中空纤维式（也分内、外压两种）、卷式四种[8]。从实际应用效果来看，卷式和中空纤维式对预处理、漆的管理要求严格，自动化水平要求高，而板式装卸、密封、维护较困难。表 5-2 展示了不同类型超滤器及组件在电泳涂装上应用的优缺点。

表 5-2 不同类型超滤器优缺点的对比

对比项目	管式		中空纤维式		板式	卷式
	内压	外压	内压	外压		
预处理要求	低	低	很高	高	高	高
清洗难易度	易	较易	较易	难	难	难
动力消耗	中	高	低	中	中	中
操作维修难易度	易	较易	易	较难	较难	较难
占地面积大小	较小	大	小	较小	较小	较小

5.3.2 超滤在涂装中的作用

超滤在涂装中的主要作用包括以下三点：

① 满足闭路循环淋洗回收电泳漆的需要。使用超滤透过液清洗黏附在被涂物上的电泳漆，其电泳漆回收率可达 98%以上，节约电泳漆，减少污水处理量及费用；如不使用超滤系统，回收率只有 70%～80%。

② 满足电泳槽中控制电导率平衡的需要。除去杂离子，净化槽液，提高涂膜质量。

③ 冲洗浮着在工件表面的电泳液。

5.3.3 电泳漆用超滤膜及其组件

超滤膜的性能是超滤系统的核心。超滤器能否充分有效地发挥效应，关键在于超滤膜的性能好坏，即超滤膜的透过速度、截留率、寿命及耐化学药品性能等是否达到设计指标。

5.3.3.1 阳极电泳（阴离子型）用超滤膜

阳极电泳漆用超滤膜的透水速度、截留率、使用寿命及对阳极漆种的适应性等指标，国产超滤膜均与国外同类产品水平相当。

5.3.3.2 阴极漆（阳离子型）用超滤膜

随着当今阴极电泳漆的迅速发展，与之相适应的超滤膜一直是工程人员研究的重点。由于阴极电泳漆固含量高，主要成分为水溶性高分子涂料和极细的颜料，吸附性较大、污染力较强，造成超滤膜极易堵塞、衰减，因此一般选用具有与阴极漆基相同电荷的荷正电超滤膜来超滤阴极漆。在超滤过程中，可借助杜南平衡、静电排斥，减轻漆对膜面的污染，增加透过速度，延长膜的使用寿命[9]。

5.3.4 电泳漆超滤系统组成

超滤属于一种压力驱动的膜分离过程。超滤膜是一种半渗透膜，既可截留高分子量的电泳液的颜料、树脂，又可通过无机杂质离子及低分子量的树脂、溶剂、水，通过的液体就是干净超滤水。用它来冲洗工件表面的浮漆，使其再返回电泳槽。因为干净超滤水中含有溶剂，所以冲洗工件表面的浮漆较彻底。

超滤装置由膜组件、泵、阀、过滤器、管道等组成。超滤装置的种类有管式、卷式、中空纤维式等。超滤膜元件的透过量主要取决于有效膜面积的大小。在电泳涂装工艺中广泛应用的为卷式超滤，这是因为卷式超滤的流量大［20～50L/(m^2·h)］。超滤装置前端装有袋式过滤器，过滤精度为25～50μm（卷式），UF装置后端设有反清洗系统。图5-7为常用膜组件，图5-8为一大型超滤膜组，图5-9为一卷式超滤工艺流程。

图5-7　常用电泳漆超滤膜原件的外形

图5-8　电泳漆超滤系统

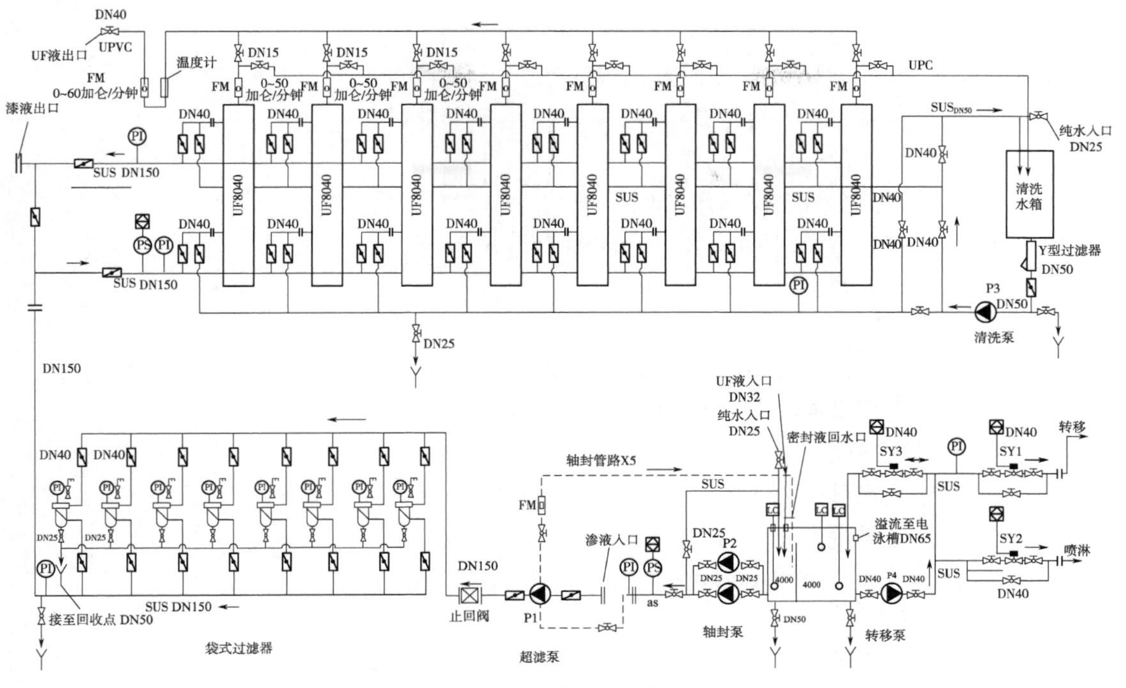

图 5-9 电泳漆超滤工艺流程

5.4 应用案例——杭州某公司超滤阳极系统

5.4.1 超滤系统

5.4.1.1 系统主要设备说明

超滤系统设计为直通式循环系统，即电泳漆通过超滤供给泵输送到超滤系统，预过滤器进行 25μm 的预处理之后进入超滤系统主机，通过膜组件将漆液中的部分水、溶剂、小分子颗粒及有害酸根离子分离，分离后的浓漆通过超滤系统的浓漆管路返回电泳槽，超滤液则被输送到超滤液储槽内，通过转移泵被输送到使用点或排放。

系统采用直通卷式超滤膜组，由超滤主机、预过滤系统、控制系统、泵轴封系统等组成。

5.4.1.2 超滤设备技术参数

处理方法：卷式超滤法。

设备稳态产水量：1200L/h。

固体分截留率：≥97%。

清洗方式：单只在线清洗系统（CIP）。
油漆种类：PPG、BASF、湖南关西或同等。
主机性能：供漆方式：单路式——2 只膜 1 组平行排列。
供漆量：$40m^3/h$。
超滤系统进出口压力：
进口压力：50psi（1psi=6894.76Pa）。
最大允许进口压力：60psi。
出口压力：25psi。
量小允许出口压力：10psi。
正常操作温度：26.7～35℃。
滤膜：单只膜性能：
稳态产水量：2.5gal/min。
最大供漆量：105 gal/min。
最小供漆量：60 gal/min。
pH 值范围：1～11。
最大入口压力：60psi。
最小入口压力：30psi。
推荐运行入口压力：50psi。
推荐出口压力：25psi。

5.4.1.3 操作控制要求

电控系统操作分为手动及自动方式，即通过转动钮选择手动及自动方式。手动方式当密封泵运转输出压力达到设定值时，超滤供料泵解锁启动。手动方式当密封泵运转输出压力低于设定值时，控制箱上的密封低压报警灯亮，并有蜂鸣器鸣叫。系统中各膜的透过液量可通过各自的流量计观察得到。预过滤器采用可独立关断的单袋形式，在更换其中一个过滤器的过滤袋时，其他过滤器仍然正常工作，保证整套设备正常运行。在线清洗系统，独立的在线清洗设计，可在不停机的情况下单独对其中任意一只超滤膜进行在线清洗，保证整套设备的不间断正常运行。该装置现场如图 5-10 所示。

图 5-10　超滤阳极系统现场

5.4.2 阳极系统

5.4.2.1 阳极系统主要设备系统概述

阳极系统内包括管式阳极、极液循环管、极液槽、电导率监测与纯水补给液位控制、电控系统及杀菌系统，如图 5-11 所示。

图 5-11　阳极系统现场

5.4.2.2 阳极

是一种可冲洗的系统，可应用于多种电泳涂装工艺。它作为相反电极除去涂料中的增溶剂，同时维持系统的化学平衡。由两个主要的部分组成：

① 阳极极罩：外露部件包括 PVC 膜壳、聚丙烯管式结构、经过预膨胀处理的膜和极液接头。供液管：3/8in（1in=2.54cm）的软管用螺纹连接的方式连接在管箍左侧的 1/4in 接头上。1/2in 回流管线装在右侧。回流管中阳极液是靠自身重力自然溢流的，供液管有一 90°弯头接口用来与管件连接。

② 电极：阳极管的内部构件为按照设计要求与膜管匹配的经酸洗钝化的不低于 316L 的优质不锈钢。

5.4.2.3 电气部分

① 电流表：电流表由指示表头和分流器组成，采用低电阻的快接接头安装在阳极和整流器的连线上，便于监视阳极的工作状态。每支阳极管安装一个。

② 断路开关：防止意外短路损坏整流器及方便对单支阳极进行控制、检修。

③ 二极管：防止阳极段间压差引起的反向镀膜现象，造成阳极早衰失效。

5.4.2.4 极液循环系统

① 极液槽及循环泵：为 316 不锈钢材质。极液槽是为极液循环系统及阳极液、清洗

液配制的储槽；循环泵为极液循环提供动力。

② 循环管路：阳极液的供液分支岐管及各阳极回液输送管路形成的循环系统，一般用工业不锈钢管。

③ 电导监控：用在线式带探头的电导监控仪器，根据阳极液的电导变化情况，通过自动打开去离子水补加电磁阀调整至阳极的最佳工作状态。

④ 去离子水电磁阀：由阳极液的电导率信号控制，控制稀释阳极液。

5.4.2.5 阳极技术参数

① 阳极材料：SUS316L；

② 阳极耐电流强度：50A/m^2；

③ 电极面积：0.15m^2/m；

④ 阻抗：≤8Ω·cm^2/m；

⑤ 选择透过率：≥90%（0.5mol/L NaCl/1.0mol/L NaCl）；

⑥ 水透过性：≤0.2mL/(h·dm^2)；

⑦ 总交换容量：1.8mEq/g（干）；

⑧ 膜面阻：≤31Ω/cm^2；

⑨ 极液、膜面流速：3～6L/(m^2·min)；

⑩ 单根膜长：1700mm；

⑪ 单位膜面积：0.235m^2/m；

⑫ 极罩直径：ϕ90mm。

5.5 应用案例二——陕西某汽车公司超滤阳极系统

5.5.1 超滤系统

5.5.1.1 系统说明

超滤系统设计为直通式循环系统，即电泳漆通过超滤供给泵输送到超滤系统，预过滤器进行25μm的预处理之后进入超滤系统主机，通过膜组件进行漆液分离，分离后的浓漆通过超滤系统的浓漆管路返回电泳槽，超滤液则被储存在超滤液储槽内，储槽内的超滤液通过转移泵被输送到使用点。新鲜超滤液的产量在稳定状态下为3000L/h，固体分≤0.5%。

根据设计，系统采用进口最先进的ANDE卷式超滤膜组，并配备超滤的供漆泵、控制系统、预过滤系统、透过液储槽、转移系统、轴封系统等。

5.5.1.2 技术条件

① 基本条件：新鲜超滤液的产量在稳定状态下为3000L/h，固体分≤0.5%。

② 超滤系统具有很好的防腐蚀性。新鲜超滤液通过管路送往超滤液存储槽和电泳槽；浓缩电泳漆送往电泳槽。

③ 超滤膜为进口品牌，产量稳定。每只超滤膜的超滤液出口设有流量计监控膜的运行状态。

④ 超滤膜的预过滤系统过滤精度为25μm，过滤袋有良好的互换性，可满足多厂家的过滤产品。过滤器为不锈钢材料。过滤器中的电泳漆可通过管路排放到指定的回收点。

⑤ 槽体及管道为304材料，管道焊缝平直，没有夹渣气孔或漏焊。通水试验，没有漏水之处。

⑥ 超滤供漆泵由甲方提供。

⑦ 清洗系统安全可靠、操作方便。对超滤膜进行单只再生清洗，由一人操作完成。清洗后的废水排放到电泳废水槽。

⑧ 在管道上对温度和压力进行显示监控。

⑨ 设备无硅酮（即聚硅氧烷）。

⑩ 超滤膜组及过滤膜组带接水盘，接水盘为SUS304材质，预留排污口，并接到地沟内。

5.5.1.3 设备性能

① 电泳方式：阴极电泳。

② 电泳漆型号：待定。

③ 处理方法：卷式超滤法。

④ 设备稳态产水量：设计产水量3000L/h，超滤液固体分≤0.5%。

⑤ 清洗方式：人工单只再生清洗（CIP）、整体离线清洗。

⑥ 系统总功率：100kW。

⑦ 主机性能：供漆方式：6只膜组排列一套系统，共一套系统。

供漆量：200m^3/（h•台）。

超滤系统进出口压力：

进口压力：3.5kg/cm^2。

最大允许进口压力：4.22kg/cm^2。

出口压力：1.7kg/cm^2。

最小允许出口压力：0.7kg/cm^2。

正常操作温度：26.7～35℃。

最高操作温度：51.7℃。

5.5.1.4 操作说明及设备主要部件性能

（1）超滤膜

作为超滤系统中最为重要的部分，超滤膜组能够决定整个超滤系统的性能。选用进口的8in超滤膜，品牌为AMFOR。单只超滤膜的性能如下：

稳态产水量：568L/h；

最大供漆量：19.3m^3/h；

最小供漆量：13.6m^3/h；

pH值范围：2～11；

最大入口压力：4.22kg/cm^2；

最小入口压力：2.11kg/cm^2；

最高运行温度：51.7℃；

最低运行温度：8.2℃；

推荐运行入口压力：3.5kg/cm^2；

推荐出口压力：1.7kg/cm^2；

稳态产水量：3000L/h。

（2）袋式过滤器

预过滤器为单袋过滤器，手动快开形式，并行排列的安装方式，不锈钢材质，采用在线更换过滤袋的形式（在更换其中一个过滤器的过滤袋时，另一个过滤器正常工作，保证整套设备的正常运行）。过滤器的进出口有压力显示（量程0～6kg/cm^2，ϕ60mm），表面进行亚光处理，过滤袋的口径为标准7in口径，可以使用各种标准7in长度的过滤袋。滤袋采用经烧结处理的过滤袋，不易产生掉毛、破损现象。

每只袋式过滤器的设计过滤精度为25μm，设计流量为20～25m^3/h。过滤器接触漆液的部件如外壳、网篮等均为不锈钢材质。每只袋式过滤器均配备压缩空气快速接口和漆液排放阀门。

（3）超滤主机

选用进口品牌超滤膜8in壳膜一体式。每只膜组的超滤液出口设有转子流量计，透过液管路设有总流量计，方便观察每只膜元件的运行情况。该系统操作简单，产量稳定。超滤系统配有专用的清洗系统，由清洗泵、清洗箱等组成，每只膜组均可在不影响其他膜组正常工作的情况下实现单独在线清洗及整体清洗。超滤主机漆液管路配备压力检测装置，当压力超过设定值后，超滤控制系统将发出报警。超滤主机透过液管路配备浊度检测装置，当膜组发生破损时，控制系统将发出报警。

（4）超滤系统的清洗装置

超滤系统的清洗装置能够使超滤膜组达到最长的使用寿命（不低于一年），较为合理的清洗方法能够使超滤膜组在最短的时间内恢复使用性能。本系统提供的清洗方式为单只清洗方式，单只清洗装置配备独立的单只膜组清洗泵以及相关管路，能够实现在不停机的状态下，对任意一只超滤膜组进行在线清洗。由于不需要停机，避免了对生产的影响。

（5）超滤液储槽

超滤液储槽和密封液储槽采用一体化设计，中间设有隔板，体积分别根据生产工艺需要设计；超滤系统的透过液首先进入密封液储槽，然后再溢流到超滤液储槽。储槽材质为不锈钢SUS304。超滤液储槽设有低液位开关，与超滤液转移泵等联锁。超滤液储槽配备有溢流接口，可以使超滤液溢流回电泳槽或喷淋槽。

（6）超滤液转移泵

用于喷淋，配备 1 台喷淋泵，自动切换；超滤液也可直接溢流到浸槽。在其出口设有自动阀组，通过液位设定信号或工件位置的信号实现循环或输送喷淋。

（7）轴封系统

本装置配备了 2 台轴封泵和 1 套轴封水箱，除了为超滤循环泵提供轴封液体外，还可以为电泳系统的其他水泵提供轴封液体。轴封泵的流量可以满足水泵的轴封要求。该轴封系统配备压力检测装置，在轴封压力低的情况下，控制系统能够发出报警，轴封泵可自动切换。对于每台水泵的轴封管路，安装有压力表以及调节阀，便于控制、检测每台水泵的轴封液情况以及检查水泵的泄漏情况。

（8）控制系统

电控系统操作分为手动及自动方式，同时具备手动/自动两种控制方式。

5.5.2 阳极系统

5.5.2.1 阳极系统总则

阳极采用管式阳极，侧部长度 1.9m，每米有效面积 0.19m^2，数量 70 根；底部 5 根，长度 1.9m，阳极应沿各槽壁布置，阳极长度大于车身高度。每个阳极液返回回路上都要装转子流量计，可以通过目视检查阳极液的流量以及阳极膜是否泄漏，流量计前后装有手动球阀。阳极液的电导率控制在设定点的±100μS/cm 范围内，控制器及仪器量程应为 0～10000μS/cm；超出偏差自动排放，补充新鲜 DI 水，信号接到 PLC 和中控室。电导率传感器应装在阳极液槽中远离阳极液返回管的位置。阳极面积∶槽内车身面积≈1∶4（后续讨论）。阳极的材料要用 316L 不锈钢，厚度 3mm。阳极安装后，要加装安全保护栏，并做绝缘处理；底部阳极也应安装保护架，防止被工件碰伤（防护网甲方自备）。阳极液系统管路必须用不锈钢，安装流量计。在新槽投料之前，所有极罩都要做渗漏试验，在投槽时，极罩中必须有去离子水，极罩渗漏或损坏时应立即更换。阳极液槽设置纯水供水管及与电导率仪联锁的电磁阀，阳极液槽底部设排放口，上部设有溢流口，配 RO 水供给管路和检修口。阳极槽设置浊度报警器，信号接到 PLC 和中控室，安装在阳极液回路管路上。极液泵一用一备，使用 316 不锈钢，单机械密封。电器柜设置有能源计量，能够上传至中控室。

5.5.2.2 阳极系统设计方案

（1）概述

阳极系统设计为管式阳极系统，由管式阳极、极液槽、极液循环泵、浊度仪、电导率监测、液位控制、电控系统等组成；管式阳极部分包括成套阳极膜组、挂架、滑轨、连接电缆等。

（2）技术方案

本系统的方案如下：在电泳槽两边对称安装管式阳极，具体排布为在电泳槽两边安装有效长为 1.9m 的管式阳极，共安装 70 只。在电泳槽底部安装有效长为 2.5m 的底部裸电极，共安装 5 只，材质为不锈钢。在电泳槽的外部两侧安装阳极液进液总管和出液总管；每支阳极管的阳极液出口接回水软管，所有回水软管接至一根回水总管；回水总管的安装具有一定的斜度，保证阳极液的顺利回流，阳极液采用溢流的方式返回极液槽。系统安装浊度计等报警仪，可有效监测阳极膜的运转状况。每只管式阳极均安装极液调节阀、流量计等，方便整个系统的操作。

(3) 施工界面

施工界面如图 5-12 所示。

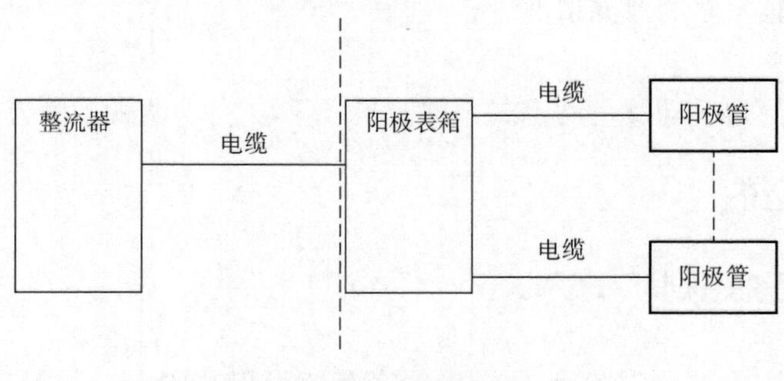

图 5-12　施工界面

参考文献

[1] 强俊，李国波，张国忠. 阴极电泳涂装新材料的应用[J]. 涂装指南，2008（3）：I0005-I0007，I0011.

[2] 王伟平. 电泳涂装应用和展望[J]. 电镀与环保，2002，3：25-27.

[3] 孟德明. 车身阴极电泳涂装的工艺管理及其故障分析处理[J]. 工程设计与应用研究，2004（1）：4，5，24.

[4] 王叔毅，周立仁，方海丽，等. 阳极系统在阴极电泳中的应用及维护[J]. 汽车制造业，2007（21）：46-47.

[5] 王锡春. 电泳涂装技术问答（4）[J]. 材料保护，1995（10）.

[6] 雷霆.阴极电泳涂装系统中的阳极系统[J]. 汽车制造业，2006（3）：58，59.

[7] 李国波，陈星星，阳克付. 汽车涂装工程建设节能减排技术[J]. 电镀与涂饰，2010（9）：60-64.

[8] 王锡春. 电泳涂装技术问答（8）[J]. 材料保护，1996（06）.

[9] 王来欢，邵嘉慧，何义亮.静电相互作用对荷电超滤过程中带电小分子清除的影响[J]. 膜科学与技术，2009（2）：60-64.

第 6 章

膜技术在油水分离中的应用

6.1 油水分离方法

含油污水来源广泛，主要来自石油化工、机械、船舶等行业，其中的油主要包括脂肪、碳氢化合物或各种石油馏分（柴油、汽油、煤油等[1-3]）。污水中的油类按照存在形式可分为游离态、分散态、乳化态和溶解态 4 类。其中，游离态指油水混合物中的水相和油相互相分层，油滴粒径一般大于 100μm；分散态指油以液滴的形式分散于水相中，油滴粒径一般在 10～100μm；乳化态是油在水相中呈乳浊态，根据油水连续相与分散相的组成比例、乳化剂的种类不同，可分为水包油（O/W）和油包水（W/O）乳液，油滴粒径一般小于 10μm，大部分为 0.1～2μm；溶解态是油以分子状态分散于水相中，油滴粒径一般小于 0.1μm[4，5]。

常见的油水分离方法主要包括物理法、化学法、物化法和生化法等，不同的处理方法各有其特点，分离效果也各不相同。常用的油水分离方法见表 6-1。

表 6-1　常用的油水分离方法[4，6，7]

油水分离方法	优点	缺点
重力分离法	设备简单，运行成本低，可处理大量污水	占地面积大

续表

油水分离方法	优点	缺点
离心分离法[8]	设备简单，占地面积小，运行费用低	能耗高，分离效率低
粗粒化法	占地面积小，不产生二次污染，建设费用低	填料易堵塞
气浮法[9]	分离效率高，能耗较低，污泥产生量少	占地面积大，设备成本高
吸附法[10]	处理效率高，操作简单，出水水质好	吸附剂难以回收利用，成本较高
化学破乳法	破乳能力强，效率高	破乳剂用量大，易造成二次污染
电化学法[11]	处理效果好，占地面积小	耗电量高，运行费用较高
化学氧化[12]	分离速度快，分离效果好	能耗高，环境不友好
微波辐射[13]	分离速度快，无需添加化学药品	设备昂贵，大规模应用受限
生物降解[14]	分离速度快，处理较完全	应用范围窄，成本高
萃取[15]	快速，高效	成本高，环境不友好

近年来，随着新的环保法律法规和政策发布，对环境污染物排放的要求更加严格，传统的油水分离方法难以满足标准要求。膜分离技术可根据油水混合物中油珠的大小调节孔径大小，从而达到油水分离的效果。与常规分离方法相比，膜分离可在常温条件下进行，不需添加化学药剂，操作简单方便，成为最具有发展潜力的油水分离技术之一[4]。

油水膜分离过程的核心技术是膜表面浸润性的构筑，若膜材料同时拥有亲水性和水下疏油性，可在油水混合物中滤过水；若膜材料同时拥有疏水性和亲油性，可在油水混合物中滤过油[16, 17]。还可对膜表面进行化学改性，使膜具有特异的浸润性，不仅可提高油水分离效率，还可拓展膜的适用范围[4]。

6.2 油水分离膜

油水分离是一种液液分离的过程，分散相液滴由于膜表面浸润性的排斥作用及孔径筛分作用，被选择性去除，而连续相由于对膜表面及膜孔具有浸润性，可快速通过膜，从而实现油水分离[4]。油水混合物在膜表面的聚结分离通常分为 3 个过程[18]:

① 液滴在膜表面被捕获;

② 被捕获的液滴通过膜表面汇聚;

③ 汇聚的液滴在膜表面脱离。

膜分离过程以选择性透过膜为分离介质，当膜两侧存在某种推动力（如压力差、浓度差、电位差、温度差等）时，原料侧组分选择性地透过膜，以达到分离、提纯的目的。膜分离原理如图 6-1 所示。

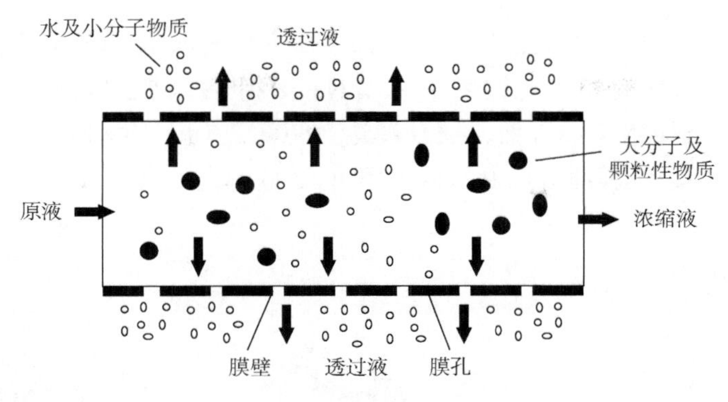

图 6-1　膜分离原理

6.2.1　油水分离膜的种类

油水分离膜根据研究现状，可分为抗污染、高通量、高精度和动态响应油水分离膜[4，19-26]。

6.2.1.1　抗污染油水分离膜

膜污染是油水分离膜应用过程中面临的主要难题。膜污染是指在膜过滤过程中，水中的微粒、胶体粒子或溶质大分子由于与膜存在物理化学相互作用或机械作用而在膜表面或膜孔内吸附、沉积造成膜孔径变小或堵塞，使膜产生透过流量与分离特性的不可逆变化现象[27]。造成膜污染的原因主要有[4]:

① 油水混合物中的有机相对高分子膜表面发生溶胀，或高分子膜表面的微纳结构在流体剪切、压力或化学腐蚀下被破坏，使膜性能受到影响；

② 油滴及表面活性剂对膜孔的堵塞污染，使膜通量严重下降。

针对①，常通过选用更高刚性的高分子材料或共混无机纳米粒子的方式（如 TiO_2 等）制备有机-无机杂化膜，提升膜的机械性能，防止膜溶胀，增强膜的抗污能力，延长其使用寿命[4]。如通过旋涂工艺，将纳米 TiO_2 镶嵌在分级聚丙交酯（PLA）超滤膜上，制备成坚固的超亲水表面；相较于传统聚合物膜表面更加稳定，提高了油水分离性能，具有更高的渗透通量和截油率（图 6-2）[28]。

目前，大部分油水分离膜采用死端过滤进行油水分离，为了能连续处理油水混合物，研究者认为应在错流过滤方式下完成分离[29，30]。有研究模拟植物根系保持水土，建立了树根状微纳结构，在 PVDF 膜表面固定全氟烷基改性的 TiO_2 纳米粒子，制备了一种超润湿表面的柔性油水分离膜[31]。实验证明，具有大量纤毛状微/纳米原纤维的 PVDF 膜可作为植物根部来捕获、笼罩和限制纳米颗粒，从而形成坚固的刚性纳米涂层。所制备的膜在各种稳定的油包水和水包油乳液的长期分离中均表现出优异的持久分离性能，且在连续错流中纳米颗粒损失很少，分离效率在 96%以上[31]。

针对②，常通过亲水化改性形成稳定的“水合层”，降低膜表面的油黏附力，从而增强膜的抗污染能力[4]。膜表面越粗糙，膜与料液直接接触的表面积越大，膜越容易被污染。而油水分离膜表面超浸润性的粗糙结构可以使水嵌入其中形成 Wenzel 态，加强膜表面对水的水合作用，提高油的抗黏附性[32]。如有研究针对油水分离过程中的通量低、结垢严重等问题，在碱诱导的相转化过程中，以 NaOH 作为添加剂制备了超浸润 PAN 超滤膜。该膜可有效地分离水包油乳液，通量高达 22700L/（m^2 · h · MPa），油黏附量超低，提高了膜的抗污性能，经膜清洗后通量恢复率可达 85%以上[33]。

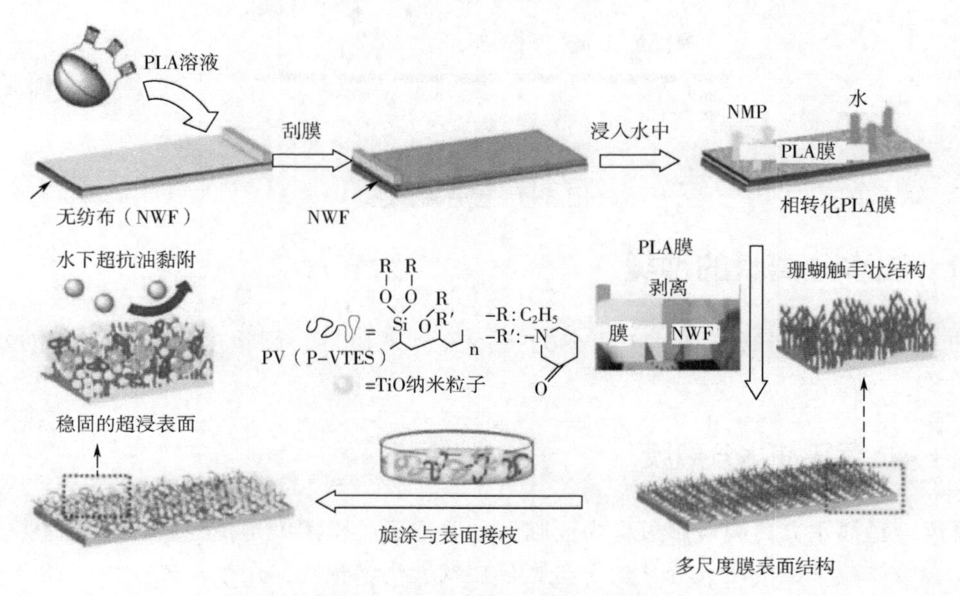

图 6-2 PLA/TiO_2稳固超亲水超滤膜的制备工艺

原油具有高黏度特性，极易黏附在膜表面造成膜污染，使膜通量急剧下降，因此高黏度油水混合物的分离对膜表面抗油的黏附性能要求更高，需要更加牢固的“水合层”[4]。如有研究通过反相微乳液聚合工艺合成了两性离子纳米水凝胶，将其接枝到 PVDF 微滤膜表面，使膜具有超亲水性，对油的黏附力几乎为零。该膜对盐的 pH 值具有很好的耐受性，尤其是对含有各种污染物如表面活性剂、蛋白质和天然有机材料（如腐殖酸）的水包油乳液具有很好的抗污性能[34]。

6.2.1.2 高通量油水分离膜

理想的膜应具有尽可能薄的分离层，且不会减小其有效孔径[35]，对此，静电纺丝制备的纳米纤维膜恰好满足以上要求。静电纺丝将外部电场施加在含有聚合物溶液的喷丝头上，带电的聚合物液滴在电场力的作用下形成 Taylor 锥，喷射过程中经过拉伸、溶剂挥发、固化，最终沉积在接收装置上，可以生产直径在纳米范围内的连续聚合物纤维[36]。静电纺丝制备的纳米纤维膜具有较高的比表面积、相互连通的开孔和高孔隙率（>90%）。纳米级孔径等性质使其在油水分离过程中具有较高的渗透性，不仅能提高分离效率，还可降低能量消耗[4]。

有研究通过静电纺丝的方式开发了一种超疏水、超亲油和油下超疏水聚偏二氟乙烯（PVDF）纳米纤维膜，通过静电喷涂在制备的 PVDF 纳米纤维膜上构建纳米微球二级结构

（图 6-3），提高了膜表面的粗糙度[37]。该过程通过单独控制电纺溶液的 PVDF 浓度来实现，由于油下超疏水性、分级结构和高孔隙率（约 95%），复合膜表现出极高的渗透率，膜通量最高可达（881660±6520）L/(m^2 • h • MPa)。

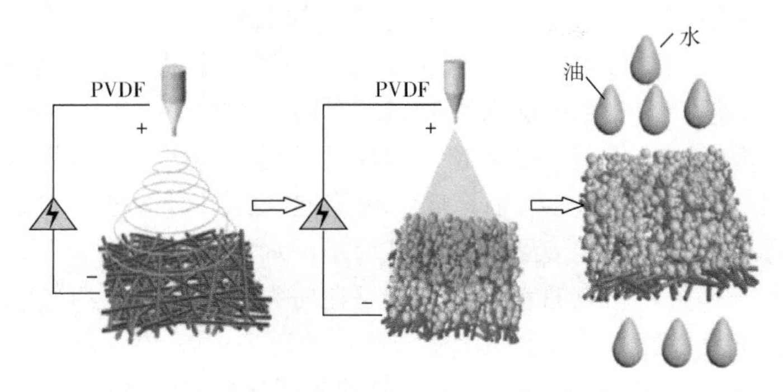

图 6-3 PVDF 纳米纤维膜制备工艺示意图

6.2.1.3 高精度油水分离膜

游离态和分散态的油水混合物油滴粒径较大，较易去除，常见的油水分离膜分离效率可达 95%以上[38-40]；溶解油在水中的溶解度和含量很小；而乳化油，由于稳定性和较小的油滴粒径，比其他油水混合物更难分离，对油水分离膜的孔径和浸润性要求更高[41]。

有研究将一种新型两性离子聚电解质聚［3-(*N*-2-甲基丙烯酰氧基乙基-*N*，*N*-二甲基)氨基丙烷磺内酯（PMAPS）］接枝到 PVDF 上，成功制备了超亲水/水下超疏油的 PMAPS-g-PVDF 膜；该膜通过表面引发的原子转移自由基聚合（SI-ATRP）技术进行油水分离，油滴和膜表面之间的油黏附力＜1μN，分离效率＞99.999%，截留系数高，抗污染性能好且易于回收利用[42]。

6.2.1.4 动态响应油水分离膜

动态可调控润湿性的刺激响应油水分离膜可根据特定的环境刺激，产生表面形态结构变化，从而使原有的润湿性发生改变，实现超疏水/水下超亲油性和超亲水/水下超疏油性之间的转换。外部刺激有 pH、温度、光、电、压力、气体等[43-47]。

Cheng 等通过溶液浸泡和硫醇改性，制备了一种具有 pH 响应油润湿性的智能表面；由于表面化学变化与表面上分级粗糙结构之间的协同效应，在酸性水中表现出超亲油性，在碱性水中表现出超疏油性，通过改变水的 pH 值可实现性能的可逆转变[44]。

有研究将嵌段共聚物，如聚（2-乙烯基吡啶）和亲油/疏水聚二甲基硅氧烷（P2VP-b-PDMS），接枝在无纺布或聚氨酯海绵等材料上，在 pH 响应性下可在水性介质中实现超亲油性和超疏油性之间的切换。P2VP 块可响应水性介质的 pH 值，通过质子化和去质子化改变其润湿性，从而使 PDMS 块实现对油的控制进行油水分离[48]。

Frysall 等[43]在反应性气体（SF6）气氛下，利用飞秒激光脉冲对无机表面（硅晶片）

进行激光照射，制备了双尺度微纳米表面，并使用接枝法将聚（*N*-异丙基丙烯酰胺）（PNIPAM）和聚（2-乙烯基吡啶）（P2VP）固定在了这些表面上。由于PNIPAM对温度有响应，而P2VP对酸碱度有响应，从而实现了表面对pH和温度的双响应。

光刺激响应智能膜通过各种过渡金属氧化物（如ZnO、TiO_2、WO_3、Fe_2O_3和V_2O_5）改性构筑可调表面，在紫外线照射下表现出光诱导的超亲水性，在黑暗环境中恢复到原始的超疏水状态，但从超亲水性到超疏水性的恢复时间较长[49]。

有研究通过电极对膜的超疏水性和超亲水性进行润湿性切换，该膜利用N-十二烷基三甲氧基硅烷（KH1231）涂层对三维多孔微结构的泡沫铜进行改性。将改性泡沫铜连接到正极时，膜显示超疏水性能，连接到负极时显示超亲水性[46]。

有研究制备了一种压力感应油水分离膜，可在压力作用下进行油包水/水包油乳液的有效分离；该膜通过在多孔固体材料上先涂覆一层超薄聚多巴胺-单壁层碳纳米管（SWCNT）层，再覆盖一层SWCNT的方式制备，具有较高的膜通量和分离效率（图6-4）[50]。

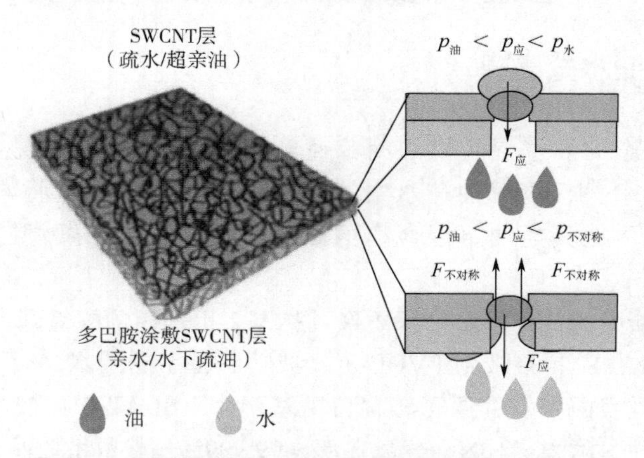

图6-4 压感智能油水分离膜结构原理图与分离机理

有研究设计了一种新型刺激响应多孔纳米纤维膜，该膜使用CO_2使膜的亲油和亲水性相互转换[51]。与pH、温度、光、电等刺激源相比，气体触发不会引起化学积累和材料变形[49]。

6.2.2 油水分离膜材料

根据成膜材料，油水分离膜分为无机陶瓷膜、有机聚合物膜和纳米纤维膜等。

6.2.2.1 无机陶瓷膜

无机膜材料耐高温，耐强酸、强碱、有机溶剂等，机械强度高，抗污染能力强，渗透量大，易清洗，分离性能好，使用寿命长，广泛应用于油水分离处理，其中应用最多的为无机陶瓷膜材料[52]。

Nandi等[53]以高岭土、石英、长石、碳酸钠、硼酸和偏硅酸钠等无机物前体制备出了低成本无机陶瓷膜。实验结果表明，初始油浓度为250mg/L，渗透通量为$5.36\times10^{-6}m^3/m^2$，在

68.95kPa 的跨膜压力下运行 60min 后，处理效率高达 98.8%。

胡建安[54]采用聚四氟乙烯粉末与氧化铝平板陶瓷膜进行高温烧结改性，制备了有较高疏水性的陶瓷复合膜。实验结果表明，该陶瓷膜在油中的疏水性能变化不大，能够较好地应用于油水分离；增大操作压力、料液温度或降低水含量都可以增加膜的渗透通量。当操作压力为 0.1MPa、混合液温度为 25℃、水的质量分数为 3%时，制备的疏水性陶瓷复合膜的渗透初始通量为 12L/（m^2·h），截留率可达 98.75%。

与聚合物膜材料相比，陶瓷膜可承受高温、高压，机械强度高；孔径可调控，可以分离各种尺寸的油滴；具有化学惰性，抗化学药剂能力强，可在苛刻的化学环境中清洗；抗污染，膜寿命长[55]。但陶瓷膜原材料和烧结过程的制备成本较高[56]，膜孔不易小孔径化，可选用的材料种类较有机膜少，目前主要应用于食品、制药等行业，同时面临膜清洗这一大难题[52]。

6.2.2.2 有机聚合物膜

有机膜膜材料种类多、制备工艺简单、易改性、柔韧性好、价格便宜，可制成各种形式的膜组件，但同时存在机械强度低、渗透率低、耐温差、pH 值适用范围窄等不足[57]。随着对聚合物材料研究的不断发展，通过对亲水组分共混或者表面改性的方法可提高聚合物膜的亲水性和抗污染性[58-62]。

（1）共混改性膜

共混改性是指将聚合物膜材料与其他改性添加剂溶于溶剂，搅拌形成均一的铸膜液，然后通过膜工艺制膜，可改善膜的亲水性，提高抗污染性能[63]。共混改性膜兼具添加剂与聚合物膜材料的性能，大大提升了原始膜材料的性能；同时，共混改性可以实现膜的均匀改性，在成膜的过程中完成改性，不会破坏膜的本体结构[63]。共混改性操作简单、效果好，成膜和改性同步完成，可实现添加剂与聚合物材料性能的结合，增强膜的渗透性和抗污染性[54]。目前共混的添加剂主要有亲水聚合物、两亲聚合物、两性离子聚合物、无机纳米粒子等[63]。

早期研究者采用水溶性亲水聚合物作为共混膜的添加剂，提高了膜的通量和亲水性。目前普遍采用的是聚乙二醇（PEG）、聚乙烯吡咯烷酮（PVP），改性效果明显[64]。Nunes 等将 PVDF 超滤膜与聚甲基丙烯酸甲酯（PMMA）共混，在铸膜液中加入 1%的 PMMA，将膜的透水性提高了 14 倍，而不会损失膜的保持力，PVDF 膜的开孔率同样显著提高[65]。OCHOA 等研究了共混不同含量的 PMMA 对 PVDF 膜亲水性的影响[66]。结果表明，随着 PMMA 添加量的增加，多孔膜结构中出现了更大的膜孔隙，膜的亲水性提高。通过发动机厂含油污水处理实验，对所制备膜的性能进行了研究，实验证明 PMMA 添加量较多的膜污染情况较轻。这类亲水性添加剂结构相对简单，合成步骤少，在目前工业生产中应用最多。然而，由于添加剂本身易溶于水，共混改性过程中容易流失，降低膜的亲水性，也会对水质造成一定的污染[67]。

为解决亲水类添加剂易流失的问题，研究者合成出了同时具有亲水、疏水链段的两亲性共聚物，如三嵌段、梳形和接枝共聚物，可制备具有高抗污染性的复合膜[68-70]。在制膜过程中，亲水链段自发向膜表面迁移，疏水链段则与膜材料相互作用，使添加剂固定在膜表面，在一定程度上防止了添加剂的流失，使制备膜的改性效果更加稳定[67]。Hester 等将梳形共聚物 P（MMA-r-POEM）（聚甲基丙烯酸甲酯为主链，聚环氧乙烷为侧链）作为添加剂进行共混，大大提高了膜的抗污染性，而膜结构几乎没有改变[71]。

两性离子聚合物是在聚合物链段中含有相同数量的阴阳离子基团，整体呈电中性，通过静电作用可在其表面形成水化层，形成强大的排斥力，阻止蛋白质黏附[63]。两性离子聚合物水化能力强、生物相容性好，可有效降低膜污染问题[72, 73]。目前，两性离子聚合物主要包括磷酸酯甜菜碱、磺基甜菜碱以及羧酸甜菜碱三类[74]。

无机纳米颗粒也是一种有效的改性剂，常被用来与聚合物主体共混。纳米颗粒具有较大的有效膜表面积和丰富的表面活性基团，可改变孔结构或增加膜的亲水性，有助于增强膜的渗透性和抗污染性；纳米颗粒本身的属性可提升膜的热力稳定性和力学性能[63, 75]。共混无机纳米颗粒主要包括 TiO_2、SiO_2、碳纳米管（CNTs）、Al_2O_3、氧化石墨烯（GO）和 ZrO_2 等[76-79]。Yan 等[77]将 Al_2O_3 纳米颗粒与 PVDF 超滤膜（聚合物重量为 19%）共混，研究了 Al_2O_3 纳米颗粒对膜渗透性能、膜结构和抗污染性能的影响。结果表明，Al_2O_3 纳米颗粒的加入，提高了 PVDF 膜的亲水性，膜孔径和孔隙率影响不大，膜的渗透通量和通量恢复率都有所提高。Yang 等[78]将 TiO_2 纳米颗粒与聚砜类超滤膜共混，研究了 TiO_2 纳米颗粒对膜结构和性能的影响。实验表明，该复合膜具有较好的抗污染性，但纳米颗粒容易在聚合物膜中聚结，膜的渗透性和抗污染性提高有限。此外，由于纳米颗粒与聚合物主体之间没有相互作用，易从膜上脱落，影响膜的稳定性。

（2）表面改性膜

表面改性是对膜孔径大小、亲疏水性能及膜表面的光滑度等改性，以提高膜的抗污染性能和稳定性[80]。改性方法包括表面涂覆、化学处理接枝等。

表面涂覆改性是将功能性改性剂以溶液的形式均匀涂覆在膜表面，使涂覆剂中的功能基团与膜表面的自由基有机结合，形成具有功能性的聚合物膜[81]。膜表面涂覆亲水材料有聚邻苯二酚乙胺、聚乙二醇、聚乙烯醇和壳聚糖等 [82-85]。多巴胺适应性较强，可涂覆在各种类型的表面上，能极大地改变表面性质，如润湿性和生物相容性[86]。Feng 等[85]将聚多巴胺涂覆在聚酰胺反渗透膜上，膜通量大大提高，膜的抗污染性显著增强；同时，实验研究了多巴胺浓度、涂覆时间和 pH 值对膜性能的影响。表面涂覆相对简单，可使改性膜的亲水性和抗污性得到很大的改善，但涂覆剂黏附性和亲水性较差，涂层不稳定会脱落[87]。

化学处理接枝改性法，是膜表面在强碱和强氧化条件下产生自由基，与具有功能性（亲水性、抗污染和抗菌等）的基团发生键合反应，形成具有功能性的高性能聚合物改性膜[88]。胡峰等以 PVDF 膜为基膜，对其表面进行碱化处理和丙烯酸聚合，通过酰胺键接枝聚乙烯亚胺（PEI）制备出了超亲水和抗污染性能的两性离子化功能层。实验表明，改性膜亲水性得到了明显的提高（水接触角从原膜的 117°降到 39°），膜纯水通量从原膜的 396.8L/（m^2•h）提高到了 635.1L/（m^2•h），膜通量可恢复性从原膜的 34.6%提高到了 79.1%，油截留率 92% [89]。

6.2.2.3 纳米纤维膜

静电纺丝是利用静电力将挤出液拉伸成丝，同时伴随溶剂挥发的固化过程，是一种新兴的膜材料制备方法[90]。静电纺丝的纤维大多为微纳米尺寸，因此膜具有很高的孔隙率，且膜孔尺寸便于调节[90]。静电纺丝纳米纤维膜的多孔结构、高渗透性和特殊的表面性能使其成为油水分离膜研究的热点之一[91-94]。

Lee 等[95]采用静电纺丝二氯甲烷（DCM）和丙酮混合物制备了醋酸纤维素（CA）纳米纤维，改变聚合物浓度可调整纳米纤维的表面粗糙度，加入聚乙烯吡咯烷酮（PVP）可调节纳米纤维的形态。

Wang 等[96]采用静电纺丝方法制备了醋酸纤维素（CA）纳米纤维膜，并通过脱乙酰反应，得到了超两亲的脱乙酰醋酸纤维素（d-CA）膜；改性膜在空气中具备超两亲性，在水中具有疏油性，在油中具有超亲水性。多功能 d-CA 纳米纤维膜可用作油/水混合物以及乳化油/水和油/腐蚀性水性体系的除水物质，膜通量最高可达 38000L/(m^2 • h)；氯仿/水混合物的分离效率最高，可达 99.97%。

Wang 等[97]研究了一种新型的高通量纳米纤维超滤膜，该膜由三层复合结构组成，即无孔亲水纳米复合涂层顶层、电纺纳米纤维基材中间层和传统的非织造微纤维载体。纳米纤维基材通过静电纺丝聚乙烯醇（PVA），并与戊二醛（GA）在丙酮中进行化学交联制备，具有良好的耐水性和机械性能。顶涂层基于包含亲水性聚醚-b-聚酰胺共聚物的纳米复合材料层或与表面氧化的多壁碳纳米管（MWNT）结合的交联 PVA 水凝胶。采用该膜进行水包油乳液处理实验，结果表明纳米纤维膜的截留率高达 99.8%，水通量可达 330L/(m^2 • h)，且在 24 h 的运行试验中没有出现膜污染现象。

任春雷[98]通过水热法合成了氧化锌（ZnO）纳米柱，附着在氧化铝中空纤维膜表面，提高了膜表面粗糙度。同时，修饰氟硅烷降低表面能得到了超疏水表面，该膜的油水分离效率达 99.5%。

TiO_2 纳米材料以其优异的超亲水性和光催化性能在油水分离功能膜的制备中表现出了极大的应用潜力[75]。殷俊[99]采用高效绿色的 ARGETATRP 活性聚合，在 SiO_2 纳米粒子表面接枝了亲水性的聚合物（PDMAEMA-CO-PDMAPS），不仅有效地提高了 SiO_2 纳米粒子在 PES 基体中的分散性、稳定性及与 PES 基体之间的相互作用，而且赋予了所制备的有机-无机复合膜优异的亲水性和抗油滴污染性能。通过表面引发的 RAFT 活性聚合，制备了表面同时含有亲水性链段和低表面能链段的有机-无机杂化 SiO_2 纳米粒子，将其作为添加剂与 PES 共混成膜，利用其在成膜过程中会自发向膜表面迁移的特性，亲水区具有抵御污染的作用，低表面能区具有自清洁的作用，两者协同作用提高了膜的抗污染性能。

Shi[100]将 TiO_2 纳米粒子固定到聚偏氟乙烯（PVDF）膜表面，使疏水性聚合物膜变为了亲水性。此外，引入硅烷偶联剂 KH550 改性，不仅保留了纳米粒子的性能，同时使所制备的膜从普通亲水状态变成超亲水状态，油水分离率高达 99%，保持了持久的耐油性能和防污性能，膜容易回收。

石墨烯的超高强度和优异导电导热性能使其成为近年来纳米材料的研究热点。Liu 等[101]

通过真空抽滤法制备了超轻型自支撑还原氧化石墨烯（RGO）膜，该膜重量仅为4.5mg，抗拉强度可达55MPa。该膜具备超亲水疏油的表面和超薄的厚度，能够在较宽的pH范围内进行油水分离，分离效果很好。

虽然高性能纳米纤维膜研究在近年来取得了显著进展，但是由于其较低的产量和较差的机械强度，受制备工艺限制，目前仍局限于实验室研究，距工业化生产应用还有一定距离[75]。

6.2.3 膜技术工艺选择

6.2.3.1 膜孔径

膜孔径对膜通量和油截留率有很大的影响，孔径越大，膜通量越大。但随着小油滴进入到膜孔中，会造成膜污染，降低截油率。实际应用过程中，膜孔径不是越大越好，要根据料液中油的存在状态、油滴和颗粒物质粒径的大小来选择适合的膜孔径。油水分离膜通常为超滤和微滤膜，主要截留乳化油和溶解油[102]。若油水体系中的油以浮油和分散油为主，微滤膜孔径一般选择在10～100μm之间；若水中的油为稳定的乳化油和溶解油，则采用亲水或亲油的超滤膜，超滤膜孔径远小于10μm，超细的膜孔有利于破乳和油滴聚结[103]。

6.2.3.2 跨膜压差

膜过滤过程中存在临界操作压差，在达到临界操作压差之前，渗透通量随跨膜压差增加而增加，之后随跨膜压差的增加反而下降。这可能是因为油滴具有可压缩性，当压差增大到一定程度后，油滴被挤压变形进入膜孔，从而引起膜孔堵塞，造成膜通量降低[104]。实际操作过程中，增大跨膜压差会增大能耗，导致运行成本增加，因此需选择合适的跨膜压差[105]。

6.2.3.3 料液浓度

实验研究发现[106]，当料液浓度较小时，膜通量与操作压力成正比；当料液浓度超过一定值时，膜通量只与膜面流速有关，而与操作压力无关。有研究认为[107]，当料液浓度较小时，膜面不易形成覆盖层；随着料液浓度的增大，膜面阻力增大，膜通量降低；当料液达到一定浓度后，油滴粒径变大，并在膜表面形成薄层覆盖层，阻挡了细小颗粒进入膜孔，减缓了膜阻塞，膜通量相对不变。

6.2.3.4 操作温度

研究发现[108]，随着温度上升，料液黏度下降，膜过滤过程中的阻力较小，料液中颗粒物的扩散能力增加，从而使膜通量增大。但温度上升会改变料液的某些性质，如会使料液中某些组分的溶解度下降，使吸附污染增加。在实际生产中提高料液的温度，会导致能耗增大、运行费用升高。同时随着温度的不断升高，也可能导致膜的通量下降[105]。

6.2.3.5　膜面流速

膜过滤过程通常采用错流过滤的操作方式，一般认为增大流速可提高通量。这是因为流速增大，膜表面侧向剪切力增大，膜表面沉积的油滴被冲刷，从而使凝胶层变薄，且减小了浓差极化的影响，导致膜通量增大。但当流速过大时，通量反而降低，这可能是操作压差不均匀所致，也可能是料液在膜过滤器内停留时间过短所致。另外，由于流速增大，剪切力增大，造成油滴变形而被挤入膜孔，也可能引起通量的降低[104]。

6.3 应用

6.3.1 陶瓷膜在油水分离中的应用

陶瓷膜过滤是一种“错流过滤”形式的流体分离过程（图 6-5）。原料液在膜管内高速流动，在压力驱动下小分子物质（水分子）透过膜，大分子物质（油滴）被膜截留，从而达到固液分离、浓缩和纯化的目的[109]。陶瓷膜的油水分离机理基于筛分原理，膜孔径一般小于油滴的粒径，从而可将油滴截留，使水透过膜，达到油水分离的目的。但在实际膜过滤过程中，油滴会在压力作用下产生形变，进入膜孔中，变形后油滴的表面膜受到破坏，致使油滴中的内相被释放出来。又由于膜表面具有很强的亲和性和润湿性，从而使内相吸附在膜面上，并逐渐聚结成较大的油滴，而后在压力的作用下通过膜孔，同时连续相也通过膜孔，实现油水乳状液的破乳。过孔后的油滴和连续相很容易实现进一步分相，离开原来的分散介质，进而实现油水分离[110]。

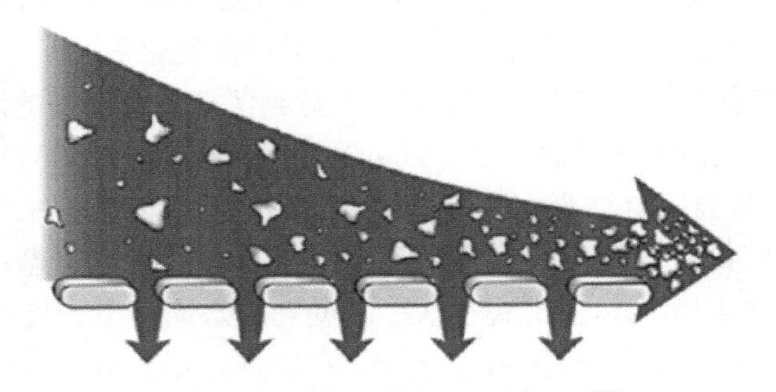

图 6-5　陶瓷膜错流过滤示意图[105]

6.3.1.1　国外陆上油田含油污水处理

国外对陶瓷膜处理陆上油田含油污水的研究开展较早。Chen 等[111]研究了陶瓷膜错流微滤技术（CCFM）去除油田采出水中的油、油脂和悬浮固体，并进行了两个陆上和两个海上试验。结果表明，该技术可将出水中的含油量降到 5mg/L 以下，悬浮固体含量降到 1mg/L 以下，处理效果较好。实验表明，错流速度、跨膜压力和温度等为膜渗透通量的主要影响因素。同时该研究建立了工艺运行参数数据库。

Cakmakci M 等[112]采用溶气气浮-酸化-絮凝沉淀-筒式过滤-微滤-超滤工艺处理 Trakya 地区的油田采出水，并采用纳滤和反渗透进行了脱盐处理。实验表明，采用 0.2μm 的陶瓷微滤膜可达到后续反渗透进水水质要求，该工艺处理后出水水质可达到土耳其石油工业排放水的 COD 要求（250mg/L）。

Ebrahimi 等[113]采用微滤/溶气气浮-错流超滤-纳滤的工艺对模拟油田含油污水进行了处理，工艺中采用的滤膜均为陶瓷膜。实验表明，微滤/溶气气浮预处理工艺除油率为 93%，整个工艺除油率达 99.5%。

Nand 等[114]采用了高岭土、石英、长石、碳酸钠、硼酸和偏硅酸钠等制成的低成本陶瓷膜来分离水包油乳状液，油含量为 250mg/L，实验 60min 后，膜通量为 5.36×10m/ms，油去除率达 98.8%。

6.3.1.2 国内陆上油田含油污水处理

国内，刘凤云等[115]在 20 世纪 90 年代首先报道了陶瓷膜过滤油田含油污水的应用前景。单连斌采用陶瓷膜超滤处理配制的含油污水[116]，实验过程中每 5min 对膜进行反冲洗，通过实验，出水浊度去除率在 97%以上，TOC 平均去除率 72%，反冲洗后透过速度可恢复至原始水平。实验证明陶瓷膜处理含油污水是可行的。

谷玉洪等[117]采用陶瓷微滤膜处理某油田注水站砂滤罐的含油污水，原水含油量 20～50mg/L，悬浮物含量 20～50mg/L，过滤处理后出水含油量＜3mg/L，悬浮物含量＜1mg/L，颗粒粒径＜1μm，可满足特低渗透油田的注水水质要求。

丁慧等[118]针对陶瓷膜在油田采出水处理过程中操作参数的选择及污染机理进行了研究。通过实验，发现陶瓷膜过滤最佳操作条件为跨膜压差 0.16MPa、温度 50℃、膜面流速 5.0m/s；经处理后出水含油量和悬浮物含量均小于 1mg/L，可达到低渗透油田注水水质 A1 级标准。同时发现，NaOH 和 HNO_3 联合清洗有助于恢复膜通量。

王怀林等[119]用陶瓷膜处理采出水，处理出水达到了低渗透油田的注水水质要求。

田振邦等[120]通过自制的大直径（ϕ142mm）、通道密集型（800～1200 孔/单支）多孔陶瓷膜材料和设备对某油田含油废水进行了油水分离实验。陶瓷膜采用错流设计，过膜原水温度原则上不超过 45℃（如改用不锈钢膜壳材质，则过膜原水温度可控制在 120℃以内），系统运行错流产水约 20%，错流产水二次进入原水池循环再处理，不产生排放。在 0.18MPa、0.1MPa 压力下持续运行 50d，处理水量 3139m^3，耗电 471kW·h，吨水耗电 0.15kW·h，错流循环排出水 627m^3，整体系统回收率达到 99%。含油污水经过处理后，含油量由 87mg/L 降至 2.5mg/L，除油率大于 97%；悬浮物由 183mg/L 降至 42mg/L，去除率 77%。该处理工艺流程见图 6-6。

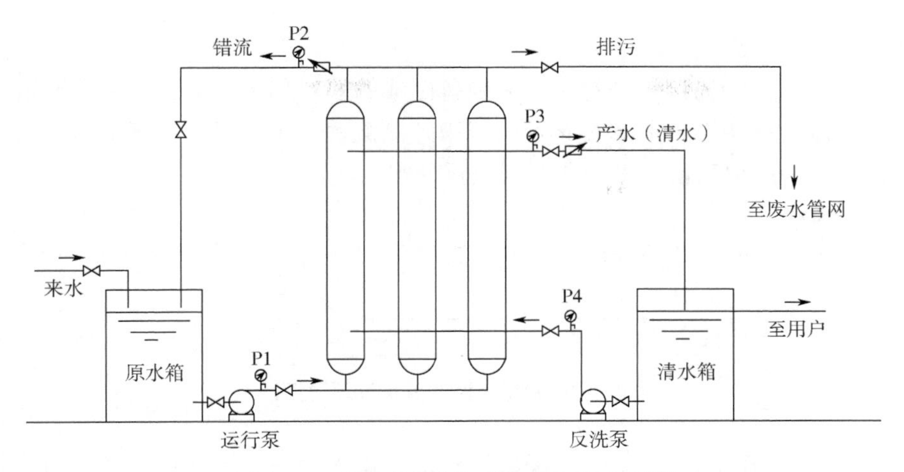

图 6-6　含油废水陶瓷膜处理工艺流程[120]

6.3.1.3　海上油田含油污水处理

目前，陶瓷膜过滤含油污水的研究主要集中在陆上油田，而海上油田的报道则较少。

国外，Silvio 等[121]开展了多通道陶瓷超滤膜（ZrO_2）处理海上油田含油污水的实验研究。通过实验，出水中油和悬浮固体含量均小于 5mg/L，污染膜清洗后膜通量可恢复到初始通量的 95%。实验证明，陶瓷膜处理海上油田的含油污水具有很好的应用前景，出水可满足回注要求。

Strathmann[122]采用 0.2～0.8μm 的陶瓷微滤膜处理美国墨西哥湾采油平台的采油污水，膜面流速为 2～3m/s、含油污水含油量为 28～583mg/L，处理后出水中悬浮固体含量从 73～290mg/L 降到 1mg/L。

陶瓷膜在油田含油污水处理方面已有上述诸多研究，但目前仍处于工业化试验阶段。难以大规模工业应用的原因在于:

① 陶瓷膜主要利用膜孔对油滴的截留作用，随着过滤的不断进行，油滴在膜孔中逐渐积累，导致膜通量逐步下降，从而使分离效果下降。因此需要对膜进行清洗，造成膜清洗频繁[105]。

② 膜污染后必须采用合适的方法对其进行清洗，而清洗效果会直接影响膜过滤效果。目前缺少适合的膜清洗再生方法[123]。

6.3.1.4　炼化污水处理

国外 Sareh 等[102]采用了管式陶瓷微滤膜（α-Al_2O_3）处理炼油厂的含油污水，处理后出水含油量为 4mg/L，TOC 去除率 > 95%。此外，还研究了跨膜压差、错流速度和温度等操作参数对膜通量、TOC 去除效率和膜污染的影响，反冲洗可显著缓解膜通量的下降趋势。

国内某石化企业动力运行部新建除油除铁装置作为烷基化项目的配套装置，主要回收烷基化装置的凝结水，同时为将来新建装置冷凝液的回收预留了一定余量。该装置采用陶瓷膜过滤技术除去凝结水中的油和铁，装置处理能力为每套 100t/h，共两套，正常情况下一开一备。

陶瓷膜是以无机陶瓷材料经特殊工艺制备而成的非对称膜，呈管状或多通道状，管壁密布微孔。在压力作用下，原水在膜管内或膜外侧流动，水分子（或产品水）透过膜，水体中的污染物等杂质被截留去除，从而制取新鲜水。

（1）工艺流程

凝结水回收处理的工艺流程如图 6-7 所示。

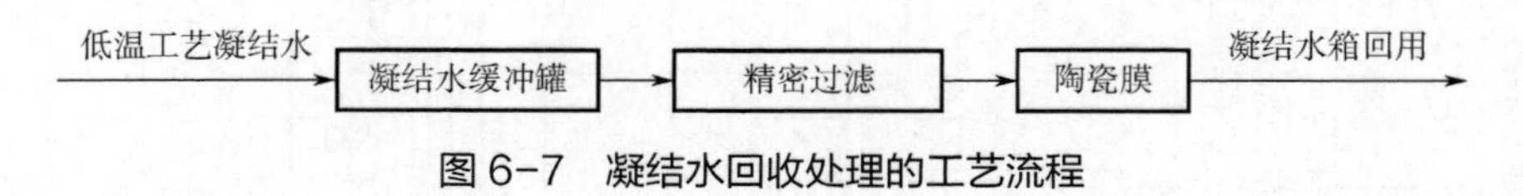

图 6-7　凝结水回收处理的工艺流程

各装置正常产出的工艺凝结水（降温后）混合进入凝结水缓冲罐，通过新增凝结水泵输送至精密过滤器及陶瓷膜系统进行处理。精密过滤器在系统中作为初级过滤，一是运行时过滤掉大颗粒的铁锈等杂质，二是当系统进水油含量在 100～300mg/L 之间时，可以阻截大部分油类。精密过滤器出水再通过陶瓷超滤膜设备进行处理，进一步凝结水中的油、铁等污染物，使出水达到回用指标要求。处理后的凝结水进入凝结水水箱。

（2）工艺特点

无机陶瓷膜作为一种新型的膜材料，具有化学稳定性好、机械强度大、抗微生物腐蚀能力强、孔径分布窄、分离效率高、使用寿命长、结构稳定和易再生等优势。膜设备的膜管：外径为 ϕ30mm，长度为 1200mm，通道为 37 孔，膜孔径 50nm。

用于分离的陶瓷膜结构常为三明治式的：支撑层（又称载体层）、中间层（又称过渡层）、膜层（又称分离层）。其中支撑层的孔径一般为 1～20μm，孔隙率为 30%～65%，其作用是增加膜的机械强度；中间层的孔径比支撑层的孔径小，其作用是在膜层制备过程中防止颗粒向多孔支撑层渗透，厚度约 20～60μm，孔隙率为 30%～40%；膜层孔径为 4nm～10μm，厚度大约为 3～10μm，孔隙率为 40%～55%。整个膜的孔径分布由支撑层到膜层逐渐减小，形成不对称的分布。大颗粒的锈渣和重油对陶瓷膜组影响较大，这些杂质堵塞陶瓷膜组的过流通道后，无法彻底清洗，最终会导致陶瓷膜通量急剧下降。所以在运行过程中，应控制好前置过滤器的压差，保证前置过滤器运行良好。

（3）处理效果

① 凝结水板式换热器最多能够将烷基化冷凝液降至 25℃，同时利用烷基化冷凝液的热量提高了生水温度，冬季每小时可节约 1.0MPa 蒸汽用量约 7t。

② 陶瓷膜除油除铁系统投运后，除油除铁效果明显，产水中的油含量和铁含量皆检不出。

③ 利用新增前置阳床处理凝结水，出水水质达到了一级除盐水标准，电导率最低达 0.5μS/cm。

（4）存在的问题及分析

① 系统投用初期处理量能够达到每组 100t/h，运行一段时间后，陶瓷膜组的通量就无法满足要求，主要原因是前置过滤器故障，冷凝液未经过前置过滤器。

② 陶瓷膜组清洗时，清洗的废液会产生大量的泡沫，建议使用绿色、无泡、无污染

配方的清洗液。

③ 陶瓷膜组的清洗操作过程比较复杂，建议通过工艺优化和改造，简化清洗操作，降低操作强度。

6.3.2 聚合物膜在油水分离中的应用

6.3.2.1 烯烃膜在油水分离中的应用

典型的聚烯烃膜有聚乙烯（PE）、聚丙烯腈（PAN）等，这些材料化学稳定性好、机械强度高，是目前工业生产常用的一种膜材料。

Xu 等[124]将 $CaCO_3$ 矿物质涂覆在 PAA 接枝的聚丙烯微滤膜上制备了一种新型超亲水混合膜。刚性矿物涂层在水中捕获大量水分，并在膜孔表面形成坚固的水合层，从而使膜具有水下超疏油性。采用该膜对含油废水进行处理，膜通量在 2000L/(m^2 • h)，油水分离率＞99%。

Zhang[125]通过静电纺丝的方式，在胺化聚丙烯腈（APAN）纤维的表面上涂覆氧化石墨烯（GO），控制 APAN 纤维表面和纤维之间的间隙组装 GO 片材，成功制备了新型油水分离膜。该膜具有超亲水性，油黏附性低。由于 GO/APAN 膜的孔隙率较大，该膜膜通量较高［约 10000 L /(m^2 • h)］。同时，基于 APAN 纤维上改性的较小 GO 片和连接到两个或多个 APAN 纤维的较大 GO 片，该膜截留率较高（≥98%）。GO/APAN 膜的新型分层结构大大提高了油水分离及抗污性能，在处理不同 pH 范围或高盐油水乳液时稳定性很好，有助于其在含油废水中的实际应用。

6.3.2.2 聚砜类膜材料在油水分离中的应用

聚砜（PSF）是一类耐高温、高强度的工程塑料，具有优异的抗蠕变性能，在废水处理中的研究和应用较为广泛。聚砜类膜热稳定性好、具有较强的疏水性、无毒、成本低，是目前生产量最大的合成膜材料[126]。

高巧灵[127]以具有梯度微孔结构的聚砜中空纤维膜（RGM-PSF）为基膜，制备了一种基于表面沉积交联的有机/无机杂化聚合物分离膜，实现了超亲水-水下超疏油的改性 RGM-PSF 膜的研制。改性 RGM-PSF 膜表面覆盖了均匀的 SiO_2 涂层，呈现超亲水性和水下超疏油性，应用于油水乳液分离的临界击穿压力高达 0.12MPa，击穿前的除油率可达 99%，渗透水通量也高达 500L/(m^2 • h)以上。

6.3.2.3 含氟类聚合物膜材料在油水分离中的应用

虽然聚砜膜材料价格较低，但是在油水分离中膜易污染，而且其耐紫外性能、耐候性及耐疲劳性能较差，在含油废水处理中的应用受到了制约[126]。含氟类聚合物膜材料价格较高，但具有耐高温、耐腐蚀、低黏附及对气候变化的适应性等优点，在油水分离领域也有较多的研究[52]。

刘坤朋等[128]以聚偏氟乙烯（PVDF）和一种具有亲水疏油性的添加剂为原料制备出了超亲水超疏油的 PVDF 中空纤维膜，并以错流过滤方式对配制的含油水（质量浓度 400mg/L）进行了处理。实验表明，在进水 TOC 的质量浓度为 300400mg/L 时，出水中 TOC 的质量浓度可降低至 14mg/L，除油率达 99%以上，且仅在水力清洗的情况下就可完全恢复通量。

Zhang[129]等利用改性后的聚偏氟乙烯超滤膜对含油废水进行了处理，膜通量在 3415L/(m^2·h) 时，截留率达到 99.95%，油水分离效果较好。

6.3.3 纳米纤维膜在油水分离中的应用

Zhu 等[130]分别通过电泳沉积、水热合成等方法，将 ZnO 纳米棒附着于铜上，制备出了多孔泡沫铜结构；经化学修饰后，泡沫铜结构的水接触角为 158°～165°，油接触角接近 0°，具备良好的机械性能。

Liu 等[131]通过将海绵浸入含 Fe_3O_4 磁性纳米颗粒和低表面能复合物十二氟庚基丙基三甲氧基硅烷（Actyflon-G502）的溶液中，制备出了具有高效油水分离性能的超疏水磁性海绵。该海绵可被磁铁驱动到含油污水区，选择性地从水中吸收油；制备的海绵对不同类型的油和有机溶剂的吸油能力高达自身重量的 25～87 倍，且可以回收利用。

Jiang 等[132]采用逐层嫁接的方法依次将（3-氨基丙基）三乙氧基硅烷（SCA）、聚乙烯亚胺（PEI）和均苯三甲酰氯（TMC）嫁接到不锈钢网上，形成了多尺度微纳米结构，并通过疏水基团修饰，使不锈钢网具有了优异的超疏水性。油水分离实验结果表明，其分离效率很高，可重复使用 30 余次。

Khosravi 等[133]制备了覆盖纳米结构有机薄膜的超疏水和超亲油钢网。超疏水网制备使用蜡烛燃烧火焰在钢网上沉积炭黑（CS）纳米球，气相沉积聚吡咯（PPy），采用硬脂酸（SA）进行表面改性。将制备的超疏水网制作成微型船，可很快地从水表面收集各种油类，制作成本较低。

6.4 存在的问题与发展趋势

6.4.1 存在的问题

膜污染是膜分离技术在实际应用过程中面临的主要问题，含油废水中的油滴和表面活性剂吸附在膜表面或在内部孔道中聚结沉积，会造成膜表面浸润性的转变，从而使渗透通量和分离效率急剧下降。一方面膜污染使膜通量衰减较快，造成膜清洗频繁；另一方面，污染膜若没有进行有效清洗，将会降低其使用寿命，从而限制其在工业上的大规模应用[4]。

6.4.2 发展趋势

未来几年，膜技术用于油水分离以下几个方面将是研究热点。

① 在连续油水分离过程中，提高超浸润膜表面对油和表面活性剂的长期抗黏附污染能力，实现油水分离膜的实际应用[4]。

② 抗污染膜的研究。综合考虑除油及表面活性剂的污染、水体中其他污染物如其他大分子有机物的吸附、无机盐的结垢等多组分的复杂污染，研究开发高抗污染膜材料[4]。

③ 通过改进静电纺丝技术，优化纺丝过程来提升纳米纤维膜的产量和强度。

④ 进一步深入认识并探究油水分离机制，研究高抗污性表面，提高渗透通量及分离效率[4]。

⑤ 含油污水预处理方法研究。若能有效去除含油污水中的固体颗粒和大分子物质，不仅可减小膜污染的速率，还有利于提高膜的清洗效率，保证膜分离工艺的高效稳定运行[130]。

⑥ 物理清洗、化学清洗、生物清洗、电清洗和超声波清洗的组合清洗方法研究。提高膜清洗效果，延长膜使用寿命[105]。

参考文献

[1] Padaki M，Murali R S，Abdullah MS，et al. Membrane technology enhancement in oil-water separation：A review [J]. Desalination，2015，357：197-207.

[2] Jamaly S，Giwa A，Hasan S W. Recent improvements in oily wastewater treatment：Progress，challenges，and future opportunities [J].J Environ Sci，2015，37：15-30.

[3] Gong Y Y，Zhao X，Cai Z Q，et al. A review of oil， ispersed oil and sediment interactions in the aquatic environment：Influence on the fate，transport and remediation of oil spills [J]. Mar Pollut Bull，2014，79（1/2）：16-33.

[4] 杨思民，王建强，刘富. 油水分离膜研究进展[J]. 膜科学与技术，2019，39（3）：132-141.

[5] 吴宗策，胡利杰，梁松苗. 油水分离膜的研究进展[J]. 合成树脂及塑料，2016，3：80-83，102.

[6] 杨瑞，张翻. 含油废水处理技术进展[J]. 当代化工，2018，47（08）：1695-1697.

[7] 雷岗星. 含油废水处理技术的研究进展[J]. 环境研究与监测，2017，30（01）：58-62.

[8] Lin Z Z，Wang WJ，Huang R P. Study of oily sludge treatment by centrifugation [J]. Desalin Water Treat，2017，68：99-106.

[9] Rubio J，Souza M L，Smith R W. Overview of flotation as a wastewater treatment technique [J]. Miner Eng，2002，15（3）：139-155.

[10] ZhangJ P，Seeger S. Polyester materials with super-wetting silicone nanofilaments for oil/water separation and selective oil absorption [J]. Adv Funct Mater，2011，21（24）：4699-4704.

[11] Yavuz Y，Koparal A S，Ogiitveren U B. Treatment of petroleum refinery wastewater by electrochemical methods [J]. Desalination，2010，258（1/3）：201-205.

[12] Oller I，Malato S，Sanchez-Perez J A. Combination of advanced oxidation processes and biological treatments for wastewater decontamination-A review [J]. Sci Total Environ，2011，409（20）：4141-4166.

[13] Kuo C H，Lee C L. Treatment of a cutting oil emulsion by microwave irradiation [J]. Sep Sci Technol，2009，44（8）：1799-1815.

[14] Song H T，Zhou L C，Zhang L J，et al. Construction of a whole-cell catalyst displaying a fungal lipase for effective treatment of oily wastewaters [J]. J Mol Catal B-Enzym，2011，71（3/4）：166-170.

[15] Roberts P H，Thomas K V. The occurrence of selected pharmaceuticals in wastewater effluent and surface waters of the lower Tyne catchment [J]. Sci Total Environ，2006，356（1）：143-153.

[16] Xue Z X，Cao Y Z，Liu N，et al. Special wettable materials for oil/water separation [J]. J Mater Chem A，2014，2（8）：2445-2460.

[17] Xiong Z，Lin H B，Zhong Y，et al. Robust superhydrophilic polylactide（PLA）membranes with a TiO_2 nanoparticle inlaid surface for oil/water separation [J]. J Mater Chem A，2017，5（14）：6538-6545.

[18] Othman F M，Fahim M A，Jeffreys G V，et al. Prediction of predominant mechanisms in the separation of secondary dispersions in a fibrous bed [J]. J Dispersion Sci Technol，1988，9（2）：91-113.

[19] Che H，Huo M，Peng L，et al. CO_2-responsive nanofibrous membranes with switchable oil/water wettability [J]. Angew Chem-Int Edit，2015，54（31）：8934 -8938.

[20] Yang C，Han N，Wang W J，et al. Fabrication of a PPS microporous membrane for efficient water-in-oil emulsion separation [J]. Langmuir，2018，34（36）：10580-10590.

[21] Li X，Wang M，Wang C，et al. Facile immobilization of Ag nanocluster on nanofibrous membrane for oil/water separation[J]. ACS Appl Mater Interfaces，2014，6（17）：15272-15282.

[22] Mansourizadeh A，Javadi A A. Preparation of blend polyethersulfone/cellulose acetate/polyethylene glycol asymmetric membranes for oi1-water separation [J]. J Polym Res，2014，21（3）：375-384.

[23] Ou R，Wei J，Jiang L，et al. Robust thermoresponsive polymer composite membrane with switchable superhydrophilicity and superhydrophobicity for efficient oil water separation [J]. Environ Sci Technol，2016，50（2）：906-914.

[24] Tang X，Si Y，Ge J，et al. In situ polymerized superhydrophobic and superoleophilic nanofibrous membranesfor gravity driven oil-water separation [J]. Nanoscale，2013，5（23）：11657-11664.

[25] Wei C J，Dai F Y，Lin L G，et al. Simplified and robust adhesive-free superhydrophobic SiO_2-decorated PVDF membranes for efficient oil/water separation [J]. J Membr Sci，2018，555：220-228.

[26] Yalcinkaya F，Siekierka A，Bryjak M. Surface modification of electrospun nanofibrous membranes for oily wastewater separation [J]. RSC Adv，2017，7（89）：56704-56712.

[27] 杨座国. 膜科学技术过程与原理[M]. 上海：华东理工大学出版社，2009.

[28] Xiong Z，Lin H，Zhong Y，et al. Robust superhydrophilic polylactide（PLA）membranes with a TiO_2 nanoparticleinlaid surface for oil/water separation [J]. J Mater Chem A，2017，5（14）：6538-6545.

[29] Xiong Z，Li T T，Liu F，et al. Chinese knot inspired Ag nano wire membrane for robust separation in water remediation [J]. Adv Mater Interf，2018，5（11）：1800183.

[30] Lin Y M，Rutledge G C. Separation of oil-in-water emulsions stabilized by different types of surfactants using electrospun fiber membranes [J]. J Membr Sci，2018，563：247-258.

[31] Xiong Z，Lin H，Liu F，et al. Flexible PVDF membranes with exceptional robust superwetting surface for continuous separation of oil/water emulsions [J]. Sci Rep，2017，7（1）：14099.

[32] Wenzel R N. Resistance of solid surfaces to wetting by water [J]. Ind Eng Chem，1936，28：988-994.

[33] Zhang F，Gao S，Zhu Y，et al. Alkaline-induced superhydrophilic/underwater superoleophobic polyacrylonitrilemembranes with ultralow oil-adhesion for high-efficient oil/water separation [J]. J Membr Sci，2016，513：67-73.

[34] Zhu Y Z，Wang J L，Zhang F，et al. Zwitterionic nanohydrogel grafted PVDF membranes with comprehensive antifouling property and superior cycle stability for oil-in-water emulsion separation [J]. Adv Funct Mater，2018，28（40）：1804121.

[35] Peng X S，Jin J，Nakamura Y，et al. Ultrafast permeation of water through protein-based membranes [J]. Nat Nanotechnol，2009，4（6）：353-357.

[36] 张芮，程杰，刘关飞，等. 油水乳液分离材料的研究进展[J]. 高分子通报，2018，11：24-34.

[37] Wu J D，Ding Y J，Wang J Q，et al. Facile fabrication of nanofiber- and micro/nanosphere-coordinated PVD Fmembrane with ultrahigh permeability of viscous water-in-oil emulsions [J]. J Mater Chem A，2018，6（16）：7014-7020.

[38] Zhou J，Chang Q，Wang Y，et al. Separation of stable oil-water emulsion by the hydrophilic nano-sized ZrO_2 modified Al_2O_3 microfiltration membrane [J]. Sep Purif Technoh，2010，75（3）：243-248.

[39] Chaudhary J P，Vadodariya N，Natara J S K，et al. Chitosan-based aerogel membrane for robust oil-in-water emulsion separation [J]. ACS Appl Mater Interf，2015，7（44）：24957-24962.

[40] Yang X，He Y，Zeng G，et al. Bio-inspired method for preparation of multiwall carbon nanotubes decorated superhydrophilic poly（vinylidene fluoride）membrane for oil/water emulsion separation [J]. Chem Eng J，2017，321：245-256.

[41] Shi Z，Zhang W，Zhang F，et al. Ultrafast separation of emulsified oil/water mixtures by ultrathin free standing single-walled carbon nanotube network films [J] . Adv Mater，2013，25（17）：2422-2427.

[42] Zhu Y Z，Zhang F，Wang D，et al. A novel zwitterionic polyelectrolyte grafted PVDF membrane for thoroughly separating oil from water with ultrahigh efficiency [J]. J Mater Chem A，2013，1（18）：5758 -5765.

[43] Frysali M A，Anastasiadis S H. Temperature- and/or pH-responsive Surfaces with controllable wettability：from parahydrophobicity to superhydrophilicity [J]. Langmuir，2017，33（36）：9106-9114.

[44] Cheng Z，Lai H，Du Y，et al. pH-induced reversible wetting transition between the underwater superoleophilicity and superoleophobicity [J]. ACS Applied Materials & Interfaces，2014，6（1）：636-641.

[45] Yang J，Zhang Z，Men X，et al. Reversible superhydrophobicity to superhydrophilicity switching of a carbon nanotube film via alternation of uv irradiation and dark storage [J]. Langmuir，2010，26（12）：10198-10202.

[46] Lin X，Lu F，Chen Y，et al. Electricity-induced switchable wettability and controllable water permeation based on 3D copper foam [J]. Chemical Communications，2015，51（90）：16237-16240.

[47] Li Y，Zhu L，Grishkewich N，et al. CO_2-responsive cellulose nanofibers aerogels for switchable oil－water separation [J]. ACS Applied Materials & Interfaces，2019，11（9）：9367-9373.

[48] Gu J C，Xiao P，Chen J，et al. Janus polymer/carbon nanotube hybrid membranes for oil/water separation [J]. ACS Appl Mater Interf，2014，6（18）：16204 -16209.

[49] 张玲玲，陈强，殷梦辉，等. 膜分离技术在乳化态含油废水处理中的应用研究进展[J]. 应用化工，2021（10）：1671-3206.

[50] Zhang L B，Zhang Z H，Wang P. Smart surfaces with switchable superoleophilicity and superoleophobicity in aqueous media：Toward controllable oil/water separation [J]. Npg Asia Mater，2012，4：8.

[51] Hu L，Gao S，Zhu Y，et al. An ultrathin bilayer membrane with asymmetric wettability for pressure responsive oil/water emulsion separation [J]. J Mater Chem A，2015，3（46）：23477-23482.

[52] 孙颖. 膜分离材料在含油废水处理中的研究进展[J]. 广东化工，2018，45（8）：176-177.

[53] Nandi B K，Moparthi A，Uppaluri R，et al. Treatment of oily wastewater using low cost ceramic membrane：Comparative assessment of pore blocking and artificial neural network models[J]. Chemical Engineering Research & Design，2010，88（7）：881-892.

[54] 胡剑安，唐红艳，郭玉海. 疏水性陶瓷复合膜的制备与油水分离性能研究[J]. 水处理技术，2017（11）：30-33.

[55] Nagasawa H，Omura T，Asai T，et al. Filtration of surfactant-stabilized oil-in-water emulsions with porous ceramic membranes：Effects of membrane pore size and surface charge on fouling behavior [J]. Journal of Membrane Science，2020，610：118210.

[56] Achiou B，Elomari H，Bouazizi A，et al. Manufacturing of tubular ceramic microfiltration membrane based on natural pozzolan for pretreatment of seawater desalination[J]. Desalination，2017，419：181-187.

[57] 叶晓，谢飞，罗孝曦，等. 聚合物膜材料在油水分离过程中的应用[J]. 化工进展，2012，13（S2）：163-166.

[58] Hyun J，Jang H，Kim K，et al. Restriction of biofouling in membrane filtration using a brush-like polymer containing oligoethylene glycol side chains [J]. Journal of Membrane Science，2006，282（1/2）：52-59.

[59] Hashim N A，Liu F，Li K. A simplified method for preparation of hydrophilic PVDF membranes from an amphiphilic graftcopolymer [J]. Journal of Membrane Science，2009，345（1/2）：134-141.

[60] Asatekin A，Mayes A M. Oil industry wastewater treatment with fouling resistant membranes containing amphiphilic combcopolymers [J]. Environmental Science & Technology，2009，43（12）：4487-4492.

[61] Shi Q，Su Y，Zhao W，et al. Zwitterionic polyethersulfone ultrafiltration membrane with superior antifouling property [J]. Journal of Membrane Science，2008，319（1/2）：271-278.

[62] Sagle A C，Van Wagner E M，Ju H，et al. PEG-coated reverse osmosis membranes：Desalination properties and fouling resistance [J]. Journal of Membrane Science，2009，340（1/2）：92-108.

[63] 代俊明，孙秀花，高昌录. 共混改性法对有机分离膜影响进展[J]. 化工进展，2019，38（S1）159-165.

[64] Chakrabartya B，Ghoshal A K，Purkait M K. Preparation，characterization and performance studies of polysulfone membranes using PVP as an additive [J]. Journal of Membrane Science，2008，315：36-47.

[65] Nunes S P，Peinemann K V. Ultrafiltration membranes from PVDF/PMMA blends [J]. Journal of Membrane Science，1992，73（1）：25-35.

[66] Ochoa N A，Masuelli M，Marchese J. Effect of hydrophilicity on fouling of an emulsified oil wastewater with PVDF/PMMA membranes [J]. Journal of Membrane Science，2003，226（1/2）：203-211.

[67] 孙晓博，章安康，张宇峰，等. CA/PSf 共混超滤膜的制备及性能研究[J]. 膜科学与技术，2018，38（2）：9-16.

[68] Wang Y Q，Wang T，Su Y L，et al. Remarkable reduction of irreversible fouling and improvement of the permeation properties of poly（ether sulfone）ultrafiltration membranes by blending with pluronic F127 [J]. Langmuir，2005，21（25）：11856-11862.

[69] Revanur R，Mccloskey B，Breitenkamp K，et al. Reactive amphiphilic graft copolymer coatings applied to poly（vinylidene fluoride）ultrafiltration membranes [J]. Macromolecules，2007，40（10）：3624-3630.

[70] Zhao Y H，Zhu B K，Kong L，et al. Improving hydrophilicity and protein resistance of poly（vinylidene fluoride）membranes by blending with amphiphilic hyperbranched-star polymer [J]. Langmuir，2007，23（10）：5779-5786.

[71] Hester J F，Banerjee P，Mayes A M. Preparation of protein-resistant surfaces on poly（vinylidene fluoride）

membranes via surface segregation [J]. Macromolecules，1999，32（5）：1643-1650.

[72] Mi Y F，Zhao F Y，Guo Y S，et al. Constructing zwitterionic surface of nanofiltration membrane for high flux and antifouling performance[J]. Journal of Membrane Science，2017，541：29-38.

[73] He M，Gao K，Zhou L，et al. Zwitterionic materials for antifouling membrane surface construction [J]. Acta Biomaterialia，2016，40：142-152.

[74] 高洪伟. 磺基甜菜碱型聚酰亚胺亲水改性聚砜超滤膜的研究[D]. 哈尔滨：哈尔滨工业大学，2017.

[75] 董哲勤，王宝娟，许振良，等. 油水分离功能膜制备技术研究进展[J]. 化工进展，2017，36（1）：1-9.

[76] 赵翌帆. 聚砜类超滤膜表面两性离子化及其性能的研究[D]. 杭州：浙江大学，2015.

[77] Yan L，Li Y S，Xiang C B. Preparation of poly（vinylidenefluoride）（pvdf）ultrafiltration membrane modified by nano-sized alumina（Al_2O_3）and its antifouling research [J]. Polymer，2005，46（18）：7701-7706.

[78] Yang Y，Zahng H，Wang P，et al. The influence of nano-sized TiO_2 fillers on the morphologies and properties of PSF UFmembrane [J]. Journal of Membrane Science，2007，288（1/2）：231-238.

[79] Chen W，Su Y，Zhang L，et al. In situ generated silica nanoparticles as pore-forming agent for enhanced permeability of cellulose acetate membranes [J]. Journal of Membrane Science，2010，348（1/2）：75-83.

[80] 李剑，姚勇，张凯舟，等. 改性 PVDF 膜在染料废水处理中的应用与进展[J]. 塑料科技，2020，6：74-78.

[81] Shi H，Xue L，Gao A，et al. Fouling-resistant and adhesion-resistant surface modification of dual layer PVDF hollow fiber membrane by dopamine and quaternary polyethyleneimine[J]. Journal of Membrane Science，2016，498：39-47.

[82] Kasemset S，Lee A，Miller D J，et al. Effect of polydopamine deposition conditions on fouling resistance，physical properties，andpermeation properties of reverse osmosis membranes in oil/water separation [J]. Journal of Membrane Science，2013，425/426：208-216.

[83] Ju H，Mccloskey B D，Sagle A C，et al. Crosslinked poly（ethylene oxide）fouling resistant coating materials for oil/water separation [J]. Journal of Membrane Science，2008，307（2）：260-267.

[84] Yoon K，Hsiao B S，Chu B. High flux ultrafiltration nanofibrous membranes based on polyacrylonitrile electrospun scaffolds and crosslinked polyvinyl alcohol coating [J]. Journal of Membrane Science，2009，338（1/2）：145-152.

[85] Yoon K，Kim K，Wang X，et al. High flux ultrafiltration membranes based on electrospun nanofibrous PAN scaffolds and chitosan coating [J]. Polymer，2006，47（7）：2434-2441.

[86] Lee H，Dellatore S M，Miller W M，et al. Mussel-inspired surface chemistry for multifunctional coatings [J]. Science，2007，318（5849）：426-430.

[87] Liu F，Hashim N A，Liu Y，et al. Progress in the production and modification of PVDF membranes [J]. Journal of Membrane Science，2011，375（1/2）：1-27.

[88] 孙洁. 常压等离子体处理高分子材料诱导自由基及其引发表面改性反应的研究[D]. 上海：东华大学，2011.

[89] 胡峰，陈锋涛，俞三传. PVDF 膜表面两性离子化改性及其性能[J]. 浙江理工大学学报（自然科学版），2020，43（06）：774-780.

[90] 江洪龙，冯可. 超润湿油水分离膜在环境领域中的应用与进展[J]. 绿色科技，2020，24：64，67.

[91] Dong Z Q，Ma X H，Xu Z L，et al. Superhydrophobic PVDF-PTFE electrospun nanofibrous membranes for desalination by vacuum membrane distillation [J]. Desalination，2014，347：175-183.

[92] Dong Z Q，Wang B J，Ma X H，et al. FAS grafted electrospunpoly（vinyl alcohol）nanofiber membranes with robust superhydrophobicity for membrane distillation [J]. ACS Applied Materials & Interfaces，2015，7（40）：22652-22659.

[93] Dong Z Q，Ma X H，Xu Z L，et al. Superhydrophobic modification of PVDF-SiO_2 electrospun nanofiber membranes for vacuum membrane distillation [J]. RSC Advances，2015，5（83）：67962-67970.

[94] Wang X，Yu J，Sun G，et al. Electrospun nanofibrous materials：A versatile medium for effective oil/water separation [J]. Materials Today，2016，19（7）：403-414.

[95] Lee H，Nishino M，Sohn D，et al. Control of the morphology of cellulose acetate nanofibers via electrospinning [J]. Cellulose，2018，25（5）：2829-2837.

[96] Wang W，Lin J，Cheng J，et al. Dual super-amphiphilic modified cellulose acetate nanofiber membranes with highly efficient oil/water separation and excellent antifouling properties [J]. Journal of Hazardous Materials，2020（385）：121582.

[97] Wang X，Chen X，Yoon K，et al. High flux filtration medium based on nanofibrous substrate with hydrophilic nanocomposite coating [J]. Environmental Science & Technology，2005，39（19）：7684-7691.

[98] 任春雷. 膜蒸馏海水淡化和油水分离用疏水多孔陶瓷膜研究[D]. 合肥：中国科学技术大学，2014.

[99] 殷俊. 改性 SiO_2 纳米粒子/聚醚砜复合超滤膜的制备及其应用研究[D]. 南京：东南大学，2016.

[100] Shi H，He Y，Pan Y，et al. A modified mussel-inspired method to fabricate TiO_2 decorated superhydrophilic PVDF membrane for oil/water separation[J]. Journal of Membrane Science，2016，506：60-70.

[101] Liu N，Zhang M，Zhang W，et al. Ultralight free-standing reduced graphene oxide membranes for oil-in-water emulsion separation [J]. Journal of Materials Chemistry A，2015，3（40）：20113-20117.

[102] Sareh R H A，Mohammad R S，Mahmood H，et al.Ceramic membrane performance in microfiltration of oily wastewater[J].Desalination，2011，265（1/2/3）：222-228.

[103] 蔡欧晨. 膜技术用于中国船舶油水分离的可行性研究[J]. 中国人口·资源与环境，2015，25（5）：489-493.

[104] 李发永，李阳初，孙亮，等. 含油污水的超滤法处理[J]. 水处理技术，1995，21（3）：145-148.

[105] 黄斌，张威，王莹莹，等. 陶瓷膜过滤技术在油田含油污水中的应用研究进展［J］. 化工进展，2017，36（5）：1890-1898.

[106] 王兰娟，张才菁. 含乳化油污水的超滤膜分离模型[J]. 石油大学学报（自然科学版），1998，22（3）：79-81.

[107] 王春梅，谷和平，王义刚，等. 陶瓷微滤膜处理含油污水的工艺研究[J]. 南京化工大学学报，2000，22（5）：38-42.

[108] 张国胜，谷和平，邢卫红，等. 无机陶瓷膜处理冷轧乳化液废水[J]. 高校化学工程学报，1998，12（3）：288-292.

[109] 许晨希，朱丽，王树林，等. 无机陶瓷膜在含油废水处理中的应用[J]. 武汉工程大学学报，2020，42（5）：511-517.

[110] 蔺爱国，刘培勇，刘刚，等. 膜分离技术在油田含油污水处理中的应用研究进展[J]. 工业水处理，2006，26（1）：5-8.

[111] Chen A S C，Flynn J T，Cook R G，et al. Removal of oil，grease and suspended solids from produced water with ceramic cross flow microfiltration [J]. SPE Production Engineering，1991，6（2）：131-136.

[112] Cakmakci M，Kayaalp N，Koyuncu I. Desalination of produced water from oil production fields by membrane processes[J]. Desalination，2008，222（1-3）：176-186.

[113] Ebrahimi M，Willershausen D，Ashaghi K S，et al. Investigations on the use of different ceramic membranes for

efficient oil-field produced water treatment [J]. Desalination，2010，250（3）：991-996.

[114] Nand B K，Moparthi A，Uppaluri R，et al. Treatment of oily wastewater using low cost ceramic membrane：comparative assessment of pore blocking and artificial neural network models [J]. Chemical Engineering Research and Design，2010，88（7）：881-892.

[115] 刘凤云，曹洪奎. 陶瓷膜横向流微滤处理油田含油污水前景[J]. 油气田地面工程，1996，15（3）：21-23.

[116] 单连斌. 用陶瓷膜做滤材处理含油废水的研究[J]. 环境保护科学，1996，22（3）：26-29.

[117] 谷玉洪，薛家慧，刘凯文. 陶瓷微滤膜处理油田采出水试验[J].油气田地面工程，2001，20（1）：18-19.

[118] 丁慧，彭兆洋，李毅，等. 无机陶瓷膜处理油田采出水[J]. 环境工程学报，2013，7（4）：1399-1404.

[119] 王怀林，王亿川. 陶瓷微滤膜用于油田采出水处理的研究[J]. 膜科学与技术，1998，18（2）：59-64.

[120] 田振邦，黄做华，黄伟庆，等. 大直径通道密集型多孔陶瓷膜处理含油废水研究[J]. 河南科学，2018，36（7）：1030-1035.

[121] Silvio E W，Ana M T L，Cristiano P B，et al. Evaluation of ceramic membranes for oilfield produced water treatment aiming reinjection in offshore units [J]. Journal of Petroleum Science and Engineering，2015，131：51-57.

[122] Strathmann H. Inorganic membranes-synthesis，characteristics and applications [J]. Chemical Engineering and Processing，1993，32（3）：199-200.

[123] 徐南平，刑卫红，王沛. 无机膜在工业污水处理中的应用与展望[J].膜科学与技术，2000，20（3）：23-28.

[124] Xu P C Z. Mineral-coated polymer membranes with superhydrophilicity and underwater superoleophobicity for effective oil/water separation [J]. Scientific Reports，2013，3（6153）：2776.

[125] Zhang J，Xue Q，Pan X，et al. Graphene oxide/polyacrylonitrile fiber hierarchical-structured membrane for ultra-fast microfiltration of oil-water emulsion [J]. Chemical Engineering Journal，2017，307：643-649.

[126] 杨晴，傅寅翼，高爱林，等. 含油废水处理用分离材料研究进展[J]. 高分子通报，2016，9：254-261.

[127] 高巧灵. 亲水改性聚砜中空纤维梯度膜的制备及其油水分离性能研究[D]. 杭州：浙江大学，2016.

[128] 刘坤朋，沈舒苏，聂士超，等. 亲水疏油改性聚偏氟乙烯膜用于油水分离的实验研究[J]. 水处理技术，2015（6）：36-42.

[129] Zhang W，Shi Z，Zhang F，et al. Superhydrophobic and superoleophilic PVDF membranes for effective separation of water-in-oil emulsions with high flux [J]. Advanced Materials，2013，25（14）：2071-2076.

[130] Zhu H，Gao L，Yu X，et al. Durability evaluation of superhydrophobic copper foams for long-term oil-water separation [J]. Applied Surface Science，2017，407：145-155.

[131] Liu L，Lei J，Li L，et al. A facile method to fabricate the superhydrophobic magnetic sponge for oil-water separation [J]. Materials Letters，2017，195：66-70.

[132] Jiang B，Zhang H，Sun Y，et al. Covalent layer-by-layer grafting（LBLG）functionalized superhydrophobic stainless steel mesh for oil/water separation[J]. Applied Surface Science，2017，406：150-160.

[133] Khosravi M，Azizian S. Preparation of superhydrophobic and superoleophilic nanostructured layer on steel mesh for oil-water separation [J]. Separation & Purification Technology，2017，172：366-373.

第7章

膜技术在纯水生产中的应用

纯水是指利用各种水处理工艺，将原水中的颗粒物、微生物、有机物质、电解质和溶解性气体等杂质几乎全部去除所得到的成品水[1, 2]，如表 7-1 所示。纯水广泛应用于科学研究、电子工业、医药工业、生物工程、食品工业等众多领域。膜分离技术已有半个多世纪的发展历史，各种膜技术已广泛应用于纯水的生产。特别是反渗透膜、离子交换膜等在纯水生产中的成功应用，简化了纯水生产系统的复杂工艺，降低了生产成本，提高了出水水质稳定性。膜技术已经成为了纯水制备系统中的核心技术[3, 4]。

纯水的品质对各行业的产品质量和性能有很大的影响，不同领域对高纯水品质的各项指标有着严格的要求。随着行业技术的不断发展和科技的进步，高纯水的需求量日益扩大，对高纯水的品质要求也不断提高，从而推动了高纯水制备技术以及膜技术的迅速发展。

表 7-1　纯水的分类

纯水类型	去离子水	纯净水	无热原水	高纯水	超纯水
电导率/（μS/cm）	20	5	1.25	0.1	0.056
电阻率（25℃）/MΩ·cm	0.05	0.2	0.8	10	18
微生物/（CFU/mL）	—	≤100	≤0.1	≤1	≤1
总溶解固体/（mg/L）	≤10	≤1	≤1	≤0.5	≤0.005
热原/（EU/mL）	—	—	0.2	—	—
活性硅 SiO_2/（μg/L）	500	100	100	20	2
总有机碳 C/（mg/L）	—	<0.5	0.05～0.07	—	0.05

7.1 纯水制备技术简介

7.1.1 蒸馏法

蒸馏法纯水制备技术是利用不同物质的沸点不同而实现水脱盐的技术。蒸馏过程是将原水加热使之沸腾蒸发，再把蒸汽冷凝成淡水。该技术最早可追溯到 20 世纪 30 年代，是早期使用的除盐水制备技术，可得到电导率约为 1～10μS/cm 的除盐水[5]。蒸馏法的优点是对原水水质要求较低，原水中盐质量浓度较高时亦可达到操作要求，设备简易、操作简单，且兼具对原水消毒的作用。但是，蒸馏法也存在许多严重的缺点，例如蒸馏产出的纯水中仍带有部分杂质，出水水质较差，能源消耗大，产水成本较高，且设备结垢、腐蚀问题比较严重。目前，已开发的蒸馏除盐工艺主要包括多效蒸发（multiple-effect distillation，MED）、单级闪蒸（single stage flash distillation，SSF）、多级闪蒸（multi-stage flash，MSF）技术。随着膜分离技术的不断发展，膜分离与蒸馏法相结合的膜蒸馏（membrane distillation，MD）技术正逐步发展成熟。膜蒸馏运行条件较为温和，可在常压（低压）和较低温度下运行；可有效避免蒸汽夹带易挥发物质，提高了出水水质；而且过程中不需要原料液侧的温度达到沸点，水就可以蒸发和跨膜传质。因此，膜蒸馏技术可以有效地利用化工行业中大量的低温余热及太阳能等低能位热源。

7.1.2 离子交换法

离子交换纯水制备技术[6, 7]是利用离子交换树脂上可交换的氢离子和氢氧根离子，与水中同电荷离子发生离子交换反应，从而实现对原水中杂质离子的去除目的。离子交换树脂是一种具有多孔网状结构的高分子有机化合物，带有可电离的活性基团，不溶于酸、碱和有机溶剂。离子交换树脂的结构组成包括三维空间网状骨架、连接在骨架上的功能基团和功能基团所带的相反电荷的可交换离子。离子交换树脂又可分为带有酸性活性基团的阳离子交换树脂和带有碱性活性基团的阴离子交换树脂。阳离子交换树脂能与水中的阳离子进行交换，阴离子交换树脂则能与水中的阴离子发生交换。离子交换树脂上的离子与原水中电解质间的置换反应是可逆的，当离子交换树脂达到吸附饱和时，采用强酸或强碱与被吸附的离子进行交换，可以实现离子交换树脂的再生。其工作原理如图 7-1 所示。

随着科学技术的发展和树脂性能的提高，采用离子交换法生产的纯水水质可达超纯水的水质要求。离子交换法在制备高纯水技术中，具有出水水质好、运行效果稳定、可重复使用等众多优点。但是，吸附饱和的离子交换树脂需要进行化学再生是离子交换法长期以来存在的难题。为了达到较好的再生效果，往往需要加入过量的酸碱药剂，从而导致再生剂的有效利用率较低；而且再生过程中产生的废液中还含有大量的酸、碱，直接排放会污染环境。

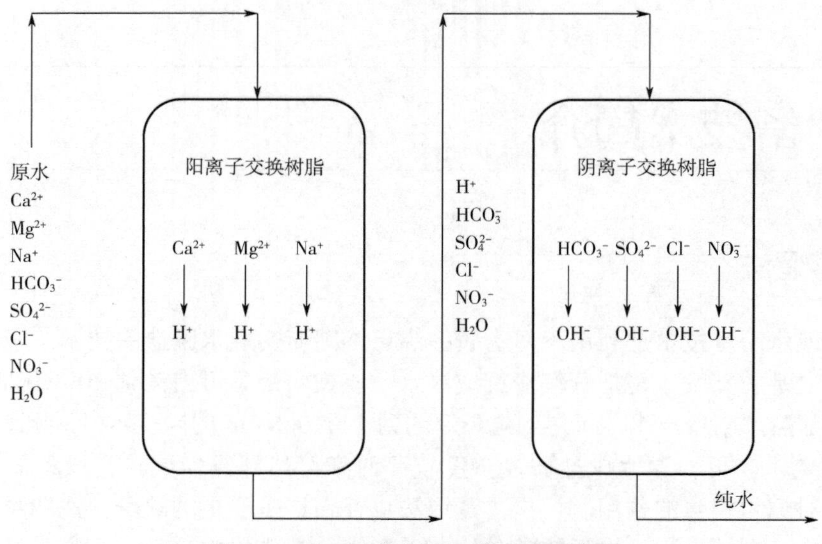

图 7-1 离子交换树脂工作原理示意图

7.1.3 膜分离

膜分离技术制备纯水的原理是在压力差、浓度差或电位差等推动力的作用下，利用膜的选择透过性，使溶液中的盐离子等杂质优先透过膜而水分子不透过或使水分子透过膜而盐离子等杂质不透过，从而达到去除水中杂质的目的。膜分离脱盐技术主要包括电渗析、反渗透、微滤、超滤和纳滤技术。

7.1.3.1 反渗透

反渗透技术是目前高纯水制备中应用最广泛的技术之一[8-11]。反渗透膜具有选择透过性，在压力的推动下，水透过反渗透膜，而盐则难以透过，从而实现水与盐的分离。反渗透膜材料目前主要有醋酸纤维素、芳香聚酰胺、聚醚酰胺、聚呋喃醇等；而根据膜的几何形状，反渗透膜组件主要包括板框式、管式、卷式以及中空纤维式四种。当原水含盐浓度较高时（＞4000mg/L），反渗透技术较离子交换技术的脱盐成本低很多。反渗透制备纯水过程中无相变发生，消耗能量较少；反渗透对高价离子的去除能力要比对低价离子的去除能力好，从而更好地去除水体中的硬度离子，能起到软化器的作用；并对水中的细菌、微生物、有机物等杂质有优异的去除效果。

图 7-2 为某再生水厂反渗透水处理系统的工艺流程。上游污水厂二级出水经供水管道输送至再生水厂，首先进入调节池，经滤布滤池过滤后，再由提升水泵加压进入微滤系统；微滤系统出水进入中间水箱，中间水箱出水经高压水泵加压进入反渗透系统进行脱盐处理，产品水（脱盐水）经水箱溢流并加氯消毒后进入清水池，最后通过回用水泵加压送入厂区外配套再生水管网向用户供水。再生水生产主工艺中相应辅有空气及药剂投加等相关工艺。另外，生产过程中产生的浓水、反冲洗排水及化学清洗废液等排入污水厂进行处理。

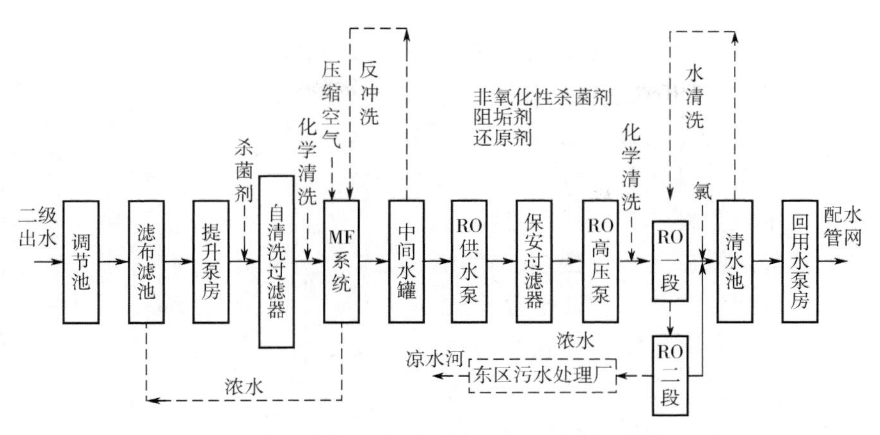

图 7-2　某再生水厂反渗透水处理系统工艺流程

反渗透对进料水有严格的要求，如表 7-2 所示。而自来水或天然水含有较多的微粒、胶体、有机物、细菌等，需经过预处理，才能进入反渗透膜组件，以避免悬浮物、微生物等附着在膜表面，并防止难溶盐沉积在膜上，以确保产水质量和流量，从而达到延长反渗透膜使用寿命的目的。不同的反渗透膜对进水水质要求不同，主要指标包括 pH 值、污染指数（silting density index，SDI）、水温、水压、浊度、含铁量、游离氯等。

表 7-2　反渗透进水水质要求

膜类型	SDI_{15}	浊度/FTU	含铁量/（mg/L）	游离氯/（mg/L）	水温/℃	水压/MPa	pH 值
卷式醋酸纤维膜	建议＜4	＜0.2	＜0.1	0.2～1	25	2.5～3.1	5～6
	最大 4	1	0.1	1	40	4.1	6.5
中空纤维式聚酰胺膜	建议 3	＜0.2	＜0.1	0	25	2.4～2.8	4～11
	最大 3	0.5	0.1	0.1	40	2.8	11
常规卷式复合膜	建议＜4	＜0.2	＜0.1	0	15～30	1.0～1.6	3～10
	最大 5	1	0.1	0.1	45	4.1	11
超低压卷式复合膜	建议＜4	＜0.2	＜0.1	0	15～30	1.05	3～10
	最大 5	1	0.1	0.1	45	4.1	11

目前，反渗透膜组件已经成功用于海水淡化、食品用纯净水的制造及无热源注射用水的生产。但其出水水质一般还无法满足电子工业用水、高参数锅炉用水等的要求。因此，反渗透技术常需与离子交换技术、电去离子技术等相结合来制备高纯水和超纯水。

7.1.3.2　电渗析

电渗析是在外加直流电场的驱动下，利用离子交换膜对阴阳离子的选择透过性，使得阴阳离子分别向阳极和阴极移动，从而达到对电解质溶液进行分离、提纯和浓缩的目的[12-14]。电渗析反应器内装有多组交替安置的阴阳离子交换膜组件，形成交替排列的淡水室和浓水室；

在外加电场作用下，溶液中的电解质利用离子交换膜的选择透过性，以电位差为推动力，从淡水室迁移到浓水室，从而实现原水的净化。

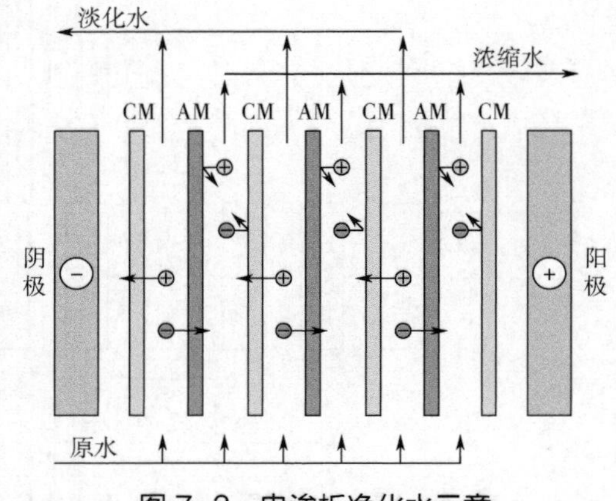

图 7-3　电渗析净化水示意

CM—阳离子交换膜；AM—阴离子交换膜

电渗析是除反渗透以外另一种使用较为广泛的水纯化技术，如图 7-3 所示。电渗析脱盐过程的优势有：脱盐过程无相变，能耗较低，经济效益显著；对原水含盐量变化适应性强；电渗析器运行时，浓水和极水可循环利用，水的利用率高；电渗析组件设计方式简单，单组膜对装置一般呈片状构造，可根据需要任意组合；设备串联时可提高脱盐率，并联时可提升产水量。同时，电渗析技术还存在一些缺点：只能去除溶液中带有电荷的物质，电中性的物质无法通过电渗析过程去除；处理含盐量低的原水，特别是制备高纯水时，淡水室离子浓度太低，导致电阻很高，易发生浓差极化，电流效率降低，能耗增加。电渗析技术更适合高纯水制备的预脱盐工序。

7.1.4　组合技术

采取任何单一的净水工艺往往都难以达到预期的效果。因此，通过两个或者两个以上的工艺组合，各取所长，就可大大提高出水品质，从而达到所需高纯水的要求。

7.1.4.1　电去离子技术

电去离子技术（electrodeionization，EDI）（连续去离子技术、填充床电渗析技术）是利用离子交换树脂和离子交换膜，在直流电场作用下实现连续去除离子以及树脂连续再生的一种技术[15-18]。电去离子技术是电渗析和离子交换技术的有机结合，保留了离子交换树脂深度去除离子和电渗析连续去除离子的优点，能够克服电渗析因浓差极化产生的不良效果，可避免由于离子交换树脂酸碱再生而造成的环境污染。

EDI 的工作基本原理如下：一个 EDI 膜堆由多个单元并联组成，一个 EDI 单元由离子交换树脂、离子交换膜和直流电场组成，如图 7-4 所示。离子交换膜分为阴离子交换膜和阳离子交换膜，阳离子交换膜只允许阳离子通过，阴离子和水不能通过，而阴离子交换膜只允许阴离子通过。阴离子交换膜和阳离子交换膜间隔排列，形成交替的浓水室和淡水室，阴阳混合离子交换树脂填充在淡水室；在外加直流电场的作用下，阳离子向阴极移动，阴离子向阳极移动，通过离子交换膜分别进入相邻的浓水室，从而降低淡水通道水中的离子含量，达到水净化的目的。离子交换树脂在这里的作用主要有两点：一是在淡水室中，离子交换树脂的导电性能比与之接触的水要高 2～3 个数量级，淡水室中的离子迁移都是通过离子交换树脂来完成的，这一过程使得产水通道的电阻降低，强化了离子迁移，增强了电去离子能力，从而提高了产水水质。二是在运行过程中，在树脂与水相接触的界面扩散层中存在浓差极化现象，当极化发展到一定程度时，将建立高的电势梯度，迫使水

解离为 H^+和 OH^-。这种解离出来的 H^+和 OH^-除了参与负载电流外，还能使树脂处于电再生状态，从而在产水的同时完成离子交换树脂的再生，不需要额外添加酸碱等化学药品并具有连续产水能力。

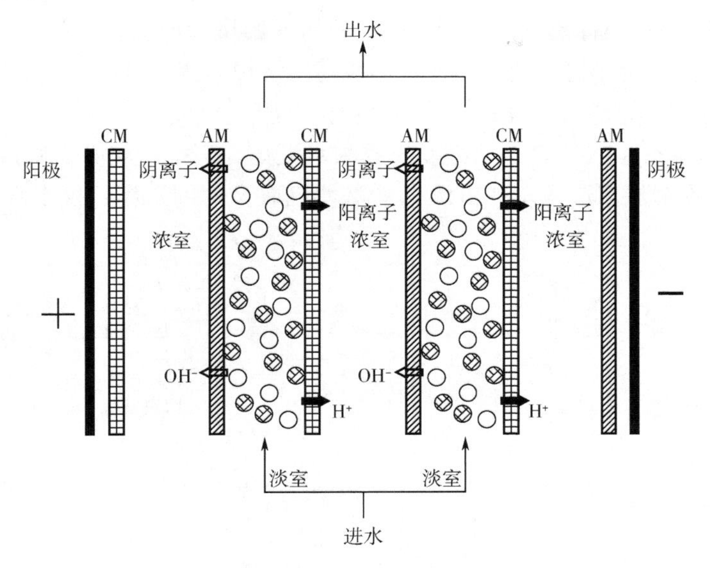

图 7-4 电去离子技术原理

随着 EDI 装置以及预处理工艺的不断成熟，EDI 产水水质越来越高。进入 21 世纪以来，EDI 的出水电阻率一般为 17～18MΩ·cm（25℃），完全达到传统离子交换技术的处理水平，而且对弱电解质的去除率优于传统离子交换法。因此，EDI 工艺越来越广泛地被应用于超纯水的生产。

7.1.4.2 全膜法

全膜法（integrated membrane technology，IMT）工艺[19-22]是将不同的膜工艺有机地组合在一起，一般采用“超滤-反渗透-EDI”的组合工艺来达到高效去除污染物以及深度脱盐的目的并满足高纯水的水质要求。全膜法的称谓有时不甚严谨，例如全膜法工艺中的 EDI 技术其实是电渗透与离子交换技术的融合。另外，原水的预处理过程中也常用到沉淀、砂滤等过程。

在全膜法工艺中，超滤、反渗透、EDI 三种膜分离技术分别用于预处理、预脱盐和深度净化，将原水制备成满足要求的高纯水。超滤过程是以膜两侧的压力差为驱动力、以超滤膜为过滤介质，截留原水中的病毒、细菌、胶体、大有机分子、油脂、蛋白质、悬浮物等。超滤的产水水质要好于传统的多介质过滤，产水的 SDI 可以稳定在 3 以下，可以大大延长反渗透膜的寿命。反渗透是利用压力差驱动水通过半透膜，溶液中的溶质离子、大分子有机物则被截留。反渗透技术只能满足一般的纯水需求，而对于高参数锅炉用水、电子工业用水等不能满足要求。电去离子（EDI）技术是近些年来出现的一项新的高/超纯水制备技术，是电渗析与离子交换技术的融合，既克服了电渗析不能深度脱盐的缺点，又弥补了离子交换技术需消耗酸碱再生不能连续工作的不足。

山东潍焦控股集团现有锅炉配套建设 120t/h 的锅炉补给水处理系统，通过充分论证投资运行费用、设备的工艺稳定性、环保问题，与其他方案进行多方位的比较，最后确定了选用全膜法工艺。主工艺流程如图 7-5 所示[23]。主工艺流程中的超滤系统采用 44 个膜元件组成的超滤装置，超滤膜选用的是北京赛诺 SMT600-P80 中空纤维素膜。一套装置分两组并联，单组装置分两列布置；反渗透系统采用一、二双级两套反渗透串联装置，反渗透膜选用美国 DOW BW30-400 膜。反渗透装置包括 2 台一级高压泵和 2 套一级反渗透膜组件、2 台二级高压泵和 2 套二级反渗透膜组件。EDI 系统采用 24 个膜块组成的 EDI 装置，EDI 膜块选用的是美国产的 GE E-CEll-3X。其中一级反渗透浓水汇集，可供反洗多介质过滤器用，二级反渗透装置浓水回收至超滤产水箱，EDI 装置浓水回收至中间水箱，提高水的利用率。

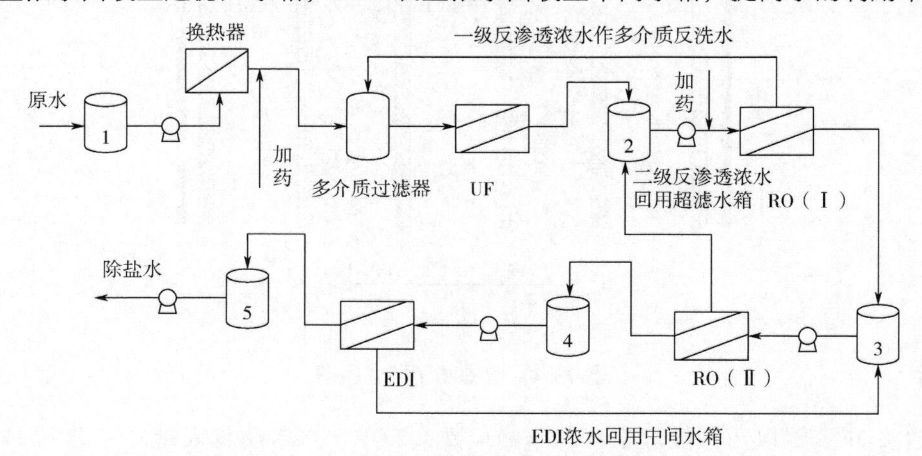

图 7-5　山东潍焦控股集团锅炉补给水全膜法工艺流程[23]

1—原水箱；2—超滤水箱；3—中间水箱；4—淡水箱；5—除盐水箱

7.1.4.3　其他

（1）反渗透技术与离子交换技术的组合

反渗透技术在工业各个领域得到了广泛的应用，RO 一般能除去进水中 90%～99%的溶解固体，但其出水水质无法满足高纯水的要求。工业应用中通常将其与离子交换技术相结合，即用 RO 除去绝大部分盐分，然后用离子交换法深度净水，这样就能很大程度地降低树脂的再生频率、树脂体积以及酸碱用量。但是该工艺仍未完全抛弃离子交换法，只是用反渗透技术来降低离子交换系统进水含盐量，延长树脂再生周期，减少酸碱用量。随着 EDI 技术的发展，该联合工艺正逐渐被“超滤-反渗透-EDI”组合工艺取代。

平煤集团开封东大化工公司烧碱工艺用高纯水的制备，采用了“微滤-反渗透-离子交换技术”组合水处理工艺[24]，如图 7-6 所示。地下水原水经过过滤、软化等预处理后，进入微滤器进一步处理，然后通过高压水泵进入反渗透系统，以去除大部分离子。由于反渗透产水还中还含有大量 CO_2 气体，需经过除碳器去除 CO_2 后再作为离子交换树脂的预处理水。微滤、反渗透等技术的使用，可降低离子交换脱盐水处理工艺的劳动强度、减少酸碱消耗、延长树脂使用寿命和稳定出水水质。

（2）二级反渗透系统

反渗透技术出水水质受进水水质影响较大，一旦原水水质受到污染而造成进水含盐量波动，其产水水质也会受到影响，从而偏离产水质量标准。利用二级反渗透技术来制备纯水，可以解决一级反渗透产水水质变化幅度太大的缺点，稳定产水水质。一级反渗透系统的脱盐率一般高于90%，可脱除水中大部分的盐分；二级系统进水电导率相对较低，水质较好，但是二级系统的脱盐率较低，一般远达不到90%的水平。因此，提高二级系统的脱盐率是二级反渗透工艺制备高纯水的重要研究方向。

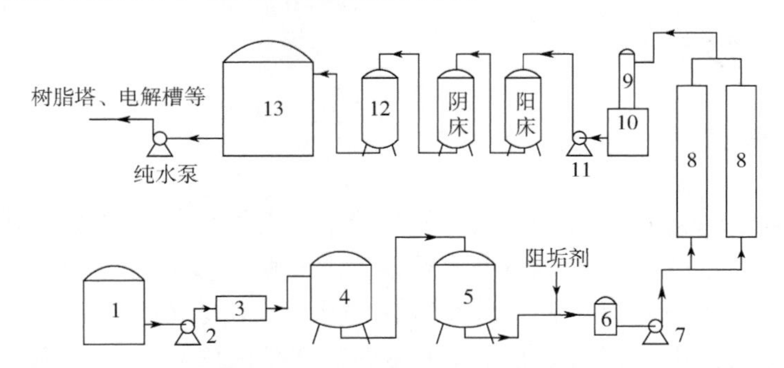

图7-6 平煤集团开封东大化工公司高纯水的制备工艺流程[24]

1—原水储槽；2—原水泵；3—曝气装置；4—砂滤器；5—软化器；6—微过滤器；7—高压泵；8—反渗透膜；9—除碳器；10—中间水箱；11—中间水泵；12—混床；13—纯水槽

山东步长神州制药有限公司采用二级反渗透纯化水制备系统，生产出了符合药典化学指标的纯化水[25]，如图7-7所示。该系统中一级反渗透主机的反渗透膜选用的是美国海德能公司生产的超低压聚酰胺复合膜（ESPA1-8040），该膜具有工作压力较低、额定产水量较大和脱盐率较高的特点。二级反渗透膜元件型号为ESPA2-8040，兼有抗污染特性。该反渗透纯化水制备系统水的利用率约为67%，一级反渗透脱盐率约为97%，二级反渗透出水满足纯水要求。

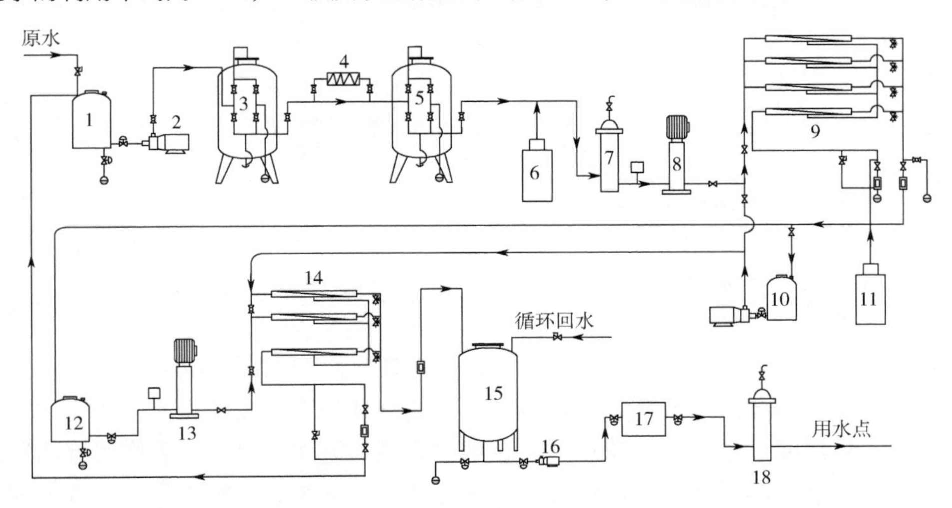

图7-7 二级反渗透系统工艺流程[25]

1—原水箱；2—原水泵；3—机械过滤器；4—换热器；5—活性炭过滤器；6，11—加药装置；7—精密过滤器；8—一级高压泵；9—一级反渗透装置；10—清洗装置；12—淡水箱；13—二级高压泵；14—二级反渗透装置；15—纯水箱；16—纯水泵；17—紫外灭菌；18—终端过滤器

7.2

纯水生产中的膜技术原理

7.2.1 反渗透技术

7.2.1.1 分离原理

反渗透（reverse osmosis，RO）过程是渗透过程的逆过程，渗透和反渗透都是基于半透膜的选择透过性，即允许溶剂透过而截留溶质的性质。渗透是基于膜两侧渗透压的不同而自发进行的过程，溶剂透过半透膜从稀溶液/纯水侧向浓溶液侧迁移，最终达到渗透平衡[图 7-8（b）]。此时，由于膜两侧液面高度不同而产生的压力差即渗透压。而反渗透则是在浓溶液侧施加一个大于渗透压差的压力，迫使溶剂从浓溶液侧流向稀溶液/纯水侧，从而实现溶质和溶剂的分离。

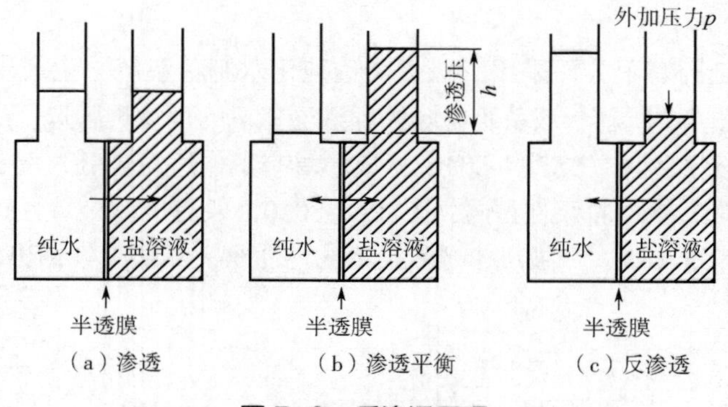

图 7-8　反渗透原理

7.2.1.2 膜的污染与防治

7.2.1.2.1　反渗透膜的污染

（1）可逆膜污染——浓差极化

浓差极化是指分离过程中，由于膜的选择透过性，溶剂在压力驱动下透过膜，而溶质被截留，膜表面处的溶质浓度高于主体溶液，形成浓度梯度；在浓度梯度作用下，溶质又会由膜面向本体溶液扩散，稳态情况下，当溶剂向膜面流动时引起的溶质的流动速度与浓度梯度导致的溶质从膜表面向主体溶液扩散的速度达到平衡时，将在膜面附近形成一个稳定的浓度区——浓差极化边界层。浓差极化会导致膜两侧浓度差异增大，渗透压升高，从而降低溶剂的传质推动力，使溶剂通量降低；同时，膜面处溶质浓度增高，增加了溶质的传质推动力，使得截留率下降。浓差极化严重时，膜面溶质达到饱和浓度，便会在膜表面形成沉积或凝胶层，甚至阻塞孔道。浓差极化可通过流体力学条件的优化及回收率的控制来减轻和改善。

(2) 不可逆膜污染

反渗透膜污染是指料液中的溶质分子由于与膜存在物理化学相互作用或机械作用而在膜表面或膜孔内吸附、沉积造成膜孔径变小及堵塞，从而引起的膜分离特性不可逆变化现象。膜污染可分为膜表面的电性及吸附引起的污染和膜表面孔隙的机械堵塞引起的污染两大类。目前尚无有效的措施来改善膜污染，只能依靠对水质进行预处理或通过抗污染膜研制及使用来延缓其污染速度。

7.2.1.2.2 膜的清洗

当膜受到污染或长时间停运时，需要对膜元件进行清洗。例如，在正常压力下如产品出水流量下降 10%～15%；产品水质降低 10%～15%；含盐量明显增加；反渗透装置每段压差比运行初期增加 10%～15%或 35kPa；为了维持正常的产品水流量，给水压力增加了 10%～15%。膜的清洗措施一般有如下几种：

① 物理清洗：包括正向渗透、高速水冲洗、海绵球清洗、刷洗、超声清洗和空气喷射等。

② 化学清洗：可根据膜的性质及污染物的种类来选择合适的化学试剂进行清洗。

常用的化学清洗试剂包括：①酸：HCl、H_2SO_4、H_3PO_4、柠檬酸、草酸等。②碱：PO_4^{3-}、CO_3^{2-} 和 OH^-等，对污染物有松弛、乳化和分散作用，与表面活性剂一起对油、脂、污物和生物物质有良好的去除作用。③螯合剂：如 EDTA、磷羧酸、葡萄糖酸、柠檬酸和聚合物基螯合剂等。④表面活性剂：降低膜的表面张力，起润湿、增溶、分散和去污作用。⑤酶：如蛋白酶等，有利于有机物的分解。

7.2.2 电渗析与离子交换膜

7.2.2.1 分离原理

电渗析（electrodialysis）是 20 世纪 50 年代发展起来的膜分离技术。它以电位差为推动力，利用离子交换膜的选择透过性，使阴、阳离子发生定向迁移，从而达到电解质溶液分离、提纯和浓缩的目的。

在直流电场的作用下，离子向与之电荷相反的电极迁移，阳离子会被阴离子交换膜阻挡，而阴离子会被阳离子交换膜阻挡。其结果是在膜的一侧产生离子的浓缩液，而在另一侧产生离子的淡化水，如图 7-9 所示。

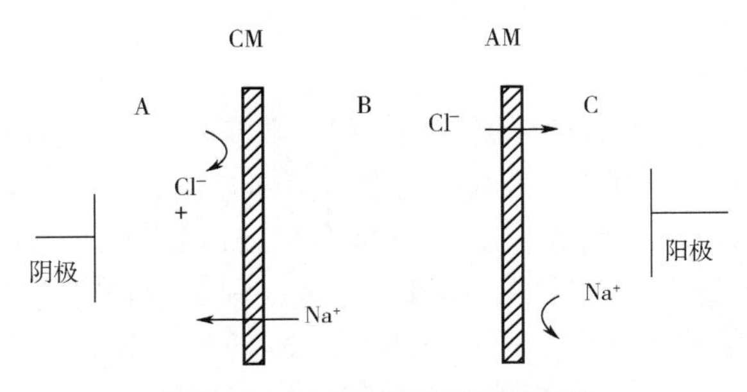

图 7-9 三室电渗析器工作原理

7.2.2.2 基本过程

（1）反离子迁移

在电场的驱动下，电解质溶液中的正负离子发生定向移动，到达离子交换膜表面时，与膜中固定活性基团电性相反的离子透过膜进行迁移。反离子迁移是电渗析过程的主要离子迁移历程，在这一过程中，离子迁移的方向与浓度梯度的方向相反。

（2）电极反应

电极反应是电渗析过程顺利进行的必要条件，通常在电极处发生的电极反应如下:

阳极：$H_2O-2e^- \longrightarrow 0.5O_2\uparrow+2H^+$，$2Cl^--2e^- \longrightarrow Cl_2\uparrow$;

阴极：$2H_2O+2e^- \longrightarrow H_2\uparrow + 2OH^-$。

（3）同离子迁移

同离子迁移是由于阴、阳离子交换膜对阳、阴离子难以实现理论上的完全阻隔，在电渗析过程中与膜上固定活性基所带电荷相同的离子穿过膜的现象。同离子迁移与浓度梯度方向相同，会降低电渗析过程的效率。

（4）浓差扩散

电渗析过程中，浓缩室和淡化室的电解质溶液浓度差逐渐增大，浓度差产生的渗透压越来越强，使得离子从高浓度溶液向低浓度溶液迁移的趋势变大。浓差扩散现象降低膜的脱盐效率，增加能耗。

（5）渗透现象

与浓差扩散类似，渗透是水在膜两侧渗透压的作用下，由淡化室透过膜迁移到浓缩室的现象。

（6）渗漏

渗漏是由于电渗析装置中膜两侧溶液中的压力差造成的溶液透过膜现象。

（7）极化现象

在电渗析过程中，随着淡化室的电解质溶液浓度逐渐降低，溶液中的离子难以及时补充进入主体溶液与膜表面的界面层，导致膜表面的界面层缺少足够的离子进行跨膜迁移，迫使界面层中水分子解离成 H^+和 OH^-后进行迁移承载电流。透过膜迁移的 H^+和 OH^-会引发浓、淡水液流的酸碱性紊乱，降低电渗析效率，增加能耗。

7.2.2.3 离子交换膜

（1）离子交换膜的结构

离子交换膜可以理解为具有选择透过性的膜状功能高分子电解质，如图 7-10 所示。离子交换膜的主体是离子交换树脂，其结构主要由两部分构成：离子交换树脂骨架和活性基团（也称为交换基团）。树脂骨架由高分子材料组成，具有巨大的空间结构，起支撑作用。活性基团又由固定部分和活性部分两部分组成：固定部分以化学键与骨架相连，称为固定离子；活动部分能够在水中解离，称为可交换离子。离子交换膜根据电性的不同主要分为阳离子交换膜和阴离子交换膜。阳离子交换膜的固定离子为带负电的活性基团，如—SO_3^-、—COO^-等，可以选择性地透过阳离子拦截阴离子；阴离子交换膜的固定离子为带正电的活性基团，如—NH_3^+、—$R_2NH_2^+$等，可选择性地透过阴离子拦截阳离子[26]。

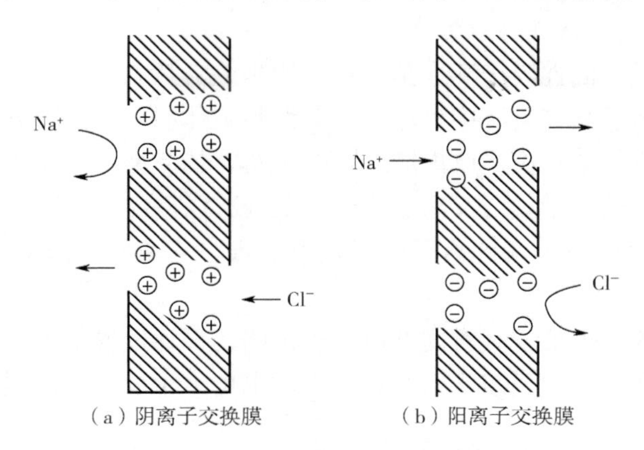

图 7-10　阴离子交换膜与阳离子交换膜

（2）离子交换膜的分类

依据膜结构构成，离子交换膜可以分为异相离子交换膜和均相离子交换膜。异相离子交换膜通常是将离子交换树脂粉分散在起黏合作用的高分子材料中，经溶剂挥发或热压成型等工艺加工而成的。离子交换基团在异相离子交换膜中的分布是不连续的。均相离子交换膜通常是由具有离子交换基团的高分子材料直接成膜，或是在高分子膜基体上键接离子交换基团。离子交换基团在均相离子交换膜中的分布较为均一。

依据膜的功能，离子交换膜可以分阳离子交换膜、阴离子交换膜、两性离子交换膜、双极膜、镶嵌型离子交换膜等，如图 7-11 所示。其中，两性离子交换膜，同时含有阳离子交换基团和阴离子交换基团，阴离子和阳离子均可透过。双极膜由阳离子交换膜层和阴离子交换膜层复合而成，工作时，膜外的离子无法进入膜内。因此，膜间的水分子发生解离，产生的 H^+透过阳膜趋向阴极，产生的 OH^-透过阴膜趋向阳极。镶嵌型离子交换膜的断面上分布着阳离子交换区域和阴离子交换区域，不同区域由绝缘体分隔。

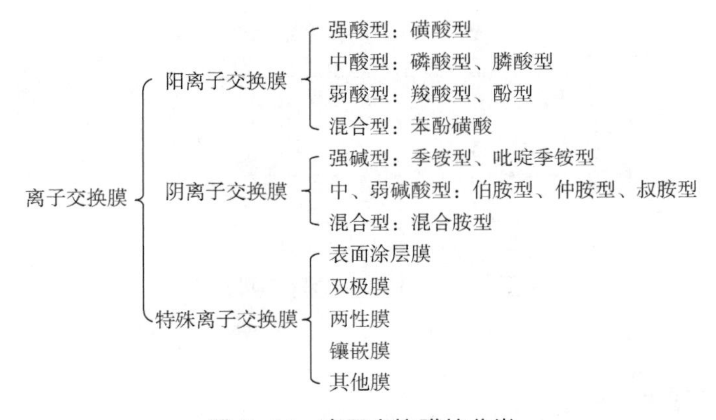

图 7-11　离子交换膜的分类

(3) 离子交换膜的性能参数

① 交换容量：离子交换膜的离子交换容量是指膜内活性离子交换基团的浓度，以每克干膜所含的交换基团的毫克当量数表示。

② 含水率：指膜内活性离子交换基团结合的水的含量。

③ 溶胀度：指离子膜在溶液中浸泡后，其面积或体积变化的百分率。

④ 固定基团浓度：单位质量膜内所含水分中具有的交换基团毫克当量数。

⑤ 膜面电阻：反映离子膜对反离子透过膜的迁移阻碍能力。

⑥ 迁移数：通过膜所移动的离子的当量百分数，它表征了膜对异种电荷离子的选择透过性能。

⑦ 选择透过系数：表征了膜对同种电荷离子的选择性透过能力。

⑧ 其他性能参数：例如压差渗透系数、流动电位、水的浓差渗透等。

7.2.2.4 技术发展

(1) 频繁倒电极电渗析 (electrodialysis reversal, EDR)

频繁倒电极电渗析是一种自动倒换电极极性并自动改变浓、淡水水流流向的电渗析技术，如图 7-12 所示。EDR 技术可以自动清洗离子交换膜和电极表面形成的污垢，减轻了黏性物质在膜表面上的附着和积累，确保离子交换膜可以长期稳定运行；提高了电渗析水回收率以及出水水质的稳定性。

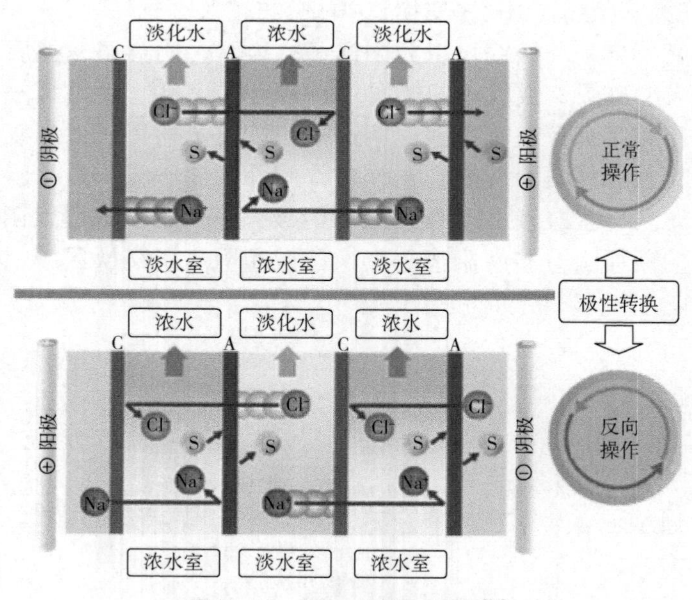

图 7-12 EDR 过程示意图[27]

A—阴离子交换膜；C—阳离子交换膜；S—水垢

(2) 电去离子技术 (EDI)

电去离子技术是电渗析和离子交换技术的结合，保留了电渗析连续去除离子和离子交换树脂深度去除离子的优点。EDI 技术已逐渐发展成为主流的水净化技术，前面已详细介绍，此处不再赘述。

(3) 其他电渗析技术

电渗析研究一直非常活跃，例如无极水电渗析、无隔板电渗析、液膜电渗析、双极膜电渗析等。无极水电渗析除去了传统电渗析的极室和极水，电极紧贴一层或多层阴离子交换膜，这样既可以防止金属离子进入离子交换膜，又可以防止极板结垢，延长了电极的使用寿命。同时由于取消了极室，无极水排放，极大地提高了原水的利用率。无隔板电渗析提高了脱盐速度，降低了能耗。液膜电渗析采用具有相同功能的液态膜代替了固态的离子交换膜，将化学反应、扩散、电迁移结合起来，有广阔的发展前景。双极膜电渗析利用双极膜的特性可以用于制备酸碱。

7.2.3 正渗透膜

7.2.3.1 分离原理

正渗透（forward osmosis，FO）过程利用选择性半透膜两侧溶液的渗透压差作为驱动力，驱使水分子自发地从化学势高的一侧向化学势低的一侧迁移，直到两侧的化学势一致。FO 是由汲取液与原料液之间的渗透压差驱动的，无需外部压力驱动。图 7-13 对正渗透、压力阻尼渗透、反渗透进行了对比。

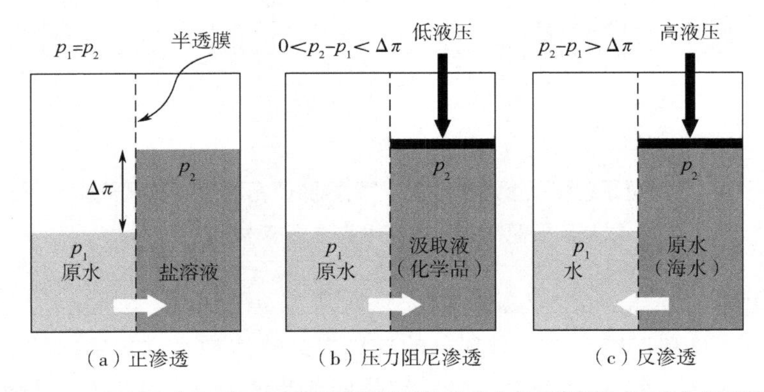

（a）正渗透　（b）压力阻尼渗透　（c）反渗透

图 7-13　正渗透（FO）、压力阻尼渗透（PRO）和反渗透（RO）示意图[28]

正渗透实现物质的分离需要几个必要条件:

① 可允许水通过而截留其他溶质的选择性分离膜;

② 提供驱动力的汲取液;

③ 对稀释后汲取液的浓缩及水的分离。

图 7-14 展示了正渗透系统和反渗透（RO）、膜蒸馏（MD）、电去离子技术（EDI）以及碳酸氢铵的分解与吸收循环技术的耦合，实现了从料液中分离水并浓缩料液的目的。当然，还有其他技术途径实现汲取液的浓缩及水的分离。

7.2.3.2 正渗透膜的合成

为了实现高通量和高选择性，同时以最低的成本展示出高的机械完整性和抗污染能力，理想的FO膜应该满足以下要求：具有光滑且致密的分离层，具有高截留效果；具有薄且多孔的支撑层，以减少内部浓差极化（ICP）问题；具有高亲水性和高的机械强度；对氯化物溶液和合成溶液有良好的化学稳定性。正渗透膜的合成主要有以下途径：

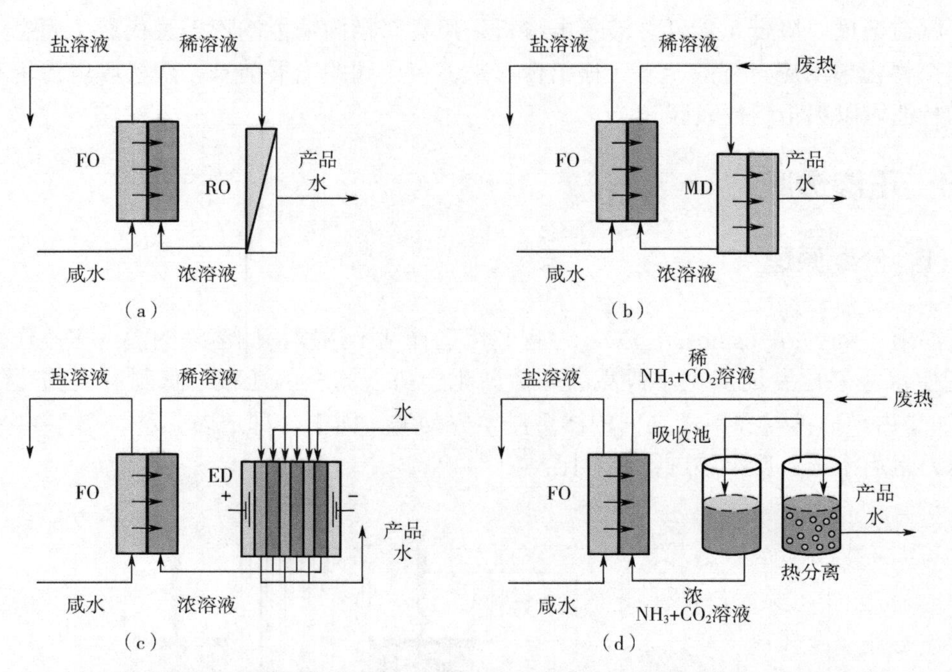

图7-14 正渗透系统和反渗透（RO）、膜蒸馏（MD）、电去离子技术（EDI）以及碳酸氢铵的分解与吸收循环技术的耦合[28]

(1) 相转化法

相转化法指的是利用铸膜液与其周围的环境实现非溶剂与溶剂的传质，使得溶液由稳态转化为非稳态从而实现液-相分离，最终固化形成膜的方法。常见的相转化法不对称FO膜主要有醋酸纤维素膜、三醋酸纤维素膜、聚苯并咪唑膜和聚酰胺酰亚胺膜这几大类。醋酸纤维素膜具有良好的亲水性和抗污染性，在膜中可获得良好的水通量；聚苯并咪唑（PBI）膜在高温下也能保持物理性能，有良好的机械强度和化学稳定性；聚酰胺酰亚胺膜可以通过化学交联提高模性能。

(2) 界面聚合法

界面聚合法复合膜合成在正渗透膜材料中应用较为广泛。复合膜主要由两部分构成：多孔的支撑层和在支撑层上通过界面聚合方式制备的选择层。一般所选的支撑层材料多为使用相转化法、静电纺丝法制备的微滤膜和超滤膜，选择层一般使用间苯二胺（MPD）作为水相单体，均苯三甲酰氯（TMC）作为油相单体，在基膜表面通过界面聚合方式，制备出的均匀的聚酰胺。界面聚合法可以对复合膜的基膜和界面聚合层分别进行制备和优化，用以改善正渗透膜的选择性能和渗透性能。

(3) 层层自组装沉积聚电解质膜

层层自组装是另一种制备高性能复合 FO 膜的方法，利用带相反电荷的聚电解质之间的相互作用，在多孔的基膜上交互沉积聚电解质，形成超薄的选择层。层层自组装沉积聚电解质膜（LbL 膜）通常有很高的热稳定性和良好的耐溶剂性。为了制备高性能的 LbL 膜，首先也需要选择合适的多孔基膜，尽可能降低内浓差极化的影响。LbL 膜的性能主要由聚电解质选择层决定。常用于 LbL 膜制备的阳离子聚电解质有聚乙烯亚胺（PEI）、聚二甲基二烯丙基氯化铵（PDDA）、壳聚糖（CS）等，阴离子聚电解质有聚苯乙烯磺酸盐（PSS）、聚丙烯酸钠、羧甲基纤维素钠（CMC-Na）等。

7.2.3.3 汲取液

选择汲取液的关键标准包括以下几点：应具有较高的渗透压；汲取液溶质的反向扩散应尽量少；可以方便、经济地进行再浓缩和水回收；必须无毒且价格便宜。此外，汲取液不应降解膜，也不应造成膜表面的结垢或污染。

目前发展的汲取液类型主要有以下几种：

① 热敏性化合物：热敏性化合物有利于汲取液的浓缩以及回收利用，碳酸氢铵电离出的离子可以作为驱动溶质。如果要进行回收再利用，则可以通过加热离子液体，进而释放氨和二氧化碳气体，最后可以只得到净化后的产品水。而氨和二氧化碳又可以重新溶解于水转变为碳酸氢铵溶液。

② 无机盐类：无机盐类驱动溶质价格便宜、获得渠道方便，形成的驱动溶液可产生较高的渗透压以及较高的扩散系数。但是无机盐类反向盐通量通常较大，且汲取液再生较为困难。

③ 有机类：有机汲取液溶质分子量较大，不易发生反向渗透现象，可作为理想的汲取液。像果糖、葡萄糖、有机肥料等作为汲取液稀释后可以直接加以利用的物质，不用考虑汲取液再生的问题。另外，一些易于通过温度、pH 调节实现汲取液再生的有机离子液体等材料也得到了开发。

④ 功能性纳米粒子：一些具有亲水性基团的纳米颗粒也可以用来制作汲取液，目前的一个研究热点是磁性材料制成的纳米颗粒，它们可以通过磁场分离装置较为容易地从稀释后的汲取液中回收，且其较大的尺寸可以有效减少渗透。

7.2.3.4 工业应用

Al Najdah 海水淡化工厂是世界上第一个商业运行的正渗透海水淡化工厂。该项目坐落在距离阿曼首都马斯喀特以南 450km 的 Al Wusta 地区，当地自然环境极其恶劣，对于机器设备和操作人员都是非常大的考验。另外，原海水水质很差，含盐量高达 55000mg/L，难于处理。

2011 年 10 月，现代水务（Modern Water）赢得了 Al Najdah 海水淡化工厂的竞争性招标。这个项目是继 2008 年直布罗陀海水淡化中试项目和 2009 年阿曼 Al Khaluf 海水淡化厂项目后，现代水务（Modern Water）采用正渗透技术建造的第三个海水淡化项目，其处理系统如图 7-15 所示。

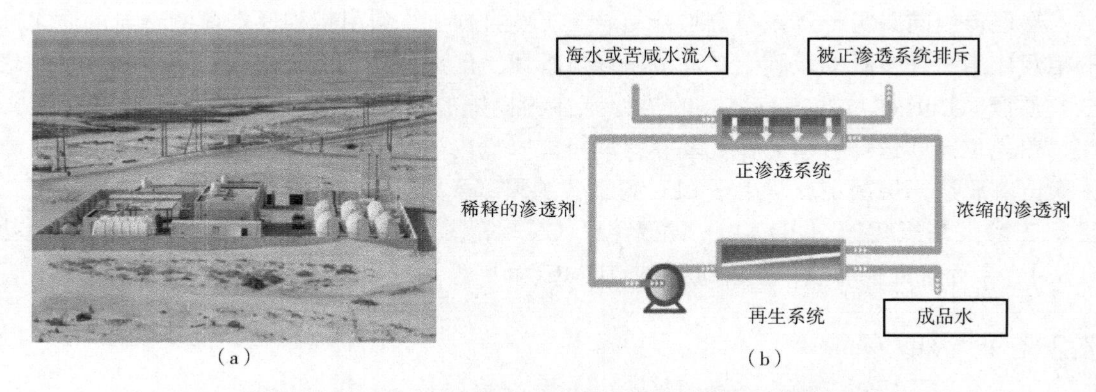

图 7-15　Al Najdah 海水淡化工厂及其正渗透水处理系统

7.2.4　膜蒸馏

7.2.4.1　分离原理

膜蒸馏（membrane distillation，MD）是将膜过程与普通蒸馏过程相结合的方法。膜蒸馏过程使用的是疏水性微孔薄膜，膜的一侧与温度较高的待处理料液直接接触（热侧），膜的另一侧为冷侧，膜两侧因温度不同而产生蒸汽压差，热侧水溶液中的水在膜表面汽化，水蒸气在蒸汽压差推动下穿过疏水膜进入冷侧冷凝为液体，实现组分分离、物质提纯的目的，如图 7-16 所示。

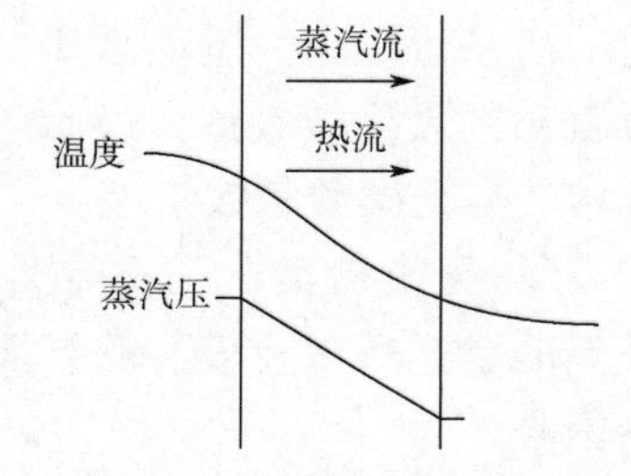

图 7-16　温度差和水蒸气压差推动的膜蒸馏原理

膜蒸馏技术的优点有：对料液中不挥发性溶质的截留率较高，接近 100%；操作温度低于传统的蒸馏，可利用低位能源如太阳能、地热、工业废热等；操作压力较低，对膜的力学性能要求低；可处理高浓度溶液。

7.2.4.2　工艺分类

（1）直接接触式

直接接触式膜蒸馏（DCMD）以膜两侧温差引起的水蒸气压差为过程推动力来进行传质，透过的水蒸气直接进入低温侧的溶液中进行冷凝。

（2）空气隙式

空气隙膜蒸馏（AGMD）又称为气隙式或间歇式膜蒸馏，透过侧的冷却介质与膜不直接接触，两者之间有一冷板相隔，膜与冷板间存在气隙，从膜孔透过气隙的蒸汽在冷板上冷凝而不进入冷却介质。

（3）真空膜蒸馏

真空膜蒸馏（VMD）是在产品侧抽真空形成低压从而实现分离目的的。透过侧用真空泵抽真空，以使膜两侧的蒸汽压差更大。真空膜蒸馏过程中，冷热界面间几乎没有导热介质，热效率很高。

（4）吹扫气膜蒸馏

吹扫气膜蒸馏（SGMD）是利用吹扫气带走蒸汽的过程。

四个工艺过程的示意图如图 7-17 所示。

7.2.4.3 膜材料

膜蒸馏技术主要用于水处理，因而膜材料需要具有良好的疏水性以保证水不会渗入到微孔内。此外，用于膜蒸馏的膜材料应满足多孔性的要求，以保证较高的通量。同时，膜蒸馏用膜材料还需要有足够的机械强度、好的热稳定性、化学稳定性以及较低的热导率，以保证膜的稳定运行并减小无效热传递。

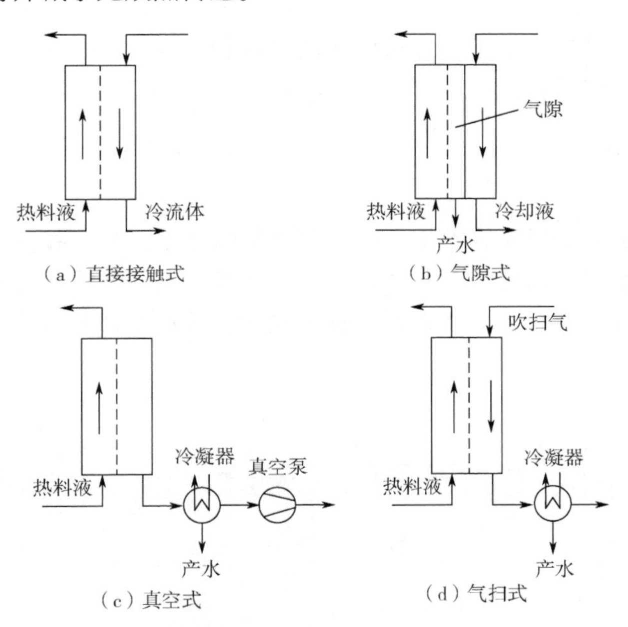

图 7-17　四种膜蒸馏工艺

有两种方式获得疏水膜：一是直接采用疏水性制膜材料制膜，例如聚四氟乙烯（PTFE）、聚乙烯（PE）、聚丙烯（PP）、聚偏氟乙烯（PVDF）等，从表面张力的大小来讲，它们的表面能很低，具有良好的疏水性；二是可以采用修饰的方法提高本体膜材料的疏水性，例如利用氟烷基链对膜材料进行氟化改性。

7.2.4.4 性能参数

（1）MD 膜的抗润湿性

膜的抗润湿性可以用水透过压（LPE）进行表征，其量化了液体克服表面张力并侵入膜孔所需的最小水压大小。

（2）截留率

膜蒸馏过程对不挥发或者难挥发溶质截留效果极佳，但实际上由于膜本身的某些缺陷或膜组件的密封性不理想等，膜的截留率达不到100%。

（3）水通量

影响水通量的因素有溶液浓度（或者浓度差）、温度、流动状态和膜结构等。热侧溶液浓度升高，水通量会逐渐下降；膜两侧温度差提高，水通量增加；流动状况改善，膜面两侧的浓度差会增大，水蒸气压差也相应增加，水通量增大。

膜结构对水通量的影响：膜孔径，增大膜孔径便可以增大有效扩散系数，提高膜蒸馏过程的水通量。但膜孔径太大时，水会渗入膜孔而使膜蒸馏过程无法进行。孔隙率，膜的孔隙率越大，水通量越大。膜厚度，膜越厚，水蒸气扩散路径越长，传质阻力就越大，膜蒸馏的水通量就越小。膜孔曲折因子，曲折因子大，水蒸气实际扩散的路径长，水通量便小。

（4）导热性

膜蒸馏过程是一个质量传递与热量传递同时进行的过程，膜的热传导在膜蒸馏过程中是一种无效热传递，应尽量减小。

7.2.4.5 工业应用

田瑞等构建了太阳能膜蒸馏系统，以太阳能为驱动力，利用高分子疏水性微孔膜提供较大的传质表面来实现水溶液汽化和传质的分离过程。根据传热学及相关理论建立了数学模型，并运用LabView软件对太阳能膜蒸馏系统进行了动态模拟与仿真。该系统装置图如图7-18所示。

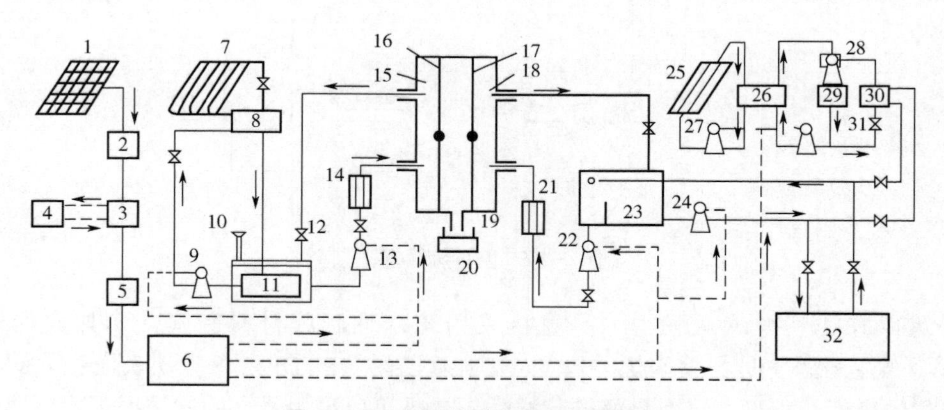

图7-18 太阳能膜蒸馏系统装置图

1—太阳能电池板；2—接线盒；3—控制器；4—蓄电池；5—直流、交流逆变器；6—配电箱；7—太阳能热水器；8—热水箱；9—换热器回水泵；10—电加热棒；11—盘管式换热器；12—阀门；13—热工质循环泵；14—流量计；15—热工质容腔；16—膜组件；17—冷壁；18—冷工质容腔；19—烧杯；20—电子天平；21—流量计；22—冷工质循环泵；23—冷水箱；24—冷凝泵；25—太阳能集热器；26—蓄热器；27—制冷系统循环泵；28—喷射器；29—冷凝器；30—蒸发器；31—膨胀阀；32—空气制冷机膜蒸馏技术与太阳能利用技术的有机结合，可以在我国淡水资源较缺乏的西部地区应用，即利用太阳能资源采用膜蒸馏技术净化苦咸水。从节约能源和保护环境的角度看，以太阳能为驱动力的膜蒸馏技术具有较好的发展前景和明显的科学价值。

燃煤火电厂脱硫废水成分较为复杂、pH 值较低，对管道和设备具有腐蚀性，其处理工艺一直是行业的热点和难点问题。膜蒸馏作为一种较为成熟的水处理技术，在此类应用中具有独特的优势。首先，燃煤电厂有大量余热可用，可以用来驱动膜蒸馏从而节省运行成本。其次，膜蒸馏设备的耐腐蚀较强，可以让设备在脱硫废水环境下稳定运行。图 7-19 是某燃煤电厂采用板式真空膜蒸馏技术处理脱硫废水[29]。脱硫废水 TDS 可从 40000 mg/L 浓缩至 200000mg/L 以上，浓缩液的量少于原液量的 1/5，大大降低了蒸发固化工艺段的蒸发量，从而减少了蒸发固化阶段的运行成本。

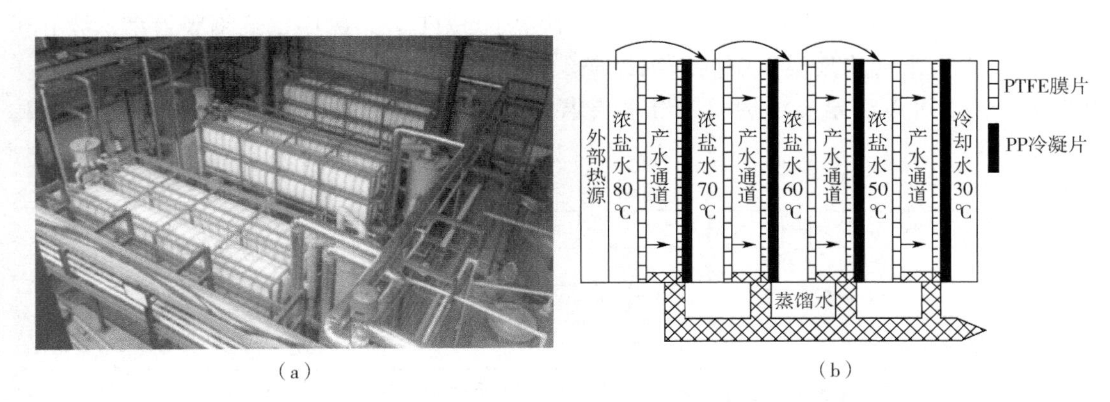

图 7-19　真空膜蒸馏技术工业化应用项目及流程示意图[29]

7.2.5　预处理技术

在对原水进行深度脱盐净化之前，需要对原水进行预处理，以满足反渗透膜、EDI 装置等进水水质要求。随着膜技术的发展，除早期的沉淀、砂滤等预处理措施外，微滤、超滤等膜技术在原水预处理中的应用也越来越受到人们的重视。

微滤是以微孔膜为过滤介质，以压力为驱动力，利用多孔膜的选择透过性实现直径在 0.1～10μm 之间的颗粒物、大分子及细菌等溶质与溶剂分离的过程。微滤膜的分离机理多为孔径筛分作用。此外，吸附、膜表面的化学性质对分离也有影响，操作压力大约为 0.01～0.2MPa。而超滤膜的孔径一般在 1～100nm，截留溶质的分子量大约为 10^3～10^6，能够截留大分子物质、蛋白质、病毒等。其分离机理主要也是筛分作用，操作压力大约为 0.1～0.6MPa。

内蒙古大唐国际托克托发电有限责任公司锅炉补给水处理站，一期锅炉补给水采用反渗透技术与离子交换技术结合的水净化系统，其制水工艺流程如图 7-20 所示[30]。

机组调试由地下水更换为黄河水后，原水水质下降，原水预处理不能达到反渗透膜的进水水质要求。经过详细调研与论证，决定在反渗透前面增加超滤设备来加强对反渗透入口水的预处理。改造后的锅炉补给水净化工艺流程如图 7-21 所示。

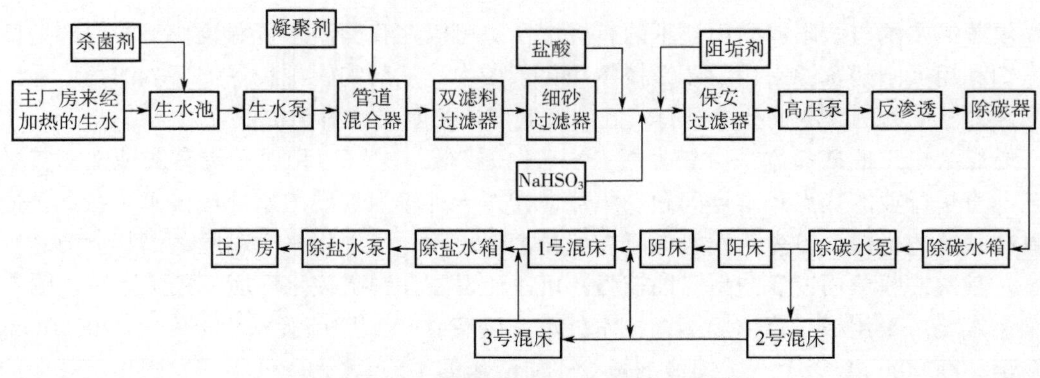

图 7-20　一期锅炉补给水净化工艺流程[30]

增加的超滤装置中超滤膜元件采用的是荷兰 NORIT 公司的中空纤维膜管束，膜孔径为 20nm，由亲水性的聚醚砜中空纤维组成。超滤产水的 SDI 小于 2。加装超滤装置后，预处理的原水可以满足反渗透膜的进水要求，实现了锅炉补给水处理站设备长期安全稳定运行。

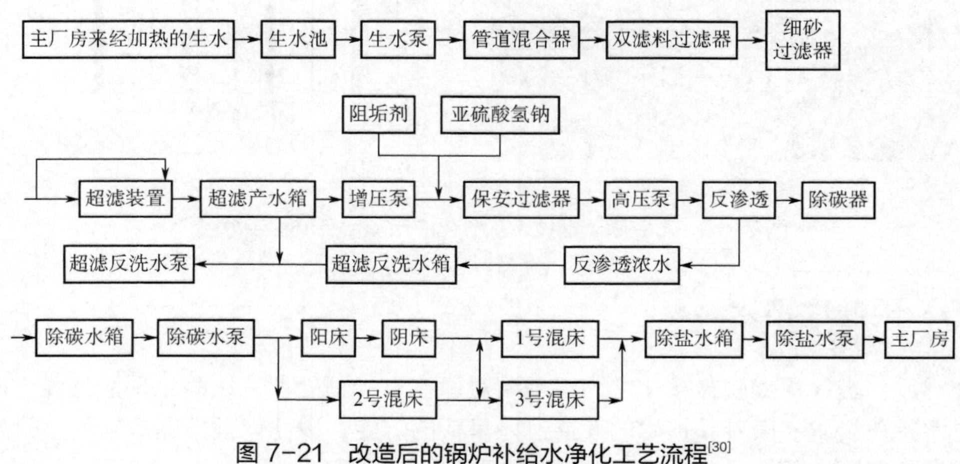

图 7-21　改造后的锅炉补给水净化工艺流程[30]

7.3 应用

7.3.1　电子工业用水

电子和半导体工业生产过程中需要用到大量的高纯水、超纯水清洗半成品、成品，纯水水质已成为影响电子元器件产品质量、生产成品率及生产成本的重要因素之一。不同的电子元器件生产中纯水的用途及对水质的要求也不同。

我国在 2013 年底发布了第二次修订后的电子级水国家标准 GB/T 11446.1—2013，对四级电子级水的电阻率、微粒、细菌、金属离子、阴离子等各种指标进行了详细的规定，如表 7-3 所示。

表 7-3　电子级水技术指标（GB/T 11446.1—2013）

项目		技术指标			
		EW-Ⅰ	EW-Ⅱ	EW-Ⅲ	EW-Ⅳ
电阻率（25℃）/MΩ·cm		≥18 （5%时间不低于 17）	≥15 （5%时间不低于 13）	≥12.0	≥0.5
全硅/（μg/L）		≤2	≤10	≤50	≤1000
微粒数/（个/L）	0.05～0.1μm	500	—	—	—
	0.1～0.2μm	300	—	—	—
	0.2～0.3μm	50	—	—	—
	0.3～0.5μm	20	—	—	—
	＞0.5μm	4	—	—	—
细菌个数/（个/mL）		≤0.01	≤0.1	≤10	≤100
铜/（μg/L）		≤0.2	≤1	≤2	≤500
锌/（μg/L）		≤0.2	≤1	≤5	≤500
镍/（μg/L）		≤0.1	≤1	≤2	≤500
钠/（μg/L）		≤0.5	≤2	≤5	≤1000
钾/（μg/L）		≤0.5	≤2	≤5	≤500
铁/（μg/L）		≤0.1	—	—	—
铅/（μg/L）		≤0.1	—	—	—
氟/（μg/L）		≤1	—	—	—
氯/（μg/L）		≤1	≤1	≤10	≤1000
亚硝酸根/（μg/L）		≤1	—	—	—
溴/（μg/L）		≤1	—	—	—
硝酸根/（μg/L）		≤1	≤1	≤5	≤500
磷酸根/（μg/L）		≤1	≤1	≤5	≤500
硫酸根/（μg/L）		≤1	≤1	≤5	≤500
总有机碳/（μg/L）		≤20	≤100	≤200	≤1000

某微电子工厂的纯水站中大量使用了膜技术[31]：前级 UF 用于去除水中的悬油物、胶体及有机物，降低水的 SDI 值，确保反渗透系统安全运行，UF 组件为美国 Romicon 公司生产的内压式中空纤维膜，型号为 HF-BZ-20-PM80，膜材料为聚砜（PS）。一级 RO 有 4 组，均为二段，膜容器由玻璃钢制成，浓水排放，水回收率为 75%，脱盐率＞90%，流程如图 7-22 所示；膜元件为美国海德能公司生产的卷式芳香聚酰胺复合膜，型号为 800LHY-CPA3。二级 RO 为一组三段，浓水排至超滤水箱，水回收率为 90%，脱

盐率＞70%。后级 UF 是用于去除水中微粒、微生物、胶体、有机物等的终端过滤设备。此外，该系统中 UF、RO 前以及 UV 杀菌、离子交换后的保安过滤器采用的是微滤膜组件。

7.3.2 医药工业用水

中国药典中收载的制药用水因其使用的范围不同而分为纯化水、注射用水及灭菌注射用水。对于制药用水的生产，与传统的蒸馏法相比，基于膜技术的反渗透法、电去离子(EDI) 技术等新工艺具有明显的优越性和先进性，如表 7-4 所示。

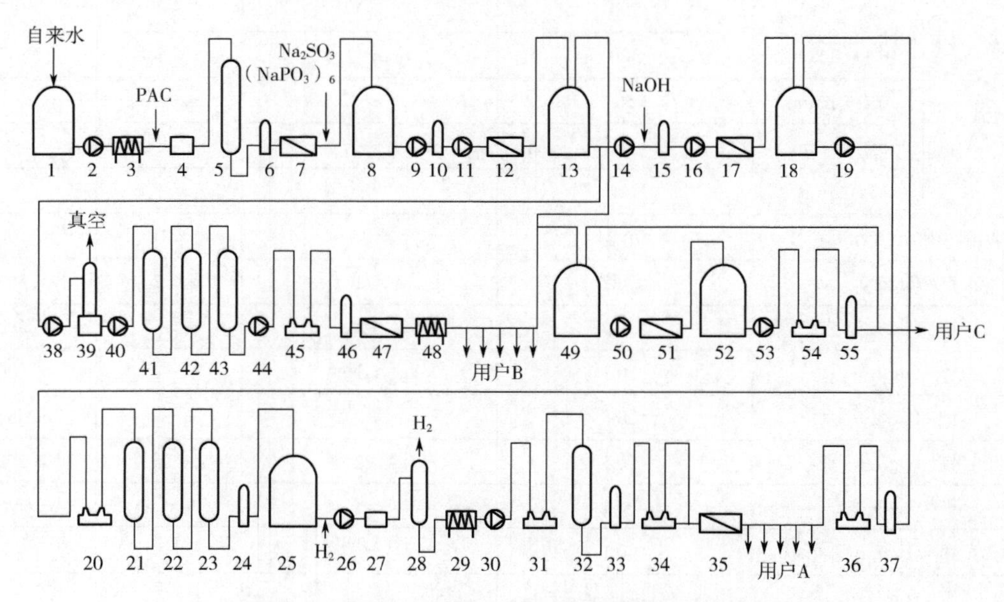

图 7-22 某微电子工厂中纯水制造系统的工艺流程[31]

1，8，13，18，25，49，52—水箱；2，9，14，19，26，30，38，40，44，50，53—泵；3，29，48—热交换器；4，27—混流器；5—石英砂过滤器；6，10—5μm 过滤器；7，35，47，51—UF；11，16—高压泵；12——级 RO；15—3μm 过滤器；17—二级 RO；20，34—UV（去除 TOC）；21～23，41～43—混床；24，33，37—1μm 过滤器；28—催化脱气塔；31，36，45，54—UV 杀菌器；32-抛光混床；39—真空脱气塔；46—0.45μm 过滤器；55—0.2μm 过路器

表 7-4 纯化水、注射用水及灭菌注射用水的要求

名称	纯化水	注射用水	灭菌注射用水
制备方法	饮用水经蒸馏法、离子交换法、反渗透法或其他适宜方法制得的制药用水	纯化水经蒸馏制得的制药用水	注射用水按照注射剂生产工艺制备所得
pH 值	4.4～7.6	5.0～7.0	5.0～7.0
硝酸盐	≤0.06μg/mL		
亚硝酸盐	≤0.02μg/mL		

续表

名称	纯化水	注射用水	灭菌注射用水
氯化物	—	—	取本品 50mL 置试管中，加硝酸 5 滴与硝酸银试液 1mL，不得发生浑浊
硫酸盐	—	—	取本品 50mL 置试管中，加氯化钡试液 5mL，不得发生浑浊
铵盐	—	—	取本品 50mL 置试管中，加草酸铵试液 2mL，不得发生浑浊
二氧化碳	—	—	取本品 25mL 置 50mL 具塞量筒中，加氢氧化钙试液 25mL，密塞振摇，放置，1h 内不得发生浑浊
氨	≤0.3μg/mL	≤0.2μg/mL	≤0.2μg/mL
电导率（25℃）	≤5.1μS/cm	≤1.3μS/cm	*
总有机碳	≤0.50mg/L（≤500×10^{-9}）		
不挥发物	≤10mg/L		
重金属	≤0.1μg/mL		
细菌内毒素	—	<0.25Eu/mL	<0.25Eu/mL
微生物	采用薄膜过滤法处理后，≤100CFU/mL	采用薄膜过滤法处理后，≤10CFU/mL	依照无菌检测法不得有细菌检出

*电导率 25℃时，使用离线电导率仪检测，标示装量不大于 10mL 时，电导率不大于 25μS/cm；标示装量大于 10mL 时，电导率不大于 5μS/cm。

深圳市科瑞环保设备有限公司的 500L 纯化水设备 Sendary-PWMCSDRO-3t/h，可获得持续、稳定符合药典要求的纯化水，如图 7-23 所示；融入人机工程学设计，操作高度符合国人平均身高，方便操作及点检；模块化安装，结构紧凑，占地面积小，操作维护简单方便；设备采用双级反渗透和 EDI 工艺，产水水质符合《中华人民共和国药典（2020 年版）》“纯化水”标准和 YY/T 1244—2014《体外诊断试剂用纯化水》标准；设计原水使用市政自来水，电导率≤300μS/cm。工艺流程中，多介质过滤器利用不同粒径大小的石英砂组成几个过滤层，滤除原水中的细小颗粒、悬浮物、胶体等杂质；软化器采用钠型阳离子交换树脂，降低原水硬度防止反渗透膜表面结垢，影响反渗透膜的使用性能，软化树脂的更换周期一般 1~2 年一次；活性炭过滤器用于吸附原水中的有机物、氧化剂，去除水中色素、异味。保安过滤器用于去除水中≥5μm 的悬浮物、颗粒物，滤芯更换周期一般 1 个月一次；双级反渗透系统用于除盐，一级 RO 的产水电导率≤10μS/cm，二级 RO 的产水电导率≤2μS/cm。反渗透膜采用常温耐化学消毒的 RO 膜，二级反渗透浓水回原水罐循环利用，节约水源。RO 膜的更换周期一般 2～4 年一次。EDI 系统用于进一步深度除盐，产水电导率≤0.1μS/cm。EDI 浓水回原水罐循环利用，节约水源。EDI 的更换周期一般 3~5 年一次。

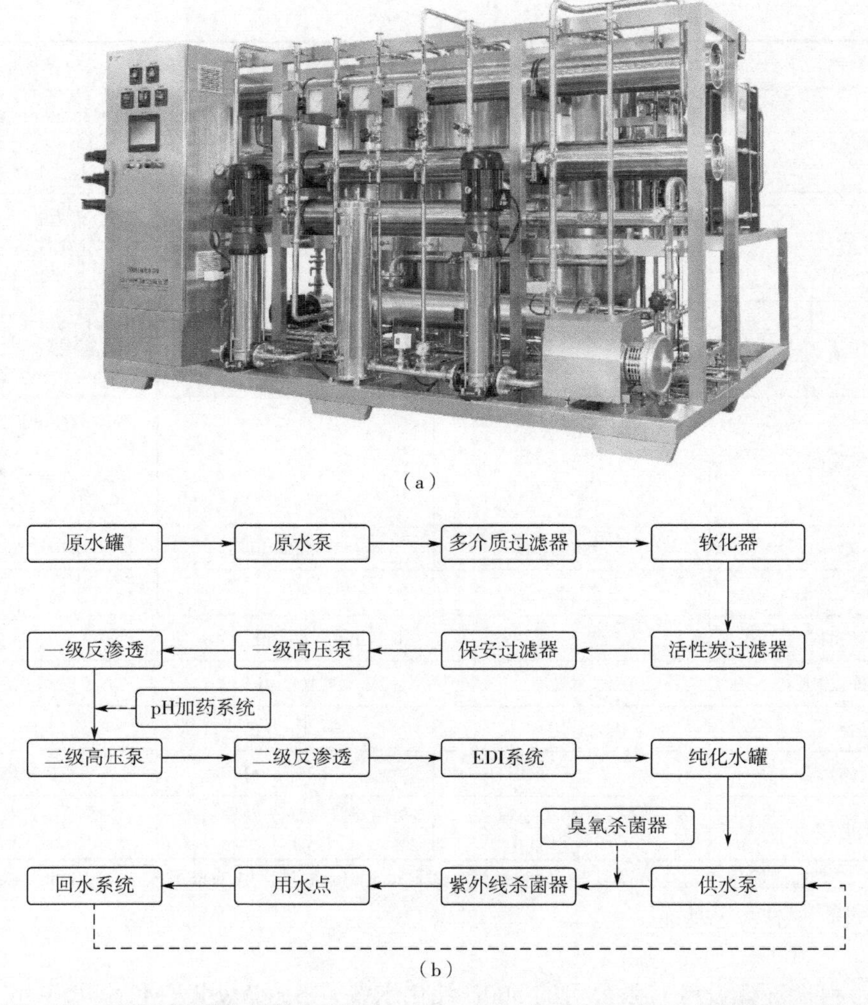

图 7-23　科瑞环保设备有限公司的 Sendary-PWMCSDRO-3t/h 设备及工艺流程

7.3.3　锅炉补给水

动力工业中需要用到大量的超纯水，随着工业技术的发展，大容量的高压、超高压和亚临界蒸汽锅炉不断出现，对锅炉的水汽质量提出了更高的要求。我国在 2018 年修订了工业锅炉水质国家标准（GB/T 1576—2018），如表 7-5 所示。

表 7-5　锅外以及锅内水处理的自然循环蒸汽锅炉和汽水两用锅炉水质标准（GB/T 1576—2018）

<table>
<tr><td rowspan="2">水样</td><td>额定蒸汽压力/MPa</td><td colspan="2">$p\leqslant1.0$</td><td colspan="2">$1.0<p\leqslant1.6$</td><td colspan="2">$1.6<p\leqslant2.5$</td><td colspan="2">$2.5<p<3.8$</td></tr>
<tr><td>补给水类型</td><td>软化水</td><td>除盐水</td><td>软化水</td><td>除盐水</td><td>软化水</td><td>除盐水</td><td>软化水</td><td>除盐水</td></tr>
<tr><td rowspan="2">给水</td><td>浊度/FTU</td><td colspan="8">≤5.0</td></tr>
<tr><td>硬度/（mmol/L）</td><td colspan="6">≤0.03</td><td colspan="2">$\leqslant5\times10^{-2}$</td></tr>
</table>

续表

水样	额定蒸汽压力/MPa		p≤1.0		1.0＜p≤1.6		1.6＜p≤2.5		2.5＜p＜3.8	
	补给水类型		软化水	除盐水	软化水	除盐水	软化水	除盐水	软化水	除盐水
给水	pH（25℃）		7.0～10.5	8.5～10.5	7.0～10.5	8.5～10.5	7.0～10.5	8.5～10.5	7.5～10.5	8.5～10.5
	电导率（25℃）/（μS/cm）		—		≤5.5×10^2	≤1.1×10^2	≤5.0×10^2	≤1.0×10^2	≤3.5×10^2	≤80.0
	溶解氧[a]/（mg/L）		≤0.10			≤0.050				
	油/（mg/L）		≤2.0							
	铁/（mg/L）		≤0.30				≤0.10			
锅水	全碱度[b]/（mmol/L）	无过热器	4.0～26.0	≤26.0	4.0～24.0	≤24.0	4.0～16.0	≤16.0	≤12.0	
		有过热器	—		≤14.0		≤12.0			
	酚酞碱度/（mmol/L）	无过热器	2.0～18.0	≤18.0	2.0～16.0	≤16.0	2.0～12.0	≤12.0	≤10.0	
		有过热器	—		≤10.0					
	pH（25℃）		10.0～12.0				9.0～12.0		9.0～11.0	
	电导率（25℃）/（μS/cm）	无过热器	≤6.4×10^3		≤5.6×10^3		≤4.8×10^3		≤4.0×10^3	
		有过热器	—	—	≤4.8×10^3		≤4.0×10^3		≤3.2×10^3	
	溶解固形物/（mg/L）	无过热器	≤4.0×10^3		≤3.5×10^3		≤3.0×10^3		≤2.5×10^3	
		有过热器	—		≤3.0×10^3		≤2.5×10^3		≤2.0×10^3	
	磷酸根/（mg/L）		—	10～30					5～20	
	亚硫酸根/（mg/L）		—		10～30				5～10	
	相对碱度		＜0.2							

a 对于供汽轮机用汽的锅炉给水溶解氧应小于或等于0.050mg/L。

b 对蒸汽质量要求不高，并且无过热器的锅炉，锅水全碱度上限值可适当放宽，但放宽后锅水的pH（25℃）不应超过上限。

注：1.对于额定蒸发量小于或等于4t/h，且额定蒸汽压力小于或等于1.0MPa的锅炉，电导率和溶解固形物指标可执行表7-6。

2.额定蒸汽压力小于或等于2.5MPa的蒸汽锅炉，补给水采用除盐处理，且给水电导率小于10μS/cm的，可控制锅水pH值（25℃）下限不低于9.0、磷酸根下限不低于5mg/L。

表7-6 采用锅内水处理的自然循环蒸汽锅炉和汽水两用锅炉水质

水样	项目	标准值
给水	浊度/FTU	≤20.0
	硬度/（mmol/L）	≤4
	pH（25℃）	7.0～10.5
	油/（mg/L）	≤2.0
	铁/（mg/L）	≤0.30

续表

水样	项目	标准值
锅水	全碱度/（mmol/L）	8.0～26.0
	酚酞碱度/（mmol/L）	6.0～18.0
	pH（25℃）	10.0～12.0
	电导率（25℃）/（μS/cm）	≤8.0×10^3
	溶解固形物/（mg/L）	≤5.0×10^3
	磷酸根/（mg/L）	10～50

传统的锅炉补给水处理工艺一般使用离子交换技术，该技术需要消耗大量酸碱药剂使离子交换树脂再生，产生的废液可能会污染环境。最新的锅炉补给水处理工艺是随着膜法处理技术的发展而产生的，其预处理部分采用微滤或超滤代替了部分传统的机械过滤方法，预处理后的原水进一步使用反渗透技术、EDI 技术等进行深度处理，获得符合标准的锅炉补给水。

甘肃省嘉峪关市某工业园区需要对悬浮焙烧炉余热锅炉提供补给水，其原水为工业园区自来水。通过对进水水质及产水要求进行分析，采用全膜法水处理工艺（超滤-二级反渗透-电去离子技术）获得锅炉补给水，其工艺流程如图 7-24 所示[32]。

工程设计规模为 $25m^3/h$。超滤装置采用 UOF 系列聚偏氯乙烯中空纤维组件，过滤孔径为 30nm，主要作用是截留原水中的悬浮物、胶体、蛋白质和微生物等大分子物质。处理工艺采用了两级反渗透，一级反渗透承担主要的脱盐任务，二级反渗透进一步提高并稳定水质，使出水满足 EDI 的进水条件。EDI 模块选用 GE 产品，型号为 E-cLL3X。二级反渗透系统的 90% 出水进入 EDI 装置的进水管路，经 EDI 除盐后进入除盐水箱。此外，部分二级反渗透出水进入 EDI 装置浓水和极水管路，带出分离的离子并降低极水区温度。系统出水符合 GB/T 12145—2016 锅炉补给水水质质量标准。

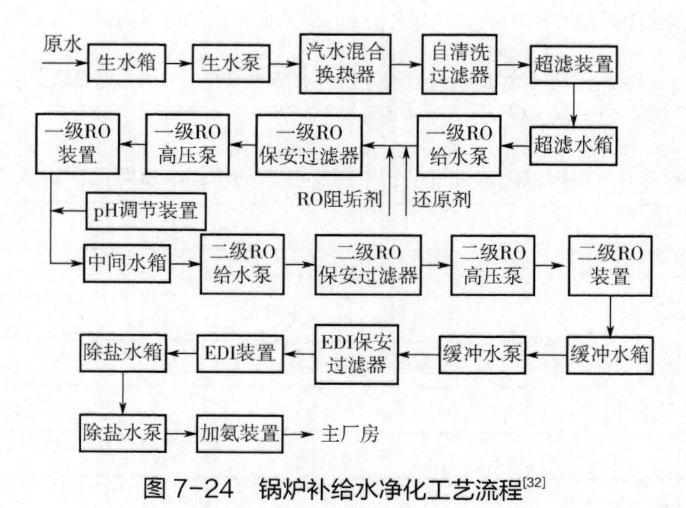

图 7-24　锅炉补给水净化工艺流程[32]

7.3.4 直饮水及食品工业用水

水是生命之源，饮用水安全问题直接关系到广大人民群众的身体健康。饮用水要达到一定的标准才能使用，我国在 2006 年修订了生活饮用水卫生标准（GB 5749—2006），如表 7-7 所示。获取饮用水的水源包括地下水、河水、湖水乃至于海水，我们需要去除这些原水中的细菌、杂质、微生物和盐类等，获得符合标准的饮用水。

表 7-7　水质常规指标及限值（GB 5749—2006）

指　　标	限　　值
1. 微生物指标[a]	
总大肠菌群/（MPN/100mL 或 CFU/100mL）	不得检出
耐热大肠菌群/（MPN/100mL 或 CFU/100mL）	不得检出
大肠埃希氏菌/（MPN/100mL 或 CFU/100mL）	不得检出
菌落总数/（CFU/mL）	100
2. 毒理指标	
砷/（mg/L）	0.01
镉/（mg/L）	0.005
铬（六价）/（mg/L）	0.05
铅/（mg/L）	0.01
汞/（mg/L）	0.001
硒/（mg/L）	0.01
氰化物/（mg/L）	0.05
氟化物/（mg/L）	1.0
硝酸盐（以 N 计）/（mg/L）	10 地下水源限制时为 20
三氯甲烷/（mg/L）	0.06
四氯化碳/（mg/L）	0.002
溴酸盐（使用臭氧时）/（mg/L）	0.01
甲醛（使用臭氧时）/（mg/L）	0.9
亚氯酸盐（使用二氧化氯消毒时）/（mg/L）	0.7
氯酸盐（使用复合二氧化氯消毒时）/（mg/L）	0.7
3. 感官性状和一般化学指标	
色度（铂钴色度单位）	15
浑浊度（散射浑浊度单位）/NTU	1 水源与净水技术条件限制时为 3
臭和味	无异臭、异味
肉眼可见物	无
pH	不小于 6.5 且不大于 8.5

续表

指　标	限　值
铝/（mg/L）	0.2
铁/（mg/L）	0.3
锰/（mg/L）	0.1
铜/（mg/L）	1.0
锌/（mg/L）	1.0
氯化物/（mg/L）	250
硫酸盐/（mg/L）	250
溶解性总固体/（mg/L）	1000
总硬度（以 $CaCO_3$ 计）/（mg/L）	450
耗氧量（COD_{Mn} 法，以 O_2 计）/（mg/L）	3 水源限制，原水耗氧量＞6mg/L 时为 5
挥发酚类（以苯酚计）/（mg/L）	0.002
阴离子合成洗涤剂/（mg/L）	0.3
4. 放射性指标[b]	指导值
总 α 放射性/（Bq/L）	0.5
总 β 放射性/（Bq/L）	1

a MPN 表示最可能数；CFU 表示菌落形成单位。当水样检出总大肠菌群时，应进一步检验大肠埃希氏菌或耐热大肠菌群；水样未检出总大肠菌群，不必检验大肠埃希氏菌或耐热大肠菌群。

b 放射性指标超过指导值，应进行核素分析和评价，判定能否饮用。

山东铝矿业公司生活饮用水处理站设计采用频繁倒极电渗析水处理工艺对原水进行纯化处理[33]，如图 7-25 所示。为保证电渗析器对原水的脱盐率达到 70%，设计采用三级三段 DS3×3-300 型电渗析器 2 台。正常情况下 2 台低负荷运行，保证最大用水量；一台需清洗维修时，另一台高负荷运行可保证 75%最大用水量。该电渗析器最大脱盐率达 79.75%，可保证出水水质符合生活饮用水水质。

7.3.5 实验室科研用水

在实验室中，各种实验过程、分析测试都要用到不同规格的纯水。实验室纯水标准可参照我国分析实验室用水规格和试验方法国家标准 GB/T 6682—2008，将实验室用水划分为三个等级，如表 7-8 所示。一级水用于有严格要求的分析试验，包括对颗粒有要求的试验，如高效液相色谱分析用水、标准溶液配制、微量元素分析等。二级水用于无机痕量分析等试验，如原子吸收光谱分析用水等。三级水用于一般化学分析试验。

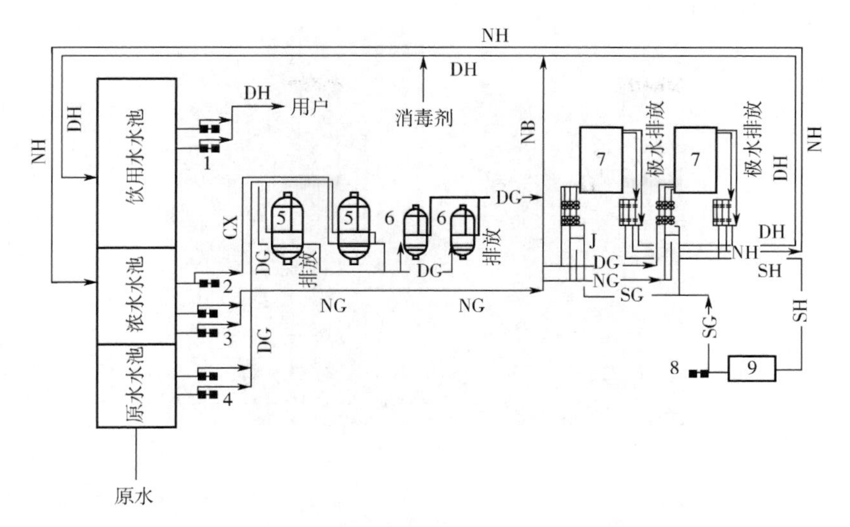

图 7-25　山东铝矿业公司饮用水处理工艺流程[33]

1—饮用水供水泵；2—过滤器反冲洗水泵；3—浓水循环泵；4—原水泵；5—除铁过滤器；6—精密过滤器；7—电渗析器；8—酸洗泵；9—酸洗槽；DG—淡水管；DH—脱盐水管；NG—浓水供水管；NH—浓水回水管；NB—浓水补充水管；SG—酸洗供水管；SH—酸洗水管；CX—过滤器冲洗水管；J—电渗析器极水进水管

表 7-8　实验室用水规格（GB/T 6682—2008）

名称	一级	二级	三级
pH 值范围（25℃）	—	—	5.0～7.5
电导率（25℃）/（mS/m）	≤0.01	≤0.10	≤0.50
可氧化物质含量（以 O 计）/（mg/L）	—	≤0.08	≤0.4
吸光度（254nm，1cm 光程）	≤0.001	≤0.01	—
蒸发残渣（105℃±2℃）含量/（mg/L）	—	≤1.0	≤2.0
可溶性硅（以 SiO_2 计）含量/（mg/L）	≤0.01	≤0.02	—

注：1.由于在一级水、二级水的纯度下，难于测定其真实的 pH 值，因此，对一级水、二级水的 pH 值范围不做规定。

2.由于在一级水的纯度下，难于测定可氧化物质和蒸发残渣，对其限量不做规定，可用其他条件和制备方法来保证一级水的质量。

西门子纯水超纯水一体机 Ultra Clear™ TWF 是一种实验室用小型纯水设备，该设备原水采用市政自来水，内置反渗透系统，节水回收率大于 30%。去离子模块对反渗透产水进一步净化，产水电导率小于 2μS/cm，TOC 值$(5\sim10)\times10^{-9}$或$<1\times10^{-9}$，细菌数＜1CFU/mL，颗粒数（＞0.1μm）＜1/mL，热源＜0.001EU/mL，如图 7-26 所示。

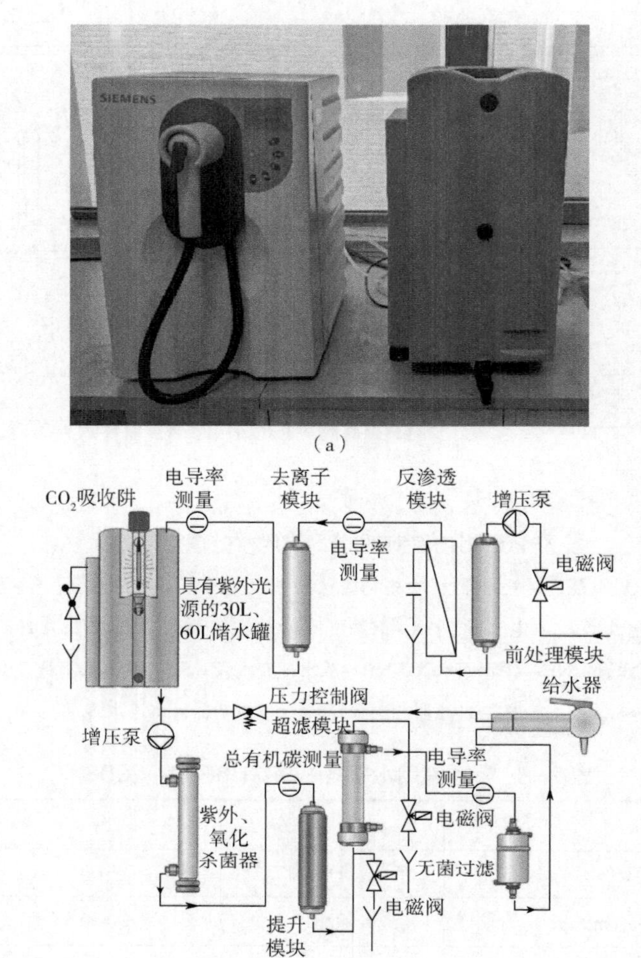

图 7-26 西门子纯水超纯水一体机 Ultra Clear™ TWF

参考文献

[1] Yamanaka K，Ultra pure water and functionalized ultra pure water [J]. Bunseki Kagaku，2010，59（4）：265-272.

[2] 方芳，徐志刚.超净高纯水的制备 [J]. 精细与专用化学品，2005（23）：23，24，27.

[3] 王冬云，李清雪，李福勤.ED-EDI 工艺制备高纯水的研究 [J]. 水处理技术，2004（03）：162，163，181.

[4] 张菊青，靳玉川，王小敏.反渗透膜在高纯水制备中的应用 [J]. 氯碱工业，2008（02）：41，42.

[5] 刘小平，傅晓萍，李本高.除盐水制备技术进展 [J]. 工业水处理，2008（04）：6-9.

[6] 郭婷婷.谈离子交换树脂在纯水制备方面的应用 [J]. 环境与发展，2017，29（10）：112，114.

[7] 张晓滨.离子交换树脂在纯水制备方面的应用 [J]. 化学工程师，2012，26（07）：73，74.

[8] Ankoliya D，Mehta B，Raval H.Advances in surface modification techniques of reverse osmosis membrane over the years [J]. Separation Science and Technology，2019，54（3）：293-310.

[9] Saleem H，Zaidi S J.Nanoparticles in reverse osmosis membranes for desalination：A state of the art review [J]. Desalination，2020，475（6043）：114171.

[10] Yang Z，Zhou Y，Feng Z Y，et al. A review on reverse osmosis and nanofiltration membranes for water purification

[J]. Polymers，2019，11（8）：1252.

[11] Zhao D L，Japip S，Zhang Y，et al. Emerging thin-film nanocomposite（TFN）membranes for reverse osmosis：A review [J]. Water Research，2020，173：115557.

[12] Cizek J，Cvejn P，Marek J，et al. Desalination performance assessment of scalable，multi-stack ready shock electrodialysis unit utilizing anion-exchange membranes [J]. Membranes，2020，10（11）：347.

[13] Jande Y A C，Kim W S.Integrating reverse electrodialysis with constant current operating capacitive deionization [J]. Journal of Environmental Management，2014，146：463-469.

[14] Turek M，Mitko K，Bandura-Zalska B，et al. Ultra-pure water production by integrated electrodialysis-ion exchange/electrodeionization [J]. Membrane and Water Treatment，2013，4（4）：237-249.

[15] Arar O，Yuksel U，Kabay N，et al. Various applications of electrodeionization（EDI）method for water treatment-A short review [J]. Desalination，2014，342：16-22.

[16] Hakim A N，Khoiruddin K，Ariono D，et al. Ionic separation in electrodeionization system：Mass transfer mechanism and factor affecting separation performance [J]. Separation and Purification Reviews，2020，49（4）：294-316.

[17] Rathi B S，Kumar P S.Electrodeionization theory，mechanism and environmental applications. A review [J]. Environmental Chemistry Letters，2020，18（4）：1209-1227.

[18] Su Y L，Wang J Y，Fu L.Pure water production from aqueous solution containing low concentration hardness ions by electrodeionization [J]. Desalination and Water Treatment，2010，22（1-3）：9-16.

[19] Liu J，Yuan J S，Ji Z Y，et al. Concentrating brine from seawater desalination process by nanofiltration-electrodialysis integrated membrane technology [J]. Desalination，2016，390：53-61.

[20] Su B W，Wu T，Li Z C，et al，Pilot study of seawater nanofiltration softening technology based on integrated membrane system [J]. Desalination，2015，368：193-201.

[21] 熊金华.全膜法水处理工艺的应用 [J]. 资源节约与环保，2020（06）：84.

[22] 张欣.电厂锅炉补给水处理系统全膜工艺调试以及全自动控制方式 [J]. 清洗世界，2020，36（07）：4-6.

[23] 王令兆，王读福，管廷江，等.锅炉给水处理全膜法工艺的研究 [J]. 山东化工，2018，47（09）：184-186.

[24] 张菊青，靳玉川，王小敏.反渗透膜在高纯水制备中的应用 [J]. 氯碱工业，2008（02）：41，42.

[25] 李文云.二级反渗透技术的应用 [J]. 机电信息，2015（05）：18-21.

[26] 张维润，等.电渗析工程学[M].北京：科学出版社，1995.

[27] http：//www.astom-corp.jp/en/product/04.html.

[28] https：//shiqiangzou.com/fo/.

[29] 高永钢，史志伟.膜蒸馏在火电厂脱硫废水零排工艺中的技术经济分析 [J]. 华电技术，2020，42（03）：25-30.

[30] 韩志远，郭包生，张志国，等.8×600MW 火电机组化学水系统设计优化探讨 [J]. 华北电力技术，2009（S1）：92-96.

[31] 顾久传.膜技术在电子工业纯水制造中的应用 [J]. 净水技术，1998（03）：24-28.

[32] 常莺娜，梁宗俊，王红燕.全膜法在西北地区制备锅炉补给水工程实例 [J]. 水处理技术，2019，45（01）：128-130，133.

[33] 梁轩平.浓水循环频繁倒极电渗析工艺应用实例 [J]. 工业水处理，2004（07）：71-73.

第 8 章

膜技术在气体分离中的应用

气体分离技术[1-5]是现代工业最重要的核心技术之一，在石油化工，空气分离，烟道气中轻烃、二氧化碳的回收等工业过程中发挥着重要的作用。气体分离技术主要包括深冷分离、吸附分离、溶剂吸收分离、变压吸附分离和膜分离等。

深冷分离是利用气体液化后的沸点差进行蒸馏而将不同的气体分离，适用于大规模气体分离过程；吸附分离是利用吸附剂对气体吸附量、吸附速率的差异而进行分离的；溶剂吸收法是利用不同气体在液体吸收剂中溶解度的不同而实现气体混合物的分离，可分为物理吸收法和化学吸收法；变压吸附分离是利用气体混合物中各组分在吸附剂上的吸附容量随着压力变化出现差异的特性——高压下选择性吸附，低压下解析而进行分离的；膜分离技术是根据混合气体中各组分在化学势梯度驱动下透过膜的传递速率不同，从而达到分离目的的一种技术。膜分离的主要优点有能耗低、设备简单和系统紧凑、操作方便、运行可靠性高、成本和操作费用均较低等。本章中主要介绍膜分离技术及其在气体分离中的应用。

8.1 分离原理

气体分离膜按照膜的结构可以分为多孔膜和非多孔膜。多孔膜与非多孔膜的界限并不十分分明，通常认为如果气体透过膜时主要受孔道大小的影响，该类膜即为多孔膜，如图 8-1 所示；而如果气体主要通过高分子链热运动间隙透过膜，则该类膜为非多孔膜。

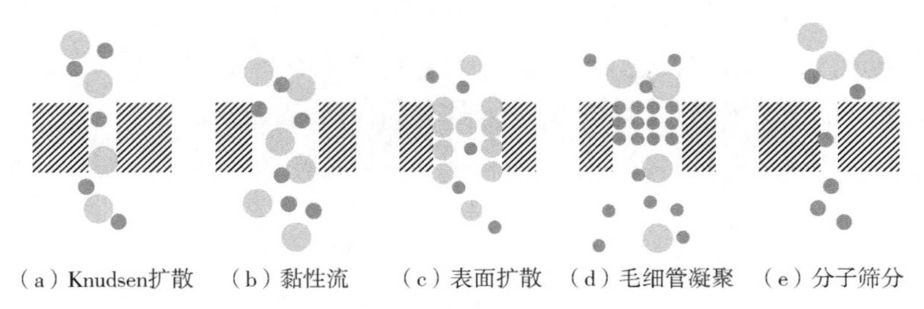

图 8-1　多孔膜气体分离原理

8.1.1　多孔膜

（1）分子流（Knudsen 扩散）

Knudsen 扩散是一种选择性传输机制。气体分子在膜孔内移动，受分子平均自由程（λ）与孔径（γ）的影响。如果孔径足够小或者气体压力很低，$\lambda/\gamma<<1$，孔内分子流动受分子与孔壁之间碰撞作用的支配，称为分子流或 Knudsen 扩散。Knudsen 扩散机制下，膜的扩散通量与气体分子的分子量成反比，其分离因数为被分离的气体分子量之比的平方根。因此，只有对分子量相差大的气体有明显的透过速率差。

（2）黏性流

如果分子平均自由程（λ）与孔径（γ）之比，即 $\lambda/\gamma>>1$，孔内分子流动受分子之间碰撞作用的支配，为黏性流动。在黏性流动存在时，依据 Hargen-Poiseuille 定律，膜的扩散通量与黏度成反比。

（3）表面扩散

气体透过膜孔时，如果分子吸附在孔壁上，那么浓度梯度使分子沿固体表面移动，产生表面扩散流。通常沸点低或临界温度高的气体更易被孔壁吸附，产生表面扩散，被吸附的组分比不被吸附的组分扩散得快，引起渗透率的差异，从而达到分离的目的。

（4）毛细管凝聚

在较低温度或较高压力下，凝聚性气体有选择性地在膜孔中冷凝，冷凝后的液体通过扩散穿过膜孔，同时冷凝的液体也阻碍其他分子通过膜，从而达到对待分离组分的分离。

（5）分子筛分

如果膜孔径介于待分离气体的分子动力学直径之间，那么可以利用膜孔径的尺寸效应实现气体的分离；直径小的分子可以通过膜孔，而直径大的分子被阻挡。无极膜分离过程常表现出分子筛分机理。

8.1.2　非多孔膜

8.1.2.1　橡胶态聚合物和玻璃态聚合物

当高聚物熔体冷至低于熔融温度 T_m 时，有可能发生两种情况：成为过冷熔体（或橡胶态）或结晶。构成气体分离膜的高分子膜材料分子对称性通常较低，富含侧链基团，冷却过程中一般形成橡胶态。当温度再下降到玻璃化温度 T_g 时，由于自由体积太小，使高分子链段运动受阻而“冻结”时，便转变为玻璃态（图 8-2）。从橡胶态到玻璃态的转化过程，会有一些没松弛下来的体积保留在这些聚合物材料中，在玻璃态气体分离膜中形成微腔型结构。这也造成了热膨胀系数在玻璃化温度 T_g 上下的差别。

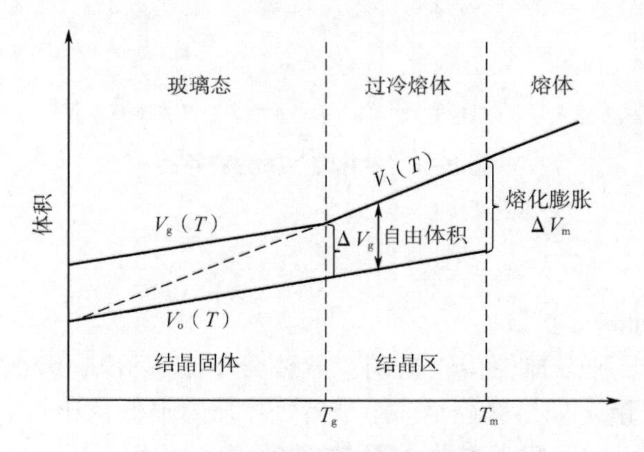

图 8-2 高聚物体积与温度的关系

V_g—玻璃态体积；V_o—结晶固体体积；V_l—过冷熔体体积；V_m—熔体体积

8.1.2.2 溶解扩散机理

气体在非多孔膜（包括均质膜、非对称膜、复合膜）中的扩散是以浓度梯度为推动力的。溶解扩散机理是认可度最高、应用最多的透过机理[5, 6]，如图 8-3 所示。

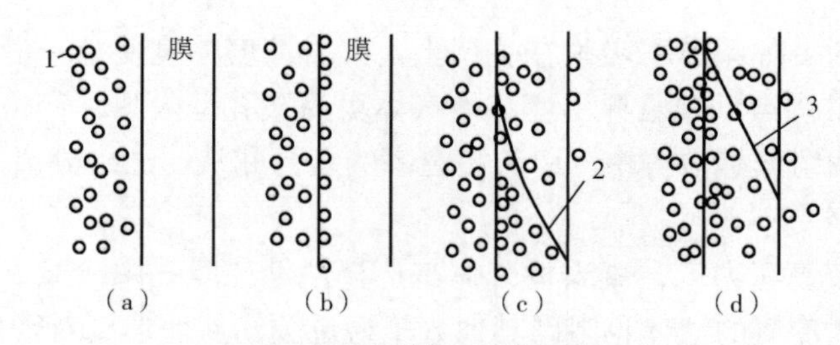

图 8-3 溶解-扩散机理

1—气体分子；2—气体分子在膜内的非稳态浓度梯度；3—稳态浓度梯度

当气体透过非多孔膜时，首先气体分子在膜表面溶解吸附，从而在膜两侧表面产生浓度梯度，使气体分子在膜内向前扩散，到达膜的另一侧被解吸出来；由于混合气体中不同组分溶解-扩散-解吸速率不同，从而实现分离的目的。

溶解-扩散机理认为气体渗透通过非多孔膜过程分为三步：

① 气体分子在膜表面的溶解吸附；

② 气体分子在非多孔膜内的扩散；

③ 气体分子脱离膜表面解吸。

通常认为气体在膜上的吸附溶解以及脱离膜解吸过程较快，而气体在膜内的扩散过程相对较慢，是溶解-扩散机理的速率控制步骤。刚开始时，溶解-扩散过程处于非稳态，气体在膜内浓度呈非线性分布。当达到稳态时，膜中气体的浓度呈线性分布。此时，气体由另一膜面脱附出去的速度才变成恒定。

气体在橡胶态非多孔膜内的传递可以用溶解-扩散过程进行描述。低分子量渗透性气体在橡胶态聚合物中的吸附浓度较低，可以用 Henry 定律来描述，气体渗透速率与压力无关。而当有高活性气体、蒸汽（与膜材料有较强的相互作用）存在时，溶解度系数与浓度有关，从而会受到压力的影响，这种非理想吸附行为可以用 Flory-Huggins 模型来描述。此时，聚合物可能会发生溶胀，扩散系数主要受浓度影响。

溶解-扩散机理同样也适用于玻璃态非多孔膜中气体的传递。由于玻璃态聚合物中链段运动受到更多的约束，气体扩散过程中受尺寸和形状的影响比橡胶态要大，因此其流动选择性（mobility selectivity）比橡胶态要高，更适合用作气体分离膜的选择层材料。除流动选择性外，聚合物中还存在溶解选择性（solubility selectivity）。聚合物的状态不同，占主导地位的选择性也会不同。

8.1.2.3 双吸附-双迁移机理

双吸附-双迁移机理[6]主要用来描述气体在玻璃态非多孔膜中的传导。气体在玻璃态非多孔膜中溶解时，存在两种吸附现象：一种是来自玻璃态聚合物本身的溶解环境，这种吸附和橡胶态聚合物中的吸附相似，可以用 Henry 定律来描述；另一种则是来自玻璃态聚合物中的微腔型结构，这类吸附可以用单分子层 Langmuir 吸附来描述。因此总的吸附量为两者之和：

$$C = C_{\mathrm{D}} + C_{\mathrm{M}} = k_{\mathrm{D}} p + C'_{\mathrm{H}}\, bp / (1 + bp) \tag{8-1}$$

式中，k_{D} 为亨利系数；p 为渗透气压力；C'_{H} 为饱和参数；b 为亲和参数。该模型可以较好地描述简单气体在玻璃态聚合物上的吸附现象。

此后，该双重吸附模型又得到了改进，例如当气体分子与膜材料之间的相互作用较强时，将玻璃态聚合物微腔中的吸附用多分子层 BET 理论来描述更为合理。而当考虑混合气体在玻璃态非多孔膜中的传导时，还需要考虑各渗透组分之间的竞争与相互作用，例如 Ghoreyshi 等提出的 Maxwell-Stefan 传质模型。

8.1.2.4 复合膜传质机理

气体分离膜绝大多数是非对称复合膜，其分离层往往很薄，无法防止膜缺陷的产生，常采用硅橡胶等高通量聚合物弥补缺陷。复合膜是非多孔膜的一种，其渗透机理符合气体在非多孔膜中的传质机理。

8.2 气体分离膜的类别

气体分离膜按照化学组成的不同可以分为无机膜、有机高分子膜、无机-有机杂化膜等。

8.2.1 无机膜

无机气体分离膜[7，8]机械强度高、热稳定性和化学稳定性好、使用寿命长。无机膜通常具有良好的选择性和透过率，很多能够克服trade-off效应，渗透系数和选择性数据超越Robeson上限。无机膜的缺点在于制备成本较高，机械加工性能较差，难以制备大面积无缺陷膜用于无机膜组件的构造。无机膜发展的趋势是如何将致密膜的高选择性与多孔膜的高渗透性相结合，或是如何将无机膜和有机膜结合起来，改进孔结构和孔分布，提高膜性能。

8.2.1.1 致密无机膜

（1）氢气选择性分离致密无机膜[9-13]

氢气选择性分离膜主要是钯或钯合金膜。金属钯具有优良的氢气吸附和解离能力，同时具有很高的选择透过性，理论上可以将氢气与其他杂质分子完全分离，得到的高纯氢气主要用于集成电路制造等。

（2）氧气选择性分离致密无机膜[14]

氧气选择性分离膜主要有萤石型的氧化锆/氧化铋陶瓷膜，钙钛矿结构的$SrTiO_3$、$CaTiO_3$膜等。该类致密膜在高温下是氧离子与电子的良导体，无缺陷的致密陶瓷膜表现出优越的氧气分离能力。

（3）二氧化碳选择性分离致密无机膜[15，16]

二氧化碳选择性分离膜主要是陶瓷-碳酸盐双相膜。在高温下，二氧化碳可以在氧气和电子的存在下反应形成CO_3^{2-}，这是一种可以在熔融的碳酸盐中快速传导的离子。

8.2.1.2 多孔无机膜

（1）陶瓷膜[17-20]

从微观结构变化来看，多孔陶瓷膜又可分为对称膜和非对称膜。非对称膜相比对称膜具有更多优势。非对称膜的底部为支撑层，其具有较大的孔隙率和孔径，可以增加整个膜结构的机械强度，同时减小物质在膜之间的传输阻力，增加渗透性。中间层是在底部支撑层和顶部分离层之间的过渡层。最上层分离层是孔径最小的一层，具有分离功能。陶瓷膜的制备方法很多，常见的方法包括流延成型法、挤出成型法、注浆成型法、溶胶凝胶法和相转化法等。

（2）炭膜[21-24]

碳基薄膜是通过热解聚合物前驱体制备的。炭膜不仅具有无机膜耐高温、化学稳定性好、机械强度高、使用寿命长等的优点，而且可由相同的初始原料经不同的热解条件和调孔方法获得不同的孔径分布。

（3）分子筛膜[25-28]

分子筛膜大致可以分为自支撑膜和支撑膜两种。自支撑膜机械强度较差，应用极其受限；支撑膜需要在膜合成过程中引入载体，在载体表面形成分子筛膜。构成分子筛膜的分子筛具有微孔孔道结构，且孔径均一，可以通过分子筛分、择形的原理使混合气体得到有效分离；分子筛中存在大量的阳离子，可以用来调控分离性能；分子筛 Si/Al 不同可以导致分子筛膜具有不同的亲/疏水性能。分子筛膜的合成方法主要有原位水热合成法、二次合成法、微波加热法、蒸汽相转化法、流动体系合成法、脉冲激光蒸镀法等。

（4）金属有机框架（MOF）膜[2, 29]

金属有机框架（metal-organic frameworks，MOFs）是一类由金属中心与有机配体通过配位键连接而成的新型晶态无机-有机杂化材料。多孔 MOF 材料孔隙率高，结构更加多样，孔道更加易于修饰调节。因此，多孔 MOF 材料在吸附、分离领域展现了巨大的应用潜力。MOF 材料孔结构有序、孔壁性质可调节的特点，赋予了 MOF 膜材料更加优异的膜分离性能。

纯 MOF 膜材料通常有三种合成方法：①原位生长法，载体不需要任何处理或者修饰，直接置于 MOF 合成溶液中，MOF 在载体表面历经成核和生长等过程而在载体表面生长成膜。②二次生长法，也叫作晶种法，是一种使用较为广泛的制膜方法。首先在载体表面负载晶种层，然后将载有晶种层的载体置于 MOF 合成溶液中，MOF 在晶种的基础上继续生长而成膜。③界面合成法，将金属盐溶液与有机配体的溶液分别置于多孔载体的两侧，当两种溶液在载体的孔道中扩散相遇时，MOFs 开始成核、结晶。MOF 膜除了用于气体分离外，还常用于油水分离、染料截滤等。

8.2.2 有机高分子膜材料

有机膜是研究最早、发展最成熟的一类气体分离膜。有机膜材料种类多、价格便宜，材料柔韧性好、易于膜加工，制膜工艺成熟、成本较低，易于规模化生产。常见的有机膜材料有以下几种：①聚砜（PS）；②醋酸纤维素（CA）；③乙基纤维素；④聚酰亚胺（PI）等。

8.2.3 微孔有机聚合物材料

微孔有机聚合物[30-33]（microporous organic polymer，MOPs）主要是由 C、H、O、N、S、B、Si 等轻质元素通过共价键连接组成的具有多孔性的高分子聚合物。MOPs 材料的优点主要有：比表面积高；化学性质稳定；合成 MOPs 的单体种类多样，能够通过合适的反应合成特定的结构并引入需要的功能基团；依据单体的不同，合成路线多样，如偶联反应、傅克烷基化反应等；易于修饰，可通过后合成修饰等方法引入不同的功能团。根据单体及合成方法的不同，微孔有机聚合物大致分成如下几类：共价有机骨架（COFs）、共轭微孔聚合物（CMPs）、固有微孔聚合物（PIMs）、多孔芳香骨架（PAFs）、共价三嗪有机骨架（CTFs）以及超交联聚合物（HCPs）等。

由于微孔有机聚合物的网络结构，大多不能溶解在普通溶剂中，这意味着它们不适合通过溶液浇铸的方法制备薄膜。为解决成膜问题，人们探索了几种不同的路线：①自具微孔聚合物（polymers of intrinsic microporosity，PIMs），它具有刚性和扭曲的结构，但是仍然溶于许多极性的非质子溶剂。②热重排聚合物（thermally rearranged polymer，TR-polymer），它是聚合物在固态下经热处理发生重排反应，将高度溶解的前驱体转化为刚性芳杂环结构的不溶性微孔聚合物。③此外，混合基质膜[34-37]（mixed matrix membranes，MMMs）也可以用来克服微孔有机聚合物不易成膜的问题。典型的MMMs由连续的聚合物相和分散的颗粒相组成，由于颗粒团聚，MMMs中的颗粒载量一般不能超过一定的阈值（约50%）。

8.2.4 无机-有机杂化膜

无机-有机杂化膜[38-41]是混合基质膜的一种。无机膜孔径分布较窄，对气体的选择性和渗透性好，但无机膜质地较脆，制备工艺复杂，成本高；有机膜柔韧性好，易于加工，制膜工艺成熟，但气体渗透系数和分离系数往往存在trade-off关系，使其分离性能很难超越Robeson上限。无机-有机杂化膜通过在有机膜中引入无机粒子来提高有机膜的气体渗透分离性能，它兼具无机膜气体渗透分离性能好和有机膜易成形等的优点，实现了无机膜与有机膜的优势互补。被引入混合基质膜的无机颗粒主要包括分子筛、碳纳米管、二氧化硅、二氧化钛、氧化石墨烯以及金属-有机框架材料等。无机颗粒的作用主要有利用无机颗粒微孔结构的分子筛分效应促进气体分离以及打破高分子链间结构堆砌促进气体分子传递。无机-有机杂化膜制备面临的主要困难是无机颗粒的团聚以及无机-有机相界面缺陷。

8.2.5 促进传递膜

依据仿生学原理，在分离膜中引入载体，载体选择性地与某种待分离组分发生可逆的化学反应，促进该组分在膜内的传递，就是促进传递现象，这种膜称为促进传递膜[42-45]。促进传递膜一般具有较高的分离选择性。促进传递膜根据膜中载体的迁移性可分为液膜、离子交换膜和固定载体膜。

8.3 性能参数

8.3.1 溶解度系数

溶解度系数表示聚合物膜对气体的溶解能力。溶解度系数与被溶解的气体及膜的种类有关。对高分子聚合物膜来说，高沸点易液化的气体在膜中较易溶解，通常具有较大的溶解度系数。溶解度系数随温度的变化遵循 Arrhenius 关系：

$$S = S_o \exp\left(\frac{-\Delta H}{RT}\right) \tag{8-2}$$

8.3.2 扩散系数

扩散系数表示由于分子链热运动引发的分子在膜中传递能力的大小。扩散系数与温度直接相关，温度越高，高分子链运动越剧烈，膜中的分子扩散越容易，扩散系数越高。另外，由于气体分子在膜中需要挤开链与链之间的间隙而传递，该过程需要的能量大小与分子直径有关。因此，扩散系数随分子尺寸的增大而减小。

8.3.3 渗透系数

渗透系数表示气体通过膜的能力，是指单位时间、单位压力下气体透过单位膜面积的量与膜厚度的乘积。渗透系数的计算公式为：

$$P = \frac{qL}{At\Delta p} \tag{8-3}$$

式中，P 为渗透系数；q 为气体透过量；L 为膜厚度；A 为膜的面积；t 为时间；Δp 为膜两侧的压力差。聚合物膜对气体渗透系数的大小主要取决于构成聚合物的分子结构，同一基团在不同聚合物中对分子渗透的贡献近似相同，可以据此预测聚合物膜对气体的渗透速率。当同一种气体透过不同的气体分离膜时，渗透系数主要取决于气体在膜中的扩散系数；而同一种气体分离膜对不同气体进行透过时，渗透系数的大小主要取决于气体对膜的溶解系数。

8.3.4 分离系数

分离系数反映了膜对混合气体的分离能力。一般情况下，当原料气的压力高于渗透气的压力时，分离系数等于两组分的渗透系数之比，即：

$$\alpha = \frac{P_a}{P_b} \tag{8-4}$$

8.4 工业应用

8.4.1 氢气纯化

氢气是一种重要的清洁能源，利用形式多样、易于储存运输，具有良好的再生性。同时氢气也是一种重要的化学工业原料，在氨气合成、甲醇生产、燃料电池、航天器燃料以及电子工业等领域都发挥着重要的作用。鉴于工业尾气中氢气的回收再利用以及高精尖领域对高纯氢气的需要，迫切需要对氢气进行分离纯化的技术。膜分离技术设备简单、能耗较低，可以连续生产，是氢气分离领域不可或缺的核心技术。

安徽三星化工有限责任公司氨罐弛放气约2200m³/h，弛放气中的氨采用二塔串联间断补水鼓泡吸收，经过氨回收工段吸收净氨后的弛放气送入吹风气余热回收装置进行燃烧，弛放气中的氢气价值没有得到充分利用。为了进一步节能降耗、降低生产成本，该公司采用无动力氨回收与低压膜技术相结合的工艺[46]，回收利用氨罐弛放气中的氨和氢气，如图8-4所示。弛放气从氨洗塔流出，经气液分离器将夹带的雾滴除去，进入加热器，通过蒸汽将弛放气加热到50℃左右，以保证进膜前的气体远离露点；加热后的弛放气进入精过滤器，把夹带的微小雾滴及粉尘杂质除去后进入膜分离器。膜分离器内部为中空纤维膜，通过膜分离器后的渗透气含氢85%～90%，作为合成氨原料气回收利用，尾气则送后工段燃烧。低压膜分离氢回收工艺指标为：原料气压力2.1～2.4MPa，氨洗塔出口气体NH_3浓度≤10×10^{-6}，渗透气中氢气浓度≥85%、甲烷浓度≤9%，尾气中氢气含量≤10%，氢气回收率≥90%，渗透气压力≤0.15MPa。

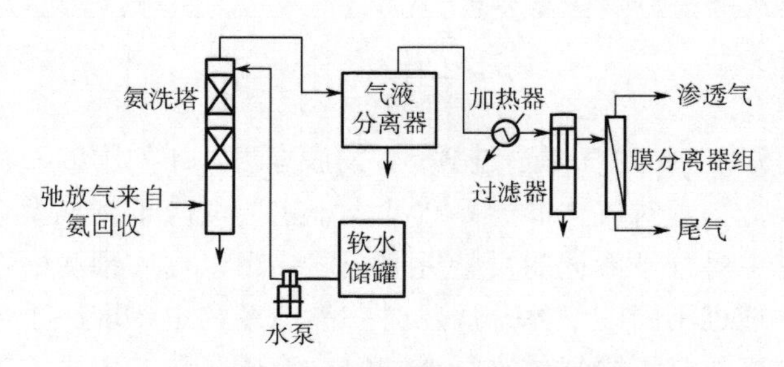

图8-4　低压膜分离氢气回收工艺[46]

新能凤凰（滕州）能源有限公司以四喷嘴对置式水煤浆加压气化生产的水煤气为原料生产甲醇，合成系统的弛放气最初送入火炬进行燃烧，造成了极大的浪费。为了节能降耗，降低生产成本，充分利用有效资源，2010年初开始筹建膜法氢回收装置[47]，回收甲醇合成弛放气中的氢，如图8-5所示。

膜法氢气回收装置的膜分离器由九江紫环科技发展有限公司提供，共4台，并联运行，年操作时间为8000h；回收的渗透气经氢压机提压后，从新鲜气管线补入，送入合成系统，非渗透气送往燃料气管网。

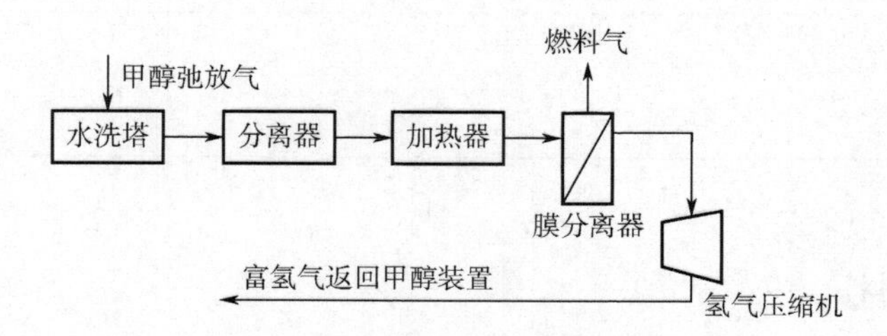

图8-5　甲醇弛放气回收氢气工艺流程[47]

8.4.2 二氧化碳分离

由中国科学院大连化学物理研究所曹义鸣团队与马来西亚石油公司（ETRONAS）共同研发的用于天然气脱二氧化碳中空纤维膜接收器工业现场中试装置（Pilot Scale MBC）在马来西亚东海岸的天然气净化厂试车成功[48]。该系统设计压力 6.6MPa，运行压力 5.7MPa，可以把天然气中的二氧化碳含量降至 1%以下。经 PETRONAS 代表现场测试鉴定，MBC 系统制造流程符合 PETRONAS 标准，性能指标达到合同规定要求。MBC 中试系统执行 ASME 标准，其工艺流程、HAZOP 分析、仪表电气及 PLC 自动控制、防爆及安全、验收等环节均按 PETRONAS 公司标准进行管理。该装置采用与上海碧科清洁能源技术有限公司（CECC）合作研发的聚四氟乙烯（PTFE）中空纤维高压膜吸收器，技术性能指标也达到膜研制合同考核要求。

中空纤维膜接收器吸收系统具有能耗低、分离效率高、天然气回收率高、装置紧凑、占地面积小、操作简单等优势。该技术不仅可用于天然气、沼气净化，还可以用于烟道气中二氧化碳的捕集等领域。

烟气中的主要成分是 N_2 和 CO_2，两者在相同温度下形成水合物所需要的压力条件差别很大。在相同的温度压力条件下，CO_2 更容易形成水合物。通过控制操作条件，使二氧化碳优先与吸附在膜孔内的水形成水合物而氮气不能形成水合物，促使 CO_2 通过水合物在膜内传递，而氮气则留在原料气侧，达到分离的目的[49]，如图 8-6 所示。

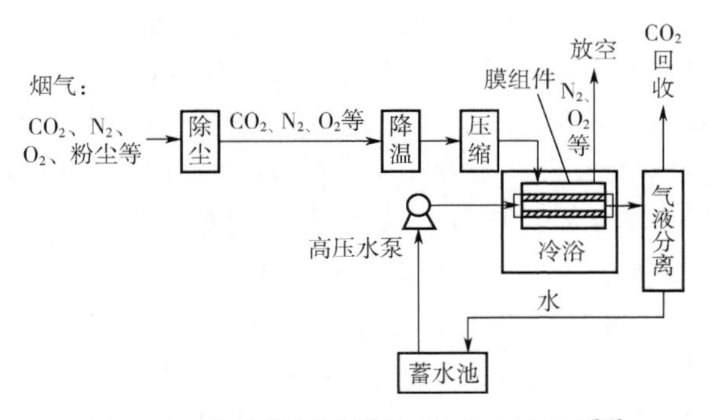

图 8-6　水合物膜法捕集 CO_2 工艺流程[49]

8.4.3 膜法富氧

膜法富氧技术在工业助燃、医疗保健等领域应用广泛。与传统的深冷分离、变压吸附等富氧方法相比，膜法富氧具有设备简单、操作方便、节能环保等优点，具有很高的经济效益。

中国铝业河南分公司热电厂 6#锅炉，用煤质量不稳定，锅炉负荷波动严重，送风量不足，经常造成燃烧不完全，炉渣、飞灰可燃物偏高，锅炉运行状况不佳。2005 年海达公司、中南大学与中铝河南分公司热电厂合作成功开发出一种负压式局部增氧助燃系统，使用膜法富氧技术[50]得到的氧含量在 28%～32%之间，如图 8-7 所示。富氧空气流采用独特的喷嘴喷射技术高速进入燃料燃烧区，获得与整体增氧相同或接近的应用效果，大大降低了投资成本。

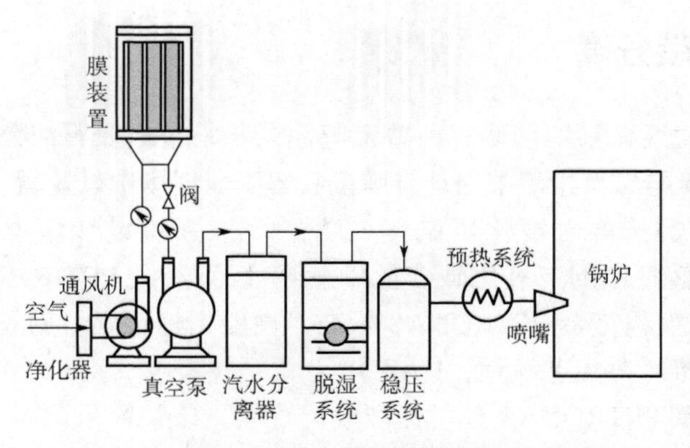

图 8-7 负压式局部增氧助燃系统工艺流程[50]

根据 6#锅炉的有关参数，该厂采用负压操作膜法富氧局部助燃工艺流程。空气经空气净化器除去大于 10μm 的灰尘后，由通风机送至富氧发生器，形成含氧量较高的富氧空气；由真空泵抽取后，经汽水分离器、脱湿罐、稳压罐脱除气体中的水分，由增压风机将富氧空气增压至 3～4.5kPa，进入富氧预热器，加热至 200℃后通入炉腔。

8.4.4 膜法富氮

膜法富氮是 20 世纪 80 年代发展起来的一种空气分离技术。空气中的氮气含量比氧气含量要高得多，现有的高分子膜可制得氮气浓度大于 99%的富氮气。氮气化学性质不活泼，富氮空气的用途主要包括工业上作为合成原料；作为惰性保护器，防止氧化、燃烧；抑制有氧呼吸，食品保鲜；占据空间，作为轮胎、油井等加压气；作为制冷剂等。

氮气在石化工业中应用广泛，例如可以用于油气井保护、保持井下压力、管路的吹扫以及提高油气采收率等方面。中国科学院大连化物所紧跟世界富氮技术发展潮流，1999 年下半年开始进行移动式膜法富氮车研制，成功开发出我国第一台车载移动式膜法富氮装置，并在辽河油田开车成功[51]，如图 8-8 所示。其中膜单元包括膜组件、储罐和过滤器等部件。膜组件采用中空纤维膜。富氮车各项运行参数基本达到设计要求，在注氮、隔热、助排等方面发挥了重要作用，经济效益明显，改变了我国此类装置依赖进口的局面。

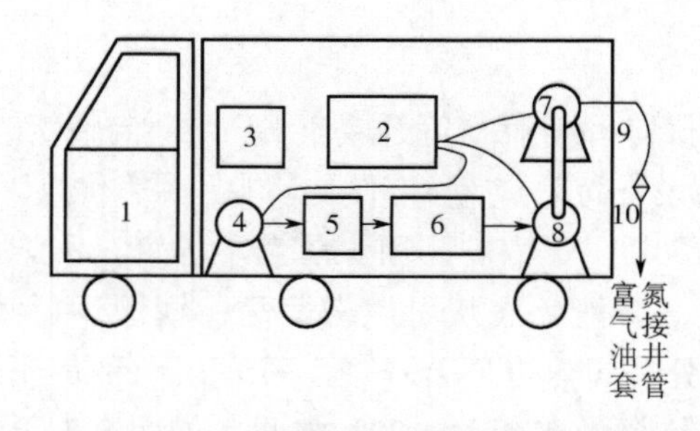

图 8-8 移动式膜法富氮车结构示意图

1—移动设备；2—动力系统；3—自控系统；4—空压机；5—前处理单元；6—膜单元；7—一段增压机；8—二段增压机；9—高温高压软管；10—高温高压单向阀

8.4.5 氦气/甲烷分离

某些油气田天然气中氦含量较高，氦气在国防军工、实验测试等科学研究领域有着重要的用途，分离甲烷与氦气混合物意义重大。膜法分离能耗较低、设备简单，相关研究与使用较早。美国 UC 公司用膜分离天然气中的氦（含量 5%），采用二级分离，氦浓缩达 82%左右，其工艺流程如图 8-9 所示[52]。

中国石油工程建设有限公司西南分公司开发出天然气提氦工艺及配套技术，氦气回收率高达 96%以上，氦气纯度达到 99.999%，打破了国外对提氦技术的垄断，同时为我国开发国内氦资源以及参与海外氦气资源市场提供了技术支持。

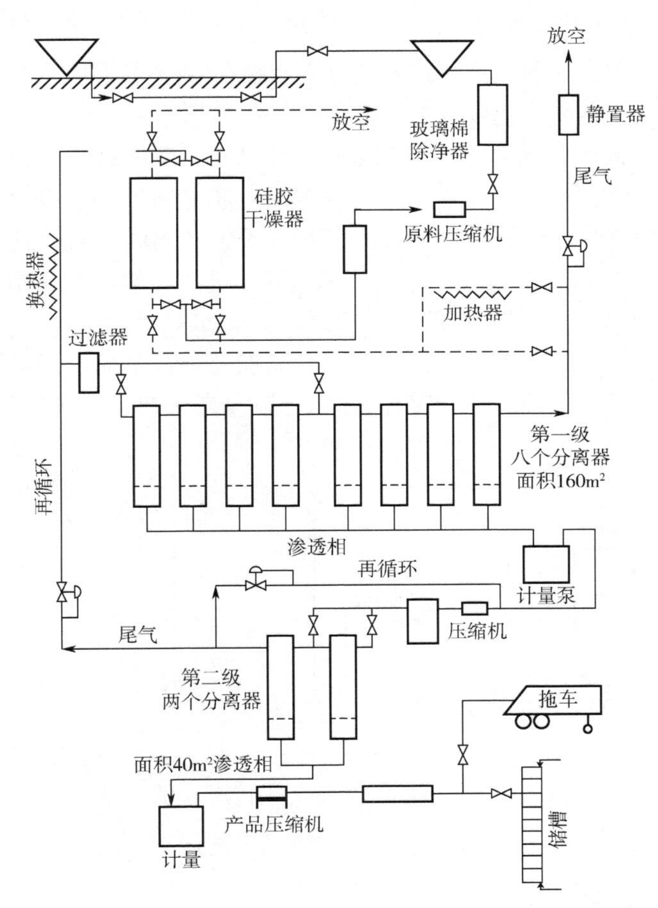

图 8-9 天然气中回收氦工艺流程[52]

8.4.6 有机蒸气回收

多种工业过程如石油化工、聚合物生产等生产过程中产生的废气富含有机蒸气，例如乙烯、丙烯、甲苯等烃类化合物，氯乙烯、二氯甲烷等卤代烃等。这些有机蒸气如果直接排放一方面会污染大气，破坏生态平衡，另一方面会造成极大的资源浪费。传统的处理方法包括燃烧、吸收、冷凝等，与膜分离技术相比，在分离能耗、设备的易用程度等方面都有所不及，膜分离技术在该领域的应用日益广泛。

乌鲁木齐石化公司炼油厂于1992年在聚丙烯装置上采用了压缩-冷凝系统，以回收聚合反应后尾气中的丙烯。但由于气液平衡的限制，不凝气中仍然含有大约60%～70%的丙烯单体。2003年4月，该公司在原有压缩-冷凝系统的基础上增加了膜法丙烯回收系统[53]，从压缩-冷凝系统处理后的不凝汽中进一步回收丙烯。其压缩-冷凝-膜分离联合丙烯回收工艺如图8-10所示。其中的膜法丙烯回收系统由大连欧科膜技术工程有限公司提供，不凝气中的丙烯透过膜在渗透侧得到富集丙烯气流，重新进入压缩-冷凝系统回收丙烯，使丙烯单体的回收率达到了95%以上，取得了可观的经济效益。

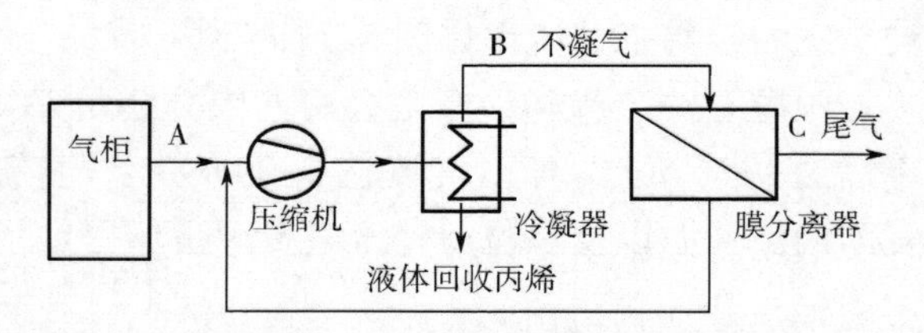

图8-10 压缩-冷凝-膜分离联合丙烯回收工艺[53]

黑龙江齐化化工集团有限责任公司在电石法生产氯乙烯的过程中，精馏尾气经冷凝器回收后的不凝气中仍然含有7%～25%的氯乙烯单体，既造成了资源的巨大浪费，又严重地污染了环境。该公司采用了大连欧科膜技术工程公司设计的膜法回收氯乙烯系统[54]，其工艺流程如图8-11所示。该工艺流程中采用了两级膜工艺：一级膜的作用是回收乙炔和部分氯乙烯。在一级膜回收过程中，大部分乙炔返回到二级转换器，防止了乙炔在压缩、精馏、冷凝系统的累积。二级膜的作用是进一步分离氯乙烯。采用了真空操作提高膜两侧的压差，经二级膜分离后的尾气中氯乙烯的体积分数只有1.33%，分离效果达到预期。

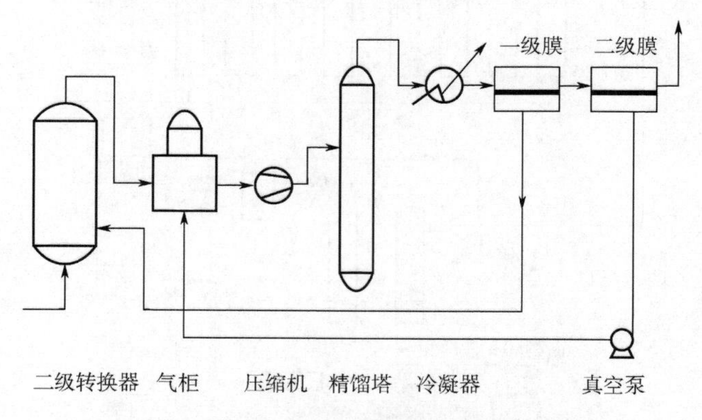

图8-11 膜法回收氯乙烯工艺流程[54]

8.4.7 蒸汽渗透法脱湿

蒸气渗透（vapor permeation，VP）是气体分离膜技术的一个分支，浓差极化现象较弱，成本低，操作更为简单。目前蒸气渗透主要应用于有机溶剂气相脱水、混合气体或蒸汽中挥发性有机物的脱除以及有机混合物之间的分离等过程。

膜法脱湿工艺主要有以下几种：

① 净化气的一部分作为渗透气的吹扫气，降低渗透侧水蒸气分压，提高传质推动力；

② 原料气作吹扫气，原料气水蒸气含量远低于渗透气水含量，因此可将原料的一部分作为吹扫气，降低渗透侧水蒸气浓度；

③ 凝聚性有机蒸气作吹扫气，吹扫气和渗透气经冷凝后，通过气液、油水分离，液态水被去除，有机溶剂经加热蒸发为气态作为吹扫气重复使用；

④ 辅助干燥气源作吹扫气，一般采用 N_2、Ar 等惰性气体作辅助气源；

⑤ 真空泵抽出渗透侧的水蒸气；

⑥ 膜吸附法，吸附剂置于膜的渗透侧或填充在膜的微孔中，使用部分净化气吹扫或其他方法再生吸附剂，如图 8-12 所示。

天然气脱水是天然气净化工艺中必不可少的一环，占有举足轻重的地位。2021 年 2 月美国得克萨斯州经历了百年一遇的寒潮，出现了严重的电力供应危机。据报道，停电限电很重要的一个原因是气温骤降，造成天然气运输管道被堵塞，不能给电厂提供充足的燃料。而管道堵塞的最主要原因就是天然气脱水工艺不过关。

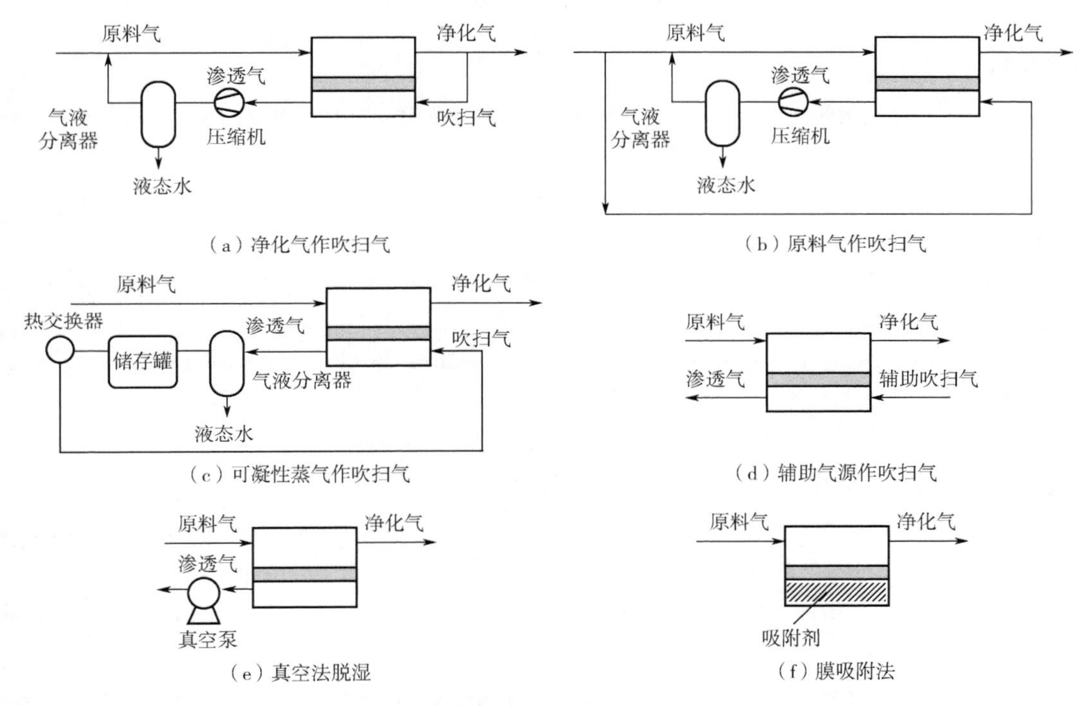

图 8-12　膜法脱湿工艺示意图

长庆气田为了探索天然气膜法脱水工艺，在先导性开发试验区进行了工业性现场试验，原料气为现场天然气[55]，如图 8-13 所示。膜分离装置由前处理单元、膜单元、后处理单元三部分组成。前处理单元由前置过滤、精密过滤、活性炭吸附以及预热器构成，确保膜不被固体杂质堵塞以及不被凝析油污染，提高膜的使用寿命。膜处理单元为工艺核心，采用的是聚砜-硅橡胶中空纤维复合膜，渗透侧采用真空系统分离渗透气。经过膜法脱水后，天然气的平均回收率为 97.7%，净化气中的含水量明显减小，脱水后天然气平均露点为−15℃，满足气田管输要求。

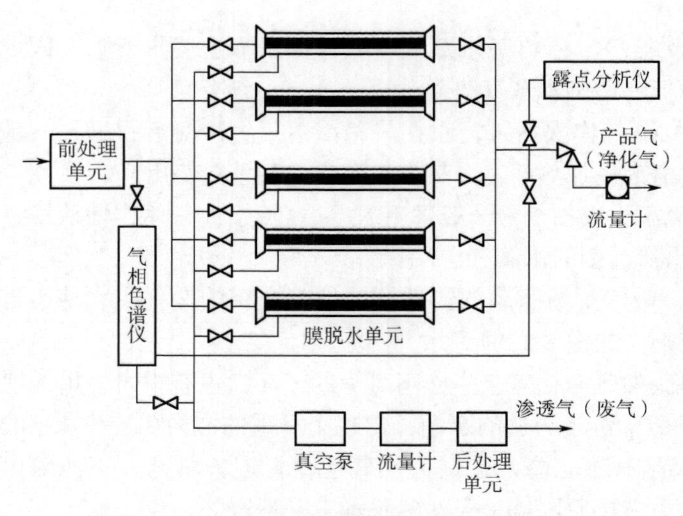

图 8-13 天然气膜法脱水工艺流程[55]

参考文献

[1] Yong W F，Zhang H.Recent advances in polymer blend membranes for gas separation and pervaporation [J]. Progress in Materials Science，2021，1016：100713.

[2] Qian Q，Asinger P A，Lee M J，et al. MOF-based membranes for gas separations [J]. Chemical Reviews，2020，120（16）：8161-8266.

[3] Wang Y，Wang X，Guan J，et al.110th anniversary：Mixed matrix membranes with fillers of intrinsic nanopores for gas separation [J]. Industrial & Engineering Chemistry Research，2019，58（19）：7706-7724.

[4] Zou X，Zhu G.Microporous organic materials for membrane-based gas separation [J]. Advanced Materials，2018，30（3）：1700750.

[5] 陈勇，王从厚，吴明. 气体膜分离技术与应用[M]. 北京：化学工业出版社，2004.

[6] 邓麦村，金万勤. 膜技术手册[M]. 北京：化学工业出版社，2020.

[7] De Meis D，Richetta M，Serra E.Microporous inorganic membranes for gas separation and purification [J]. Interceram-International Ceramic Review，2018，67（4）：16-21.

[8] Lin Y S.Inorganic membranes for process intensification：Challenges and perspective [J]. Industrial & Engineering Chemistry Research，2019，58（15）：5787-5796.

[9] Al-Mufachi N A，Rees N V，Steinberger-Wilkens R.Hydrogen selective membranes：A review of palladium-based dense metal membranes [J]. Renewable & Sustainable Energy Reviews，2015，47：540-551.

[10] Oh D-K，Lee K-Y，Park J-S，Hydrogen purification from compact palladium membrane module using a low temperature diffusion bonding technology [J]. NCBI，2020，10（11）：338.

[11] Rahimpour M R，Samimi F，Babapoor A，et al.Palladium membranes applications in reaction systems for hydrogen separation and purification：A review [J]. Chemical Engineering and Processing-Process Intensification，2017，121：24-49.

[12] 殷朝辉，杨占兵，李帅.氢气分离提纯用钯及钯合金膜的研究进展[J]. 稀有金属，2021，45（02）：226-239.

[13] 赵辰阳，徐伟.用于氢气纯化的负载型钯膜制备与性能研究[J]. 能源化工，2019，40（05）：31-36.

[14] Sunarso J，Baumann S，Serra J M，et al. Mixed ionic-electronic conducting（MIEC）ceramic-based membranes for oxygen separation [J]. Jornal of Membrane Science，2008，320（1-2）：13-41.

[15] Anderson M, Lin Y S.Carbonate-ceramic dual-phase membrane for carbon dioxide separation [J]. Journal of Membrane Science, 2010, 357 (1): 122-129.

[16] Lan R, Abdallah S M M, Amar I A, et al.Preparation of dense $La_{0.5}Sr_{0.5}Fe_{0.8}Cu_{0.2}O_{3}$-δ-(Li, $Na)_2CO_3$-$LiAlO_2$ composite membrane for CO_2 separation [J]. Journal of Membrane Science, 2014, 468: 380-388.

[17] Lawal S O, Yu L, Nagasawa H, et al. A carbon-silica-zirconia ceramic membrane with CO_2 flow-switching behaviour promising versatile high-temperature H_2/CO_2 separation [J]. Journal of Materials Chemistry A, 2020, 8 (44): 23563-23573.

[18] Meulenberg W A, Schulze-Kueppers F, Deibert W, et al.Ceramic membranes: Materials-components-potential applications [J]. Chemie Ingenieur Technik, 2019, 91 (8): 1091-1100.

[19] Saud I H, Othman M H D, Hubadillah S K, et al.Superhydrophobic ceramic hollow fibre membranes for trapping carbon dioxide from natural gas via the membrane contactor system [J]. Journal of the Australian Ceramic Society, 2021, 57: 705-717.

[20] Tu T, Liu S, Cui Q, et al.Techno-economic assessment of waste heat recovery enhancement using multi-channel ceramic membrane in carbon capture process [J]. Chemical Engineering Journal, 2020, 400: 125677.

[21] Hamm J B S, Ambrosi A, Griebeler J G, et al.Recent advances in the development of supported carbon membranes for gas separation [J]. International Journal of Hydrogen Energy, 2017, 42 (39): 24830-24845.

[22] Hirota Y, Nishiyama N.Pore size control of microporous carbon membranes and application to H_2 separation [J]. Journal of the Japan Petroleum Institute, 2016, 59 (6): 266-275.

[23] Li L, Wang T H, Cao Y M, et al.Physical design, preparation and functionalization of carbon membranes for gas separation [J]. Journal of Inorganic Materials, 2010, 25 (5): 449-456.

[24] Sazali N.A review of the application of carbon-based membranes to hydrogen separation [J]. Journal of Materials Science, 2020, 55 (25): 11052-11070.

[25] Caro J, Noack M, Kolsch P, et al.Zeolite membranes - state of their development and perspective [J]. Microporous and Mesoporous Materials, 2000, 38 (1): 3-24.

[26] Coronas J, Santamaria J.Separations using zeolite membranes [J]. Separation and Purification Methods, 1999, 28 (2): 127-177.

[27] Jiang H Y, Zhang B Q, Lin Y S, et al.Synthesis of zeolite membranes [J]. Chinese Science Bulletin, 2004, 49 (24): 2547-2554.

[28] Wang H, Zhu M, Liang L, et al.Preparation and gas separation performance of SSZ-13 zeolite membranes [J]. Progress in Chemistry, 2020, 32 (4): 423-433.

[29] Adatoz E, Avci A K, Keskin S.Opportunities and challenges of MOF-based membranes in gas separations [J]. Separation and Purification Technology, 2015, 152: 207-237.

[30] Jiang J X, Cooper A I.Microporous organic polymers: Design, synthesis, and function. In Functional Metal-Organic Frameworks: Gas Storage, Separation and Catalysis, 2010, 293: 1-33.

[31] Xu S, Liang L, Li B, et al.Research progress on microporous organic polymers [J]. Progress in Chemistry, 2011, 23 (10): 2085-2094.

[32] Zhang C, Pan J, Zhang Z, et al.Progresses on the applications of microporous organic polymers in sample preparation techniques [J]. Sepu/Chinese journal of chromatography, 2014, 32 (10): 1034-1042.

[33] Zhu J，Yuan S，Wang J，et al.Microporous organic polymer-based membranes for ultrafast molecular separations [J]. Progress in Polymer Science，2020，110:101308.

[34] Ahmadi M，Janakiram S，Dai Z，et al.Performance of mixed matrix membranes containing porous two-dimensional（2D）and three-dimensional（3D）fillers for CO_2 separation：A review [J]. Membranes，2018，8（3）.

[35] Aroon M A，Ismail A F，Matsuura T，et al.Performance studies of mixed matrix membranes for gas separation：A review [J]. Separation and Purification Technology，2010，75（3）：229-242.

[36] Dechnik J，Gascon J，Doonan C J，et al. Mixed-matrix membranes [J]. Angewandte Chemie-International Edition，2017，56（32）：9292-9310.

[37] Huang M，Wang Z，Jin J.Two-dimensional microporous material-based mixed matrix membranes for gas separation [J]. Chemistry-an Asian Journal，2020，15（15）：2303-2315.

[38] Rangaraj V M，Wahab M A，Reddy K S K，et al.Metal organic framework-based mixed matrix membranes for carbon dioxide separation：Recent advances and future directions [J]. Frontiers in Chemistry，2020，8.

[39] Guan W，Dai Y，Dong C，et al.Zeolite imidazolate framework(ZIF)-based mixed matrix membranes for CO_2 separation：A review [J]. Journal of Applied Polymer Science，2020，137（33）：48968.

[40] Lu Y，Zhang H，Chan J Y，et al.Homochiral MOF-polymer mixed matrix membranes for efficient separation of chiral molecules [J]. Angewandte Chemie-International Edition，2019，58（47）：16928-16935.

[41] Barboiu M，Cazacu A，Michau M，et al.Functional organic-inorganic hybrid membranes [J]. Chemical Engineering and Processing-Process Intensification，2008，47（7）：1044-1052.

[42] Klemm A，Lee Y Y，Mao H，et al.Facilitated transport membranes with ionic liquids for CO_2 separations [J]. Frontiers in Chemistry，2020，8：637.

[43] Han Y，Ho W S W.Recent advances in polymeric facilitated transport membranes for carbon dioxide separation and hydrogen purification [J]. Journal of Polymer Science，2020，58（18）：2435-2449.

[44] Rea R，De Angelis M G，Baschetti M G.Models for facilitated transport membranes：A review [J]. Membranes，2019，9（2）：26.

[45] Salim W，Ho W S W.Hydrogen purification with CO_2-selective facilitated transport membranes [J]. Current Opinion in Chemical Engineering，2018，21：96-102.

[46] 张毅，刘万超，齐云明.氨罐弛放气中氨和氢气综合回收技术的应用[J]. 化工设计通讯，2013，39（04）：33-35.

[47] 王磊，王辉.膜法技术在甲醇弛放气回收氢气中的应用[J]. 煤化工，2015，43（02）：27-29.

[48] 刘丹丹，李萌.聚四氟乙烯中空纤维膜接收器用于天然气脱二氧化碳膜分离装置在马来西亚试车成功[J]. 膜科学与技术，2014，34（06）：122.

[49] 朱玲，王金渠，樊栓狮.水合物膜法捕集烟道气中 CO_2 新技术[J].化工进展，2009，28（S1）：279-283.

[50] 杨水军.膜法富氧局部增氧助燃技术在 150t/h 煤粉锅炉上的应用[J]. 节能，2010，29（11）：3，68-71.

[51] 沈光林.膜法富氮技术及其在石化工业中的应用[J]. 深冷技术，2005（05）：58-62.

[52] 崔振宇.膜分离技术在天然气初加工工业中的应用及发展前景[J]. 水处理技术，1993（04）：41-45.

[53] 陈华，李新国，刘志刚，等，膜法回收小本体聚丙烯生产中的尾气[J]. 化学工程师，2004（10）：29，30，41.

[54] 张宏宇.膜法回收精馏尾气中氯乙烯单体[J]. 聚氯乙烯，2003（04）：59，60.

[55] 王兴龙，郑欣.长庆气田天然气膜法脱水工艺技术探讨[J]. 天然气工业，1998（05）：11，88-90.

第9章

膜技术在燃料电池中的应用

9.1 燃料电池离子交换膜

9.1.1 燃料电池离子交换膜的发展历史

1839年，William Grove爵士把铂电极封入玻璃管中，并把它们共同浸入稀硫酸中，先通过电化学电解过程制造氢气和氧气，再接入外部的用电负载，使氢气和氧气发生电池反应来产生电流[1]。这样，世界上首个利用铂电极和硫酸电解液的燃料电池就被制备出来了。此后，William Grove又设计了使用乙烯和一氧化碳作为原料的多种类型的燃料电池[2]。到19世纪末期，William White Jacques利用磷酸替代了硫酸溶液充当电解质，来增强燃料电池的性能，并提出了新型燃料电池的设计理念。他设计的熔融氢氧化钾和空气燃料电池组成的电池组能够持续运行6个月之久[3]。此后，尽管各国科学家在燃料电池领域做出了各种尝试，但应用案例仍然较少，燃料电池从实验室走向实际应用的道路还很漫长。直到1952年，英国工程师Francis Thomas Bacon通过持续20年的不断研究，完成了一台5kW燃料电池组的组建和运行评估，并申请了发明专利[4]。图9-1展示了美国俄亥俄州克利夫兰的Clevite公司根据Francis Thomas Bacon的专利技术制造的燃料电池电极[5]。此后，燃料电池开始应用于航天领域，这也是燃料电池的首次应用实例。燃料电池在航天领域的应用主要集中于生命保障和通信等功能的供电。通用电气公司基于 Bacon 的专利研究出来的碱性聚合物燃料电池于 20 世纪 60 年代早期应用于美国航天局的 Gemini（双子星）计划以及之后的阿波罗登月计划。在新能源革命的背景下，燃料电池体系得到了长足的发展和进步，全世界与燃料电池领域相关的专利也从 2001 年的 1000 余项增加到 2009 年的 6000 项[6]。

图 9-1 Clevite 公司根据 Francis Thomas Bacon 的专利技术制造的燃料电池电极

燃料电池是可以直接将化学燃料和氧化剂中的能量通过电化学氧化还原反应释放出电能的电化学装置。燃料电池的燃料可以是氢气等非化石能源，也可以是化石能源。使用的氧化剂一般为氧气或更容易获得的空气，而反应产物为洁净无污染的水。由于燃料电池不受卡诺循环限制，因此，其能量效率可高达 40%，可以认为是一种清洁高效的绿色能源装置[7]。一般来说，燃料电池系统的核心为电池堆，如图 9-2 所示。电池堆一般由多个单电池系统以串联的形式构成。除了核心部件电池堆外，一般燃料电池也配有辅助系统。辅助系统包括燃料供应系统、水热管理系统、电输出控制系统等，如图 9-3 所示[8]。

在 18 世纪中期，William Grove 首次制造出燃料电池时就指出，燃料电池的性能提升可从强化气体燃料、电解液与固体电极三者之间的相互接触和相互作用来实现[9, 10]。现在，现有的燃料电池根据电解质类型不同，主要分为以下几类：

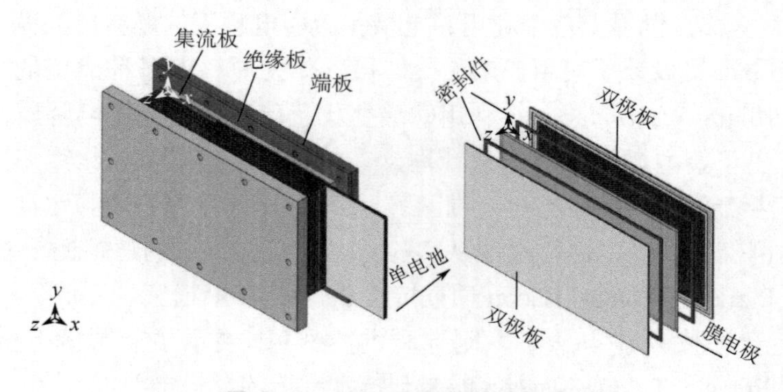

图 9-2 PEMFC 电堆结构图

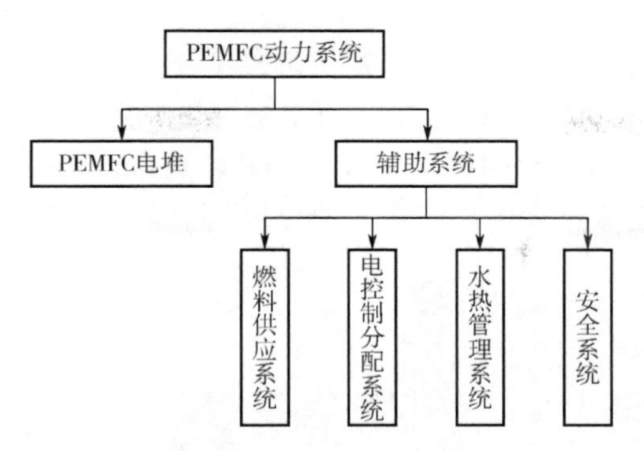

图 9-3　PEMFC 动力系统结构图

（1）固体氧化物燃料电池（solid oxide fuel cell，SOFC）

这种燃料电池一般由全固体材料组成，电解质为无孔金属氧化物，其中氧化钇、稳态氧化锆是比较典型的电解质物质[4]；电极材料一般为造价较低的金属物质，如铜、镍等金属[11]，其传导离子为 O^{2-}。但固体氧化物燃料电池需在高温条件下运行，一般运行温度在800～1000℃。当运行温度过低时，其电流密度会大幅下降[12]。尽管 SOFC 可用在汽车能源以及其他便携式电源领域，但现阶段仍主要应用于固定发电站，还没有小型化的量产实例。其工作原理如图 9-4 所示。

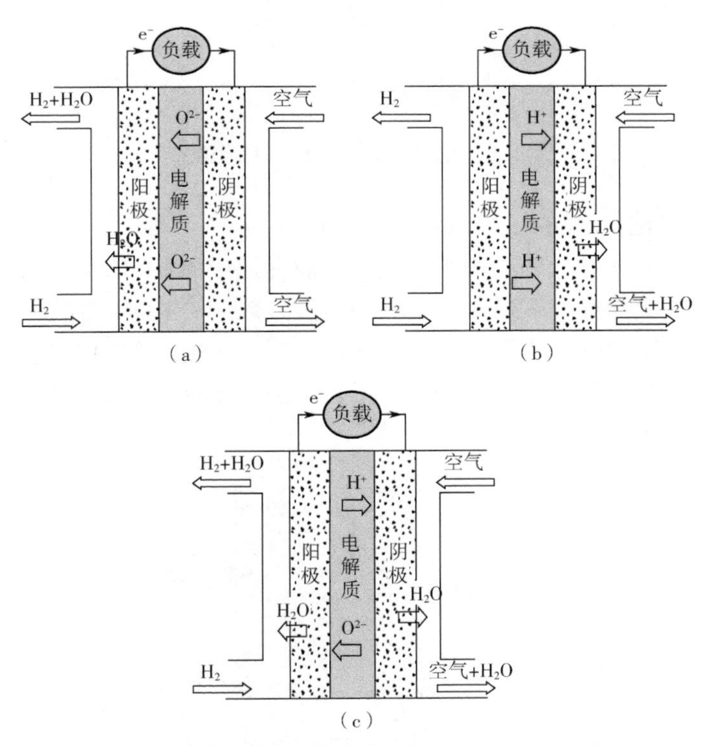

图 9-4　不同类型离子传导固体氧化物燃料电池原理[13]

（2）熔融碳酸盐燃料电池（molten carbonate fuel cell，MCFC）

这种燃料电池一般以多孔的氧化镍为阴极，多孔的镍金属为阳极，利用具有碱性的锂、钠和钾的碳酸盐混合形成电解质，并置于陶瓷基体中[14]，其传导离子是 CO_3^{2-} 。MCFC 的操作温度一般为 600～700℃，在这样的操作温度下，燃料电池不需要贵金属作为催化剂。现阶段熔融碳酸盐燃料电池的应用领域与 SOFC 类似，仍处在固定发电站阶段，但其产生的高温余热可以在工业过程中得到较好的应用[15]。其工作原理如图 9-5 所示。

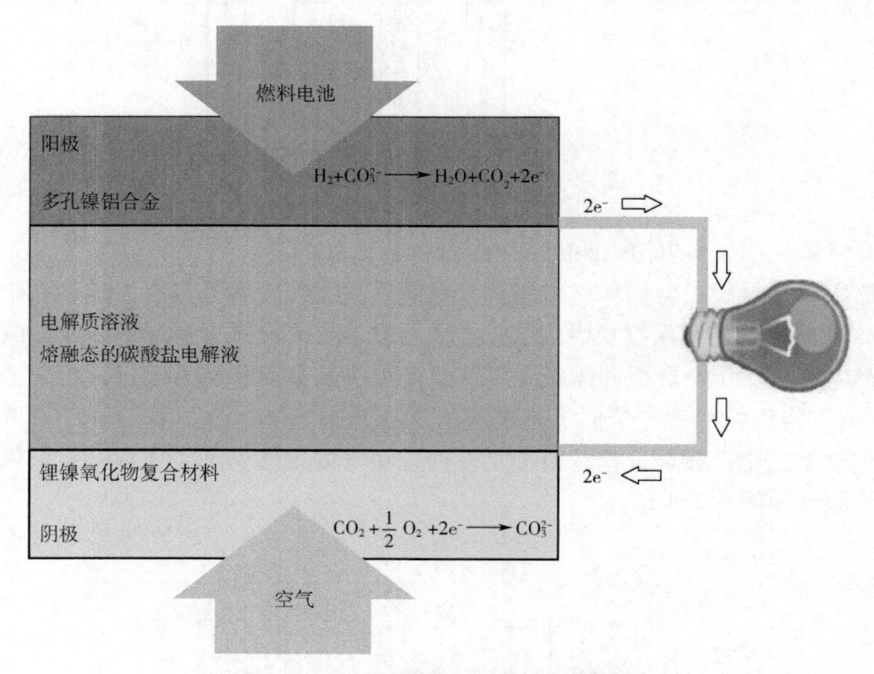

图 9-5 熔融碳酸盐燃料电池示意图[16]

（3）碱性燃料电池（alkaline fuel cell，AFC）

这种燃料电池的电解质溶液一般为浸入多孔膜孔道中的 KOH，其浓度随操作温度而改变；在 250℃的较高操作温度下需使用 85%（质量分数）的 KOH 溶液，而在小于 120℃的条件下则采用较低浓度的 KOH 溶液（质量分数 35%～50%）。碱性燃料电池的传输离子为 OH^-。该类燃料电池就是美国宇航局在双子星计划以及阿波罗计划中使用的燃料电池类型，其工作原理如图 9-6 所示。

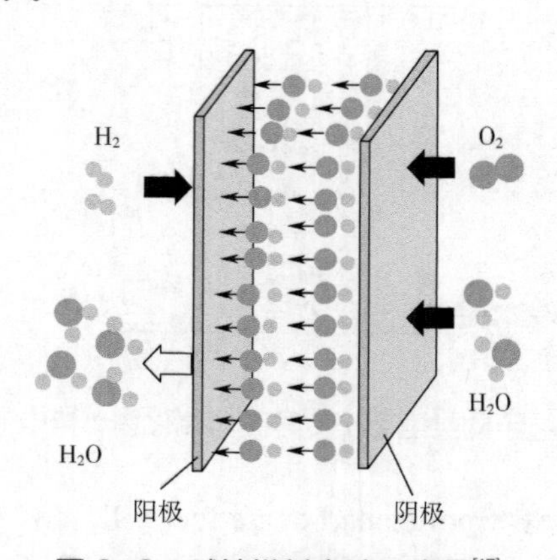

图 9-6 碱性燃料电池示意图[17]

（4）磷酸燃料电池（phosphoric acid fuel cell，PAFC）

这种燃料电池使用贵金属铂作为催化剂，高浓度磷酸作为电解质溶液（接近 100%），传输离子为 H^+，工作温度在 200℃左右。该类型的燃料电池已经在世界范围内有半商业化的应用，安装数量达上百台[4]。其工作原理如图 9-7 所示。

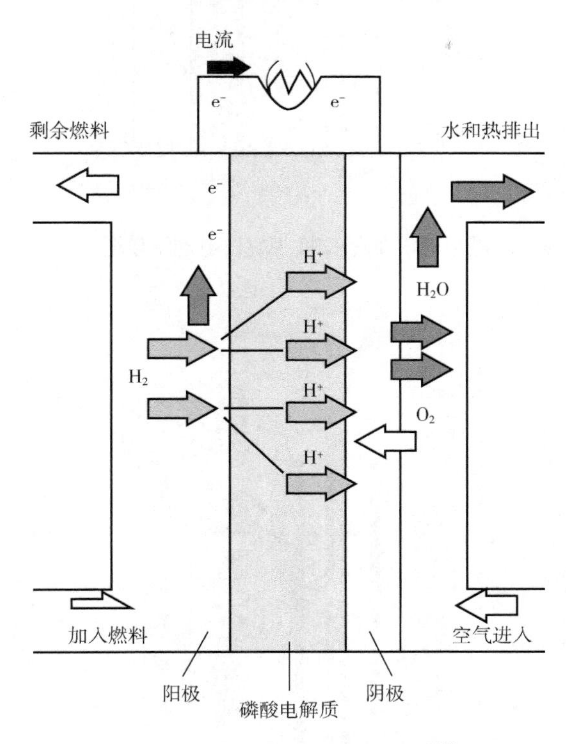

图 9-7　磷酸燃料电池示意图[18]

（5）质子交换膜燃料电池（proton exchange membrane fuel cell，PEMFC）

质子交换膜燃料电池也被称为聚合物电解质膜燃料电池（polymer electrolyte membrane fuel cell），其工作原理如图 9-8 所示。这种燃料电池的商业产品一般利用碳载铂作为催化剂，采用质子导电聚合物薄膜作为电解质，传输离子为 H^+。PEMFC 可以作为机动车以及便携式电源的重要选择。此外，直接甲醇燃料电池（direct methanol fuel cell，DMFC）作为比较重要的燃料电池类型，也使用质子交换膜作为电解质，但由于甲醇作为燃料的重要性，一般将 DMFC 单独列为一类。

（6）直接甲醇燃料电池（direct methanol fuel cell，DMFC）

DMFC 的阳极催化剂一般为 Pt-Ru/C，阴极催化剂为 Pt-C；由于甲醇具有较高的电化学活性，气态或液态的甲醇可以与氧化剂（空气或纯氧）发生氧化还原反应在阳极生成二氧化碳和质子，同时产生电能并在阴极生成水，具有系统结构简单、能量密度高、燃料添加方便等特点，是最适合用于汽车的燃料电池之一。该电池输出功率面密度较小，有希望应用于手机等小型电子设备中。尽管 DMFC 的研究广受瞩目，但其研究和开发仍处于初级阶段[19, 20]。其工作原理如图 9-9 所示。

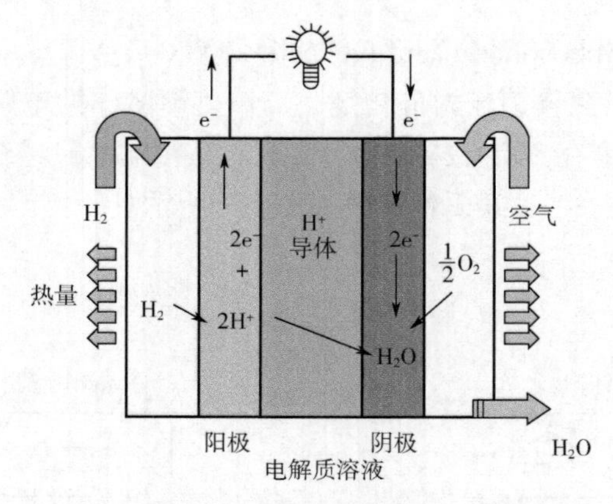

图 9-8　质子交换膜燃料电池示意图[17]

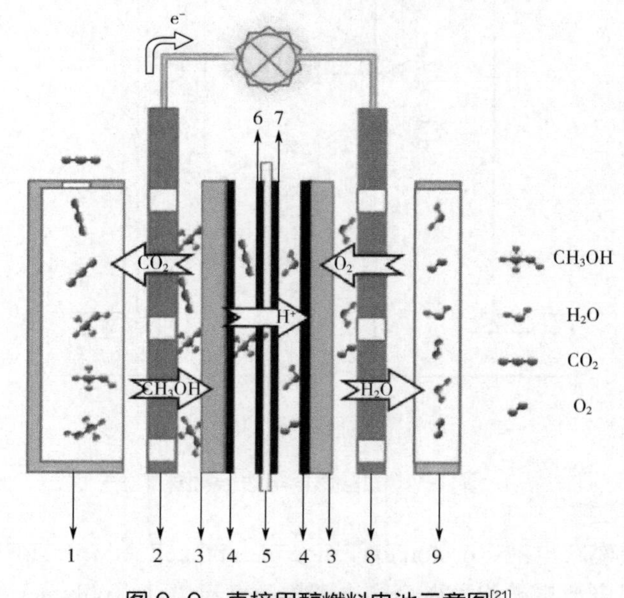

图 9-9　直接甲醇燃料电池示意图[21]

1—阳极燃料腔；2—阳极集电板/流场板；3—支撑层；4—气体扩散层；5—质子交换膜；6—阳极催化层；7—阴极催化层；8—阴极集电板/流场板；9—阴极腔

图 9-10 是各类燃料电池的操作条件以及相应的传输离子运动方向。由以上的分类可以看出，燃料电池的传输离子类型将决定其使用的离子交换膜类型，下面就不同类型的离子交换膜做简要的介绍。

离子交换膜是对离子具有选择透过能力的功能高分子电解质膜。通过在成膜的高分子主链或侧链上引入相应的特殊官能团，使其在溶液中发生电离过程，形成固定的荷电基团，来促进或抑制相关离子跨过该电解质膜的传输能力。对于不同类型的燃料电池，其反应机理不同，传输离子也不同，因此需要应用不同类型的离子交换膜。具体到离子交换基团上，阳离子交换基团主要有磺酸基、羧酸基、磷酸基等能够在水相溶液或水和有机相混合溶液中提供负电荷的化学基团，阴离子交换基团主要包括伯胺基团、仲胺基团、叔胺基团等能够在水相溶液或水和有机相混合溶液中提供正电荷的化学基团。具体到离子交换膜种类上，包括以下几种：

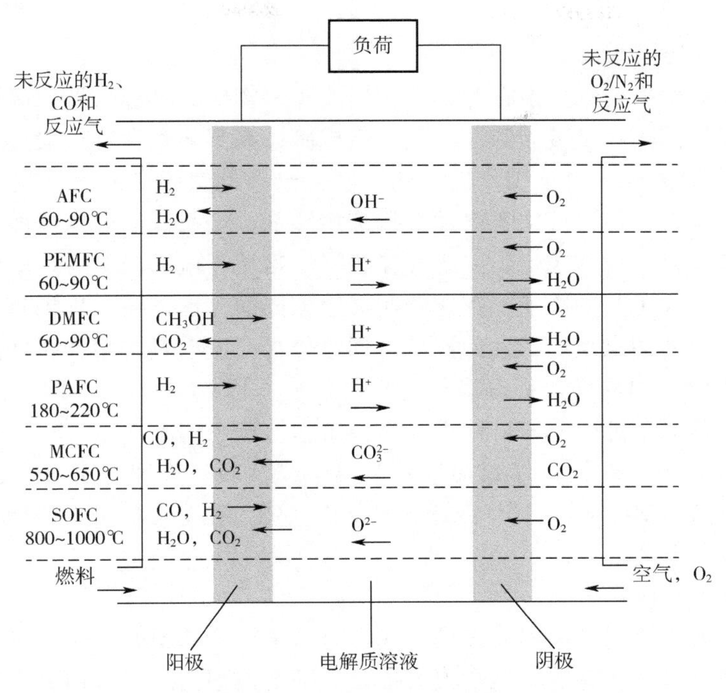

图 9-10 燃料电池分类及其基本操作条件

（1）阳离子交换膜

这种类型的离子交换膜荷负电，带有阳离子交换基团，能够选择性地透过溶液中的阳离子。主要代表有磺酸基（—SO_3H）膜、磷酸基（—PO_3H_2）膜、酚基膜等。

（2）阴离子交换膜

这种类型的离子交换膜荷正电，带有阴离子交换基团，能够选择性地透过溶液中的阴离子。主要代表有聚烯烃类阴离子交换膜、胍盐阴离子交换膜、季铵盐阴离子交换膜等。

（3）两性离子交换膜

这种类型的离子交换膜同时含有阳离子交换基团和阴离子交换基团，阴离子和阳离子均可透过两性膜。主要代表有烷基磺化聚苯并咪唑膜（PBI-PS）、胺基/磺酸两性离子膜等[22，23]。

（4）双极膜

这种类型的离子交换膜是由阳离子交换膜层和阴离子交换膜层复合而成的双层膜。使用过程中，膜外的离子无法进入膜内，因此膜间的水分子发生解离，产生的H^+透过阳膜趋向阴极，产生的OH^-透过阴膜趋向阳极。主要代表有黏胶行业的硫酸钠双极膜，用于冶金、稀土行业的硝酸钠/氯化钠双极膜，新能源行业的硫酸锂双极膜等。

（5）镶嵌型离子交换膜

这种类型的离子交换膜在其断面上分布着阳离子交换区域和阴离子交换区域，且上述荷电区域往往是由绝缘体来分隔的。

由于燃料电池所用的离子交换膜需具备隔绝阳极反应和阴极反应的特性，因此一般采用上述（1）、（2）类型的离子交换膜。除此之外，离子交换膜也可以根据膜结构分为以下两类：

（1）异相离子交换膜

把离子交换高聚物树脂分散在起黏合作用的高聚物中的膜称为异相离子交换膜，这种类型的膜一般通过溶剂挥发或者热压工艺直接成膜，高聚物黏合剂一般选择较常用的聚乙烯或聚丙烯高分子材料。由于制作工艺的限制，一般此类膜中的离子交换基团分布不连续。此外，该类膜在制造过程中也会适当添加增塑剂，增强膜的力学性能。该类离子交换膜制备工艺比较简单、成本较低、力学性能较好，常用于电渗析领域。尽管如此，异相离子交换膜由于其制作工艺的影响，存在着明显的相界面，这导致了异相膜具有相对较低的极限电流密度和较高的电阻。其性能提升可通过外加交流电场、增加新型添加剂等方式来实现。华南理工大学的周璇以提高离子交换膜性能为目标，对纳米 TiO_2 进行了功能化处理，然后将其与聚氯乙烯（PVC）和离子交换树脂粉掺杂制膜，并与华膜公司生产的商品异相离子交换膜进行了对比；结果显示自制离子交换膜在处理海水淡化过程中脱盐效率高，离子去除率高达 99.30%，具有良好的电渗析性能，在电渗析技术处理含盐水脱盐领域有巨大的应用潜力[24]。

（2）均相离子交换膜

均相离子交换膜的制备过程通常是合成具有离子交换基团的高聚物单体，然后再由单体聚合成膜，或者是在已有的高聚物膜上接入离子交换基团。与异相离子交换膜相比，均相离子交换膜的离子交换基团分布是均匀的，因此具有优异的电化学性能。均相膜一般由两种方式制备而成：

① 利用苯乙烯和二乙烯基苯作为单体，通过交联聚合、切削、功能化等方式制备膜；

② 利用聚砜、聚醚砜（酮）、聚苯醚等聚合物，通过溶解、浸涂以及在聚合物上引入活性基团等过程制备膜。

此外，引入活性基团的顺序不同，均相膜的制备实现方式也不同。

① 通过将带有荷电基团的单体共聚或缩聚之后交联成膜；

② 将带有反应基团的高聚物制成膜的前驱体，再通过活化接枝等方式引入离子交换基团。

此外，利用惰性聚合物基膜溶胀并浸吸带有功能基团的单体再聚合的方法也可以用来制备离子交换膜。赵成吉等设计合成了一端为烷基溴、另一端为三甲胺季铵盐的小分子化合物 1-溴-6-（三甲基铵）基溴化物（BTAH），利用季铵化反应，将其接枝在三乙烯二胺（DABCO）季铵化的聚芳醚酮（MQPAEK）上，获得了侧链含有 3 个季铵基团的聚芳醚酮（TQPAEK），制备了带有柔性侧链且侧链上含有多季铵基团的聚芳醚酮，具有较高的分子量、良好的热和机械稳定性[25]。

9.1.2 燃料电池用离子交换膜的产业现状

随着能源危机日益严重以及工业革命以来环境污染的不断加剧，加快研发高效、清洁、可再生的新能源势在必行。燃料电池因不受热机过程和卡诺循环的限制，具有能量密度高的特点，而且电解产物一般为水，不仅可缓解主流能源的消耗，还可减轻环境净化的压力[26, 27]。此外，燃料电池还可以直接将化学能转化为电能，具有比功率高、比能量高、可靠性以及燃料多样性、噪声低、灵活简单等优点，是继蒸汽机、内燃机后的第三代动力系统[27-30]，可用于分散电站建设、空间电源、便携式电源、潜艇和电动汽车动力源等领域，是21世纪理想的能源利用方式。表9-1[26]是不同电解质燃料电池类型的特点与应用。从表中不难发现，质子交换膜燃料电池（PEMFC）的工作温度低、启动时间短、综合性能较好、可研究度较高。

表9-1 燃料电池按电解质分类

燃料电池类型	电解质	电解质形态	阳极	阴极	工作温度/℃	电化学效率/%	燃料/氧化剂	启动时间	功率输出/kW	应用
AFC	氢氧化钾溶液	液态	Pt/Ni	Pt/Ag	50～200	60～70	氢气/氧气	几分钟	0.3～0.5	航天、机动车
PAFC	磷酸	液态	Pt/C	Pt/C	160～220	45～55	氢气、天然气/空气	几分钟	200	清洁电站、轻便电源
MCFC	碱金属碳酸盐熔融混合物	液态	Ni/Al，Ni/Cr	Li/NiO	620～660	50～65	氢气、天然气、沼气、煤气/空气	大于10min	2000～10000	清洁电站
SOFC	氧离子导电陶瓷	固态	Ni/YSZ	$Sr/LaMnO_3$	800～1000	60～65	氢气、天然气、沼气、煤气/空气	大于10min	1～100	清洁电站、联合循环发电
PEMFC	含氟质子膜	固态	Pt/C	Pt/C	60～80	40～60	氢气、甲醇、天然气/空气	小于5s	0.5～300.0	机动车、清洁电站、潜艇、便携电源、航天

催化层、离子交换膜、气体扩散层和双极板构成了燃料电池电堆，其中离子交换膜是燃料电池最核心的部件，它主要实现膜与电解质的一体化，主要用于阻隔燃料、氧化剂（一般为 O_2）以及传导离子，会对整个电池性能产生直接影响[26, 31, 32]。因此，希望离子交换膜具备低的气体渗透率、较高的离子传导性、高的机械强度、良好的热稳定性和化学稳定性以及低的成本、较长的使用寿命等特点。

目前，燃料电池用离子交换膜根据含氟量不同可分为全氟类、非氟类（碳氢类）、部分非氟聚合物膜[29, 33]。其中，全氟类阴离子交换膜侧链引入—SO_2NH_2 基团，可以有效地提高膜的离子电导率和稳定性，但技术还不够成熟；全氟类阳离子交换膜具有机械强度高、化学稳定性好、电导率高等特点，其中全氟磺酸质子交换膜率先得到研发和产业化，至今仍是主流应用膜。但由于全氟类膜具有高温易降解、成本高、聚合物单体需求小、电导率对水含量要求高、渗透速率大等缺点使电池性能降低，因此寻找可替代的非氟离子交换膜成为发展趋势。

碳氢类阳离子聚合物膜（选择性透过阴离子）主要组成包括季胺化脂肪族和芳香族类聚合物，合成过程较为复杂，主链 C—H 键不稳定，限制了其应用；非氟质子交换膜目前研究较多的是直接共聚合成磺化聚芳醚，总体来看，该类膜性能与 Nafion 膜类似，环境污染小、成本低，但化学稳定性差，质子传导能力与机械性能很难兼顾。部分氟化质子交换膜效率高、寿命长、成本低，但聚合物主链 C—F 键活性较低，没有其他活性基团，物理接枝也难以保证充足的活性基团，且机械性能较低、氧溶解度低，这极大地制约了它的发展[29, 33, 34]。综上，机械强度是非氟和部分非氟离子交换膜的共性制约因素。

（1）阳离子交换膜现状

质子交换膜燃料电池（PEMFC）与碱性阴离子交换膜燃料电池（AAEMFC/AEMFC）是近年来的研究热点。PEMFC 的燃料为氢气，以氧气或空气作氧化剂；电池工作时氢气在阳极催化层发生氧化反应得到氢离子和电子，然后氢离子通过阳离子（质子）交换膜到达阴极，电子通过阳极到达外电路带动负载后移向阴极与 O_2 和 H^+发生还原反应生成水并产生热量。因此质子交换膜燃料电池的电化学反应为：

$$\text{阳极反应：} 2H_2 \longrightarrow 4H^+ + 4e^-$$

$$\text{阴极反应：} O_2 + 4H^+ + 4e^- \longrightarrow 2H_2O$$

$$\text{电池总反应：} 2H_2 + O_2 \longrightarrow 2H_2O$$

美国通用电气（GE）公司最早使用聚苯乙烯磺酸膜代替硫酸作酸性燃料电池的电解质并应用于航天领域，虽然取得了诸多成就，但该质子交换膜电阻较大、稳定性差，技术水平还有待发展[27, 35]。之后，Ballard 公司制得了 BAM3G 膜，该膜热和化学稳定性较好，然而部分氟化的聚苯乙烯磺酸膜较脆，吸水率也高，因此没有得到广泛应用[36]。20 世纪 60 年代中后期，美国杜邦（Dupont）公司开发出全氟磺酸树脂，在此基础上，GE 与 Dupont 合作开发了全氟磺酸离子交换膜［全氟离子交换膜是膜状的离子交换树脂，全氟磺酸质子交换（Nafion）膜的主链为聚四氟乙烯（PTFE）结构，侧链为末端带有磺酸基团的全氟乙烯基醚结构］，起初只在氯碱行业使用，之后广泛用于 PEMFC 中，至今仍是市场上应用最广泛的质子交换膜[36-38]。

目前常见的阳离子交换膜有美国 Nafion 系列膜，日本 Flemion 膜和 Aciplex 膜，比利时 Aquivion 膜，国内山东东岳集团自主生产的全氟磺酸膜、新源动力和武汉理工的复合膜以及市场应用最多的 Gore 复合膜等[32, 34]。此外，2010 年，山东东岳集团研发的全氟离子交换膜使我国燃料电池膜实现了国产化。该公司在近两年获得了全氟离子交换树脂的国家专利奖（该专利奖得到了世界产权组织 WIPO 的认可），研发的 DMR 系列复合增强全氟质子膜质量性能也通过了奔驰公司的技术考核，这对燃料电池及膜产业的发展有重大意义[37, 39, 40]。2020 年 9 月，搭载科润公司最新研发的 NEPEM-3015 系列全氟磺酸 H 型质子交换膜的燃料电池发动机（金华氢途科技有限公司），通过了国家机动车产品质量监督检验中心对燃料电池发动机的强制性检验，科润成为国内官方报道中首家通过国家汽车强检并完成工信部上车公告的国产质子交换膜企业，标志着我国氢燃料电池产业核心零部件的国产化进入了一个新的阶段[41]。

随着节能减排成为时代主流，燃料电池汽车（FCVs）因能量转化效率高、清洁、无污染等特点受到了广泛关注。FCVs 由燃料电池系统、蓄电池组（辅助动力源）、电流变换器、氢气系统、电动机和冷却系统等基本部分构成[42]。PEMFC 有零排放、安装简单和放电平稳等特点，将其应用到 FCVs 的燃料电池系统中发现具有储能高、续航里程长、可低温启动等特征，这使得质子交换膜燃料电池汽车受到广泛的青睐[26, 43]。

质子交换膜是 PEMFC 的核心，它的厚度、渗透速率、机械强度、含水率和溶胀度等物理性质以及质子传导率、摩尔质量等电化学性能都对车用燃料电池的性能有很大的影响，这些性能是开发优异质子交换膜的评估标准。质子交换膜传导率和机械强度的杠杆效应长久制约着膜的发展[36]。2019 年 4 月，日本戈尔公司全球首条燃料电池车用质子交换膜专用生产线开通，年产能达百万平方米，在全球范围内对超薄膜拥有明显领先的优势[37]。目前丰田 Mirai、本田 Clarity、现代 NEXO 和国内新源均采用戈尔机械增强复合膜，主要成分为 ePTFE（增强膨胀聚四氟乙烯）和新型氟化离子聚合物，打破了传统质子交换膜质子传导性和耐久性的矛盾[32]。我国燃料电池离子交换膜材料的发展虽然取得了一定成果，但主要集中在实验室阶段，离子交换膜、电催化剂、气体扩散层等燃料电池的关键材料基本还是由国外控制，燃料电池汽车的大规模投产应用还有待发展[26, 32, 44]。

（2）阴离子交换膜现状

碱性燃料电池（AFC）最初于 20 世纪 60 年代左右以氢氧化钾溶液为电解质溶液应用于航天领域，但此后由于存在空气中 CO_2 的影响、碱性溶液中电池材料的腐蚀、电解液的管理等多种问题而没有得到深入研究和进一步的应用，同时质子交换膜又有了一定发展与应用[45, 46]。虽然 PEMFC 应用广泛，但贵金属催化剂、燃料氢气存储及设施搭建、质子交换膜等成本效应不断制约着燃料电池的发展。近年来阴离子交换膜的研究有所进展，碱性阴离子交换膜燃料电池，简称阴离子交换膜燃料电池（AEMFC）具有可使用非贵金属催化剂、燃料多样性、水管理方便等特点。此外，AEMFC 的阴离子交换膜处于碱性环境中，可避免使用成本较高的含氟聚合物，OH^-与燃料氢气迁移方向相反，减少了燃料交叉以及燃料在膜中的渗透，同时反应在阴极进行具有更高的氧还原反应动力学[45, 47, 48]。最近任荣等通过离子交换膜上亲疏水基团的微观相分离，构建了局部均相环境，解决了传统异相催化的传质问题，可显著降低膜电阻，这为阴离子交换膜的发展提供了进一步的理论依据[49]。AEMFC 使用阴离子交换膜传导 OH^-，工作原理类似于 PEMFC。碱性阴离子交换膜电池的电化学反应为：

$$\text{阳极反应：} 2H_2 + 4OH^- \longrightarrow 4H_2O+4e^-$$

$$\text{阴极反应：} O_2+2H_2O+4e^- \longrightarrow 4OH^-$$

$$\text{电池总反应：} 2H_2+O_2 \longrightarrow 2H_2O$$

目前研究较多的阴离子交换膜主要为碳氢类，即非氟类，这也有效避免了含氟膜的成本问题。阴离子交换膜主要由聚合物主链、功能化阳离子基团、OH^-三部分组成，根据离子传导通道形成方法的不同可分为侧链型、密集功能化、梳型、结晶型。目前研究较多的聚合物主链结构有聚烯烃主链、含芳醚聚芳香烃主链（如聚苯醚，聚芳醚砜，聚芳醚酮）、无芳醚聚芳香烃主链（如聚苯并咪唑，聚降冰片烯等），研究较多的离子交换基团包括烷基季铵阳离子、氮共轭阳离子（如咪唑阳离子，胍基阳离子）、季膦阳离子、金属阳离子等[47，50，51]。

当前阴离子交换膜需要解决的问题主要包括以下两方面：①由于 OH^-迁移率低于 H^+而导致 AEM 中 OH^-电导率（电导率由离子迁移率和离子交换容量共同决定）较低，②在高温和强碱条件下 AEM 会因 OH^-的强亲核性发生降解[46，47，52]。因此，开发出兼具高离子电导率和碱稳定性的燃料电池用阴离子交换膜是现阶段的研究重点[47]。目前提高离子电导率的主要方法是通过构筑离子传导通道实现吸水溶胀率和电导率之间的平衡，并有效保持良好的机械稳定性；而在提高碱稳定性方面，主要目标是提高离子基团的稳定性和聚合物骨架的稳定性[52-54]。

程霞通过纺丝技术制备了具有纳米尺度的季铵化聚苯醚（QPPO）纳米导电纤维，并与聚乙烯醇（PVA）复合，得到了 QPPO 静电纺丝纳米纤维/PVA 共混复合阴离子交换膜；其机械性能好，电导率比 QPPO 均相膜高，表明通过导电纳米纤维构筑离子通道，有望在低 IEC 下，提高阴离子交换膜的离子电导率[43，55]。李子明选用氢化（苯乙烯-丁二烯）嵌段共聚物（SEBS）作为聚合物骨架，运用有机-有机复合策略、引入梳状结构和多阳离子交联策略，研制出了具有优异性能的 SEBS 基碱性膜；测试表明 1700h 的耐碱性测试（2M NaOH，80℃）后，交联膜的分子结构也没有出现明显降解，离子传导率保留 94.13%，证实了该膜优良的实用价值[48]。

虽然燃料电池用阴离子交换膜在实验室阶段已经有了大量研究，但大规模应用还有很远的距离。目前，商业化的燃料电池用阴离子交换膜主要有日本 Tokuyama 公司的 A201 膜以及德国的 FUMASEP 膜[56]。此外韩国于 2019 年开发的燃料电池阴离子交换膜新材料，离子电导率增加了 3 倍以上，化学稳定性也增加了，进一步提高了现有商用阴离子交换材料的性能和耐久性，但尚未达到可以完全取代阳离子交换材料的水平[57]。

9.1.3 燃料电池用离子交换膜的未来发展方向

随着世界能源与环境形式日益紧迫，寻找清洁可再生的新型能源成为研究热点。锂离子电池因安全性差、储能低、循环次数有限等问题限制了锂电池产业的发展，燃料电池具有的简单便携、高能效、清洁无污染特点以及国家相关政策的支持，使它取代其他化石能源成为大势所趋。目前燃料电池作为新兴产业，尚未规模化生产和应用，有很大发展前途。离子交换膜作为燃料电池的关键材料必将成为研究热点，当前对燃料电池离子交换膜进行研究和规模化生产的企业主要有美国 Dupont、3M、Gore，日本旭硝子，比利时苏威等。我国东岳集团经过自主研发也在燃料电池用离子交换膜领域取得了一定成果，但研究主要集中在氟化的质子交换膜。另外，燃料电池系统中，电堆成本占系统总成本的约 60%，其中质子交换膜和催化剂成本约占总成本的 50%，因此燃料电池用离子交换膜的发展还有很大空间。当前应用较多的 Nafion 膜虽然整体性能优于其他膜，但渗透速率大、水含量要求高，而且其生产工艺复杂且具有危险性，氟化过程可能导致环境污染，合成它的单体需求量小，仅用于生产全氟磺酸膜，成本较高。因此，在非氟磺酸聚合膜方面的研究或将有所突破。此外，燃料电池使用阳离子交换膜尚无法解决需要铂贵金属催化剂的成本和自然资源问题，阴离子交换膜处于碱性环境中不仅为其他非贵金属催化剂的应用提供了更多选择，而且在阴极具有更高的氧还原动力学。对阴离子交换膜的研究可集中在以下几个方面：

① 针对不同的阴离子交换基团，研究新型的聚合物骨架制造方法，改善阴离子交换膜的结构稳定性及耐碱性。

② 针对现有的离子交换膜技术，通过改变其支链离子交换基团上的取代基，达到改善膜碱稳定性和离子电导率的目的。

③ 探索新途径、新材料（如纳米尺度的研究或纳米材料的应用等）。

总之，生产研发出低成本、长寿命、高性能、高可靠度的离子交换膜为燃料电池的发展扫除一些障碍，是当下要解决的问题，也是未来的发展方向。

9.2 燃料电池离子交换膜的应用案例

NEPEM-301 系列质子交换膜在传统质子交换膜的基础上加入了 ePTFE 微孔增强材料，具有强度高、电导率高、离子渗透率低等特点。Nepem-21X 系列全氟磺酸质子交换膜特别适合用作燃料电池、电化学传感器中的固体电解质隔膜。江苏科润膜材料有限公司生产的全氟磺酸质子交换膜采用全新流延法工艺制造，由于流延法工艺可以与掺杂技术相结合，因此制造的膜不仅具有拉伸强度大、各向同性、电导率高、化学性能好等优势，还具有自增湿的效果。经测试，同等厚度尺寸下，其机械强度超过传统进口膜 30%，同时溶胀率低、含水率高。

使用 NEPEM-310 系列质子交换膜的膜电极氢渗透电流见图 9-11。短期电阻由交叉直流电压的斜率结算而得，并且两种类型的膜电极都可以接受该短电阻。总体来说，相对于 GN-212C 膜电极，GN-211C 膜电极的交叉电流略高，短期电阻略低。

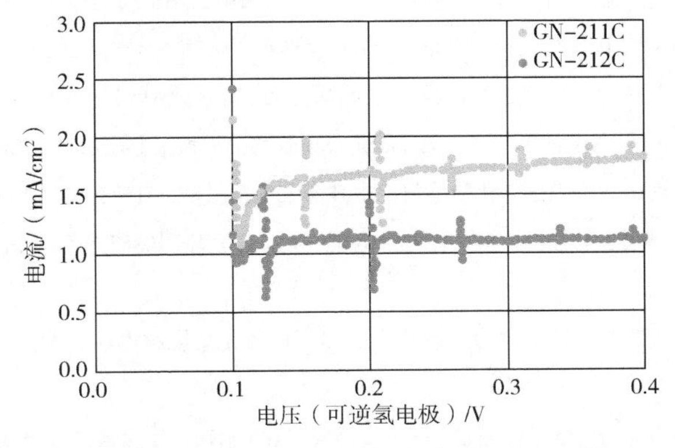

图 9-11 NEPEM-310 系列质子交换膜的膜电极氢渗透电流

如图 9-12 所示，在 80℃的工作条件，相对湿度 100%，1.5bar（1bar=10^5Pa，下同）的氢气/空气情况下，三种不同膜的阻抗奈奎斯特图达到了 0.6V。膜越薄，欧姆 Z 值越高。GN-212C 膜电极的平均欧姆 Z 值达到了 120mΩ/cm^2，高于 GN-211C 膜电极的平均欧姆 Z 值（92mΩ/cm^2），因此 GN-211C 膜有比较好的电化学性能，是一种具备发展前景的燃料电池质子交换膜。

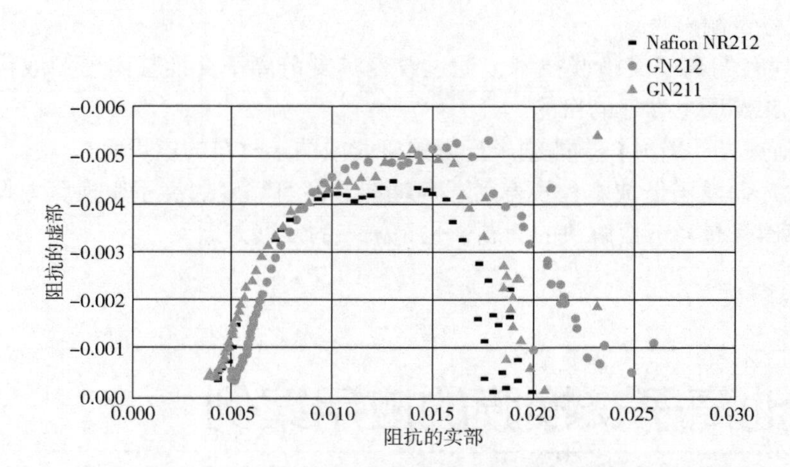

图 9-12　Nafion、GN-212C 和 GN-211C 膜电极组件的奈奎斯特图

参考文献

[1] 孟黎清. 燃料电池的历史和现状[J]. 电力学报，2002（02）：99-104.

[2] 田玫，孙丽荣，魏英智. 燃料电池发展的历史[J]. 化学与粘合，1995（4）：224-226.

[3] 高桥武彦. 燃料电池[M]. 东京：共立出版株式会社，1992.

[4] 巴尔伯 F. PEM 燃料电池：理论与实践[M].2 版.李东红，译.北京：机械工业出版社，2016.

[5] Apollo fuel cell donated to Whipple[EB/OL].[2019-11-29].https：//www.ceb.cam.ac.uk/news/news-archive/2006/apollo-fuel-cell-donated-to-whipple.

[6] Stone C，Morrison A E . From curiosity to “power to change the world?”[J]. Solid State Lonics，2002，152-153：1-13.

[7] 侯明，衣宝廉. 燃料电池技术发展现状与展望[J]. 电化学，2012，18（1）：1-13.

[8] 肖文灵. 燃料电池密封结构优化设计与性能分析[D].大连：大连理工大学，2020.

[9] 衣宝廉. 燃料电池——高效、环境友好的发电方式[M]. 北京：化学工业出版社，2000.

[10] 中国电工技术学会.电工高新技术丛书：第 1 分册[M].北京：机械工业出版社，2000.

[11] 彭苏萍，韩敏芳. 煤基/碳基固体氧化物燃料电池技术发展前沿[J]. 自然杂志，2009（04）：5-10.

[12] 杨博然，陈志光，秦朝葵. 固体氧化物燃料电池（SOFC）外围热管理系统研究进展[J]. 城市燃气，2019（3）：4-10.

[13] 孟元靖. 钐掺杂氧化铈与钙钛矿复合电解质在低温固体氧化物燃料电池中的应用研究[D].长春：吉林大学，2020.

[14] 黄波，李飞，俞晴春，等. 熔融碳酸盐燃料电池 ZnO/NiO 阴极稳定性及电化学性能研究[J]. 电化学，2004，

10（2）：181-189.

[15] 段立强，孙思宇，乐龙，等. 回收 CO_2 的整体煤气化熔融碳酸盐燃料电池联合循环系统研究[J]. 工程热物理学报，2015（7）：1422-1427.

[16] 邓康杰. 熔融碳酸盐燃料电池-微型燃气轮机混合发电系统半实物仿真研究[D].重庆：重庆大学，2019.

[17] 吴洪秀. 燃料电池用聚丙烯腈基交换膜的制备与性能[D].长春：长春工业大学，2019.

[18] 殷书林. 磷酸燃料电池-吸收式制冷机混合系统性能分析与生态学优化[D].上海：东华大学，2017.

[19] 韩福昌. 直接甲醇燃料电池石墨烯基催化层制备及性能研究[D].广州：华南理工大学，2020.

[20] 何雨石. 燃料电池阴极电化学反应及传递过程模型化[D].南京：南京工业大学，2002.

[21] 李海强. 直接甲醇燃料电池用质子交换膜的相对选择性优化与调控[D].长春：长春工业大学，2020.

[22] 张彩绵. 咪唑/磺酸两性离子膜的制备及其钒电池性能[D].大连：大连理工大学，2018.

[23] 张华清. 胺基/磺酸两性离子膜的制备及其钒电池性能[D].大连：大连理工大学，2019.

[24] 周璇. 改性 TiO_2 掺杂离子交换膜的制备及其在电渗析中的应用研究[D].广州：华南理工大学，2019.

[25] 赵成吉，卜凡哲，那辉.侧链含多季铵基团聚芳醚酮阴离子交换膜的制备与性能[J].科学通报，2019，64（02）：172-179.

[26] 王吉华，居钰生，易正根，等.燃料电池技术发展及应用现状综述（上）[J].现代车用动力，2018（02）：7-12，39.

[27] 赵经纬，蔡园满，易秘，等.燃料电池用质子交换膜产业分析[J].江西化工，2019（06）：322-326.

[28] 常雪嵩，周瑶，田萌，等.燃料电池的发展与应用[J].小型内燃机与车辆技术，2019，48（03）：71-74.

[29] 傅家豪，邹佩佩，余忠伟，等.氢燃料电池关键零部件现状研究[J].汽车零部件，2020（12）：102-105.

[30] 魏兆平.氢燃料电池电动汽车技术[J].中国汽车，2019（09）：34-37.

[31] 付凤艳，程敬泉，张杰，等.基于阳离子交换基团的阴离子交换膜研究进展[J].应用化学，2020，37（10）：1112-1126.

[32] 王家恒，韩震.中国氢燃料电池技术发展现状及趋势[J].汽车实用技术，2019（22）：20-23.

[33] 刘训道，王丽，李虹，等.燃料电池用阴离子交换膜的研究进展[J].有机氟工业，2018（02）：33-41.

[34] 刘义鹤，江洪.燃料电池质子交换膜技术发展现状[J].新材料产业，2018（05）：27-30.

[35] 周晖雨，范芷萱.燃料电池发展史：从阿波罗登月到丰田 Mirai[J].能源，2019（07）：94-96.

[36] 陈翠仙，郭红霞，秦培勇，等. 膜分离[M]. 北京：化学工业出版社，2017.

[37] 杜泽学.车用燃料电池关键材料技术研发应用进展[J].化工进展，2021，40（01）：6-20.

[38] 陈观文，许振良，曹义鸣，等. 膜技术新进展与工程应用[M]. 北京：国防工业出版社，2013.

[39] 乔婧，高子涵.燃料电池产业发展现状分析研究[J].情报工程，2015，1（01）：61-67.

[40] http：//www.dongyuechem.com/NewsDetail.aspx?ID=1969&CategoryID=246&Category=News.

[41] http：//www.thinkre.cn/news/news/2020-09-28/164.html.

[42] 赵东江，马松艳.燃料电池汽车及其发展前景[J].绥化学院学报，2017，37（05）：143-147.

[43] 季文姣.燃料电池汽车的现状与发展前景[J].企业技术开发，2019，38（05）：62-64.

[44] 贺春禄，向鹏.衣宝廉：中国氢燃料电池车行业亟待破题[J].高科技与产业化，2020（01）：18-21.

[45] 张峰. 基于多咪唑功能化聚降冰片烯嵌段共聚物自交联阴离子交换膜的制备和性能研究[D].南昌：南昌大学，2020.

[46] 彭金武. 分子结构中含有功能性大环的阴离子交换膜的制备和性能研究[D].长春：吉林大学，2020.

[47] 张建军. 阴离子交换膜制备及碱性燃料电池应用研究[D] .合肥：中国科学技术大学，2020.

[48] 李子明. 燃料电池用 SEBS 基碱性阴离子交换膜的制备与性能研究[D].北京：北京化工大学，2020.

[49] Ren R，Wang X J，Chen H Q，et al. Reshaping the cathodic catalyst layer for anion exchange membrane fuel cells：From heterogeneous catalysis to homogeneous catalysis[J]. Angewandte Chemie International Edition，2020，60（8）：4095-4100.

[50] 付凤艳，程敬泉，张杰，等.基于阳离子交换基团的阴离子交换膜研究进展[J].应用化学，2020，37（10）：1112-1126.

[51] 程昌文. 多咪唑阳离子功能化苯并降冰片二烯三嵌段共聚物及其自交联碱性阴离子交换膜的制备与燃料电池的应用性能[D].南昌：南昌大学，2020.

[52] 薛博欣. 耐碱型有机阳离子的分子结构设计及阴离子交换膜制备[D].合肥：中国科学技术大学，2020.

[53] 陈南君. 长寿命碱性燃料电池阴离子交换膜研究[D].北京：北京化工大学，2019.

[54] 袁伟，曾玲平，王建川，等.燃料电池阴离子交换膜高效离子传输通道构建进展[J].化工学报，2019，70（10）：3764-3775.

[55] 程霞. 燃料电池阴离子交换膜高效离子通道设计[D].重庆：重庆大学，2019.

[56] 邹莹莹. 基于环烯烃共聚物的阴离子交换膜的合成及性能研究[D].长春：长春工业大学，2019.

[57] http：//www.juda.cn/news/105197.html.

第10章

膜分离技术在药物生产中的应用

膜分离是一种新型的高效分离、浓缩、提纯及净化技术，近30年来发展迅速，在能源、资源、电子、石化、医药卫生、重工、轻工、食品、饮料行业和人民日常生活及环保等领域均获得了广泛的应用，经济和社会效益十分显著。与传统的分离技术如蒸发、蒸馏、萃取、吸收、吸附等相比，膜分离技术具有无相变、可在常温下连续操作、设备简单、操作容易、能耗低、分离效率高和无二次污染等优点。膜分离已成为解决当代能源、资源、环境污染等问题的重要高新技术及可持续发展技术的基础，是21世纪最有发展前途的高新技术之一。

近年来，膜分离技术在农药和医药的生产过程中已经得到了广泛的应用，尤其是在农药和医药的分离、提纯与浓缩过程中应用更为广泛。在传统的农药和医药分离、过滤、纯化、浓缩与提取等过程中，大都采用鼓式真空过滤、板框压滤、离子交换、离心分离、溶媒抽提、吸附、絮凝、沉淀、蒸发和结晶等生产工艺，存在技术落后、工艺繁杂、资源浪费、污染严重等问题，具有经济效益甚低和产品质量差等缺点。运用膜分离技术不仅可以实现对传统农药和医药生产工艺的改造，提高农药和医药产品的质量与分离效率，还可以大幅度地减少能耗和污染，降低成本，最终实现农药和医药的清洁生产及达到环保标准与要求。随着对农药和医药产品质量与要求的不断提高，以及降低生产成本的需求和减少对环境污染的要求，膜分离技术在农药和医药生产过程中的优势也越来越明显，具有广阔的发展前景。

10.1 膜分离的基本过程和特征

膜分离技术在农药和医药生产中的应用主要是在外力的推动下利用筛分的机理对液相中的混合物进行分离、提纯和浓缩。根据膜的材质可分为无机膜和有机膜两大类。无机膜有陶瓷膜、金属膜、分子筛膜和炭膜等，有机膜由高分子化合物合成。相对而言，有机膜的研究时间较长，制备工艺成熟，应用的种类和范围较广；无机膜因研究时间短而应用相对较少，但因其具有耐高温、抗腐蚀和高强度等独特的性能，特别适合用于农药和医药的分离、提纯与浓缩。此外，根据在农药和医药生产中主要应用的膜孔径大小还可分为微滤（MF）、超滤（UF）和纳滤（NF）膜。主要膜分离过程的基本特征见表10-1。在农药和医药的生产中，可以针对有效成分的不同要求，选用相适应的膜分离过程和膜材料。

表 10-1　主要膜分离过程的基本特征

膜分离法	膜类型	分离机理	截留溶质大小	应用对象
微滤（MF）	多孔膜	筛分	80～10000nm	除菌、药品、澄清、精制
超滤（UF）	非对称膜	筛分、电荷	1～100nm	蛋白质、多肽和多糖回收与浓缩，病毒分离
纳滤（NF）	非对称膜或覆膜	筛分、电荷	0.5～5nm	药物纯化、浓缩、脱盐和回收

10.2 膜分离技术的分类及其应用

10.2.1 微滤膜

微滤膜常用于农药和医药生产的预处理过程中，膜孔径通常在 0.05～10μm 之间，操作压差范围通常为 0.05～0.2MPa，主要用于截留微粒、细菌、悬浮物和粒径较大的胶体以达到净化除菌除杂的目的及作为超滤、纳滤膜过滤过程中的预处理。通常在恒压或恒流泵的作用下，发酵液或药液在微滤膜上运动，大于膜孔径的物质被截留下来，小于膜孔径的物质则通过滤膜被分离。微滤膜具有的高效分离、提纯和浓缩效率是普通过滤材料无法取代的。例如王龙德等[1]通过使用 0.45μm 的聚醚砜微滤膜使苦楝素的纯度由 0.89%提高到了 8.79%。吕建国等[2]通过采用陶瓷微滤膜对由 7 种中药材提取物制成的药酒进行了过滤澄清，药酒由微滤前的浑浊液体变为黄褐色澄清透明液体，并且不影响药酒的主要成分。高红宁等[3]通过使用无机陶瓷微滤膜对苦参水提液中固形物的去除率达到了 39.50%，并且氧化苦参碱和苦参总黄酮仍有较高的保留率，分别为 79.72%和 77.23%。

10.2.2 超滤（UF）膜

超滤膜是一种具有分子水平的薄膜过滤技术，也是生物农药和医药生产中应用最为广泛的膜分离浓缩技术。超滤膜多为非对称膜，膜孔径通常在 0.01～0.1μm 之间，操作压力在 0.2～0.6MPa 之间。超滤膜截留的分子相对分子量范围为 500～500000Da，主要用于农药和医药生产中大分子物质的分级分离、脱盐浓缩和截留微滤膜无法分离的病毒、热原、胶体、多肽及蛋白质等大分子化合物。例如传统的农用抗生素宁南霉素的提取方法主要是采用板框过滤、离子交换、蒸发浓缩法等，但宁南霉素发酵液中绝大部分是菌丝体和未用完的培养基以及各种各样的代谢产物，如蛋白质、多肽、色素和 Ca^{2+}、Mg^{2+}等，宁南霉素的浓度远比各种杂质低，仅为 10000 单位/mL。因此，对宁南霉素的分离和浓缩便十分困难。通过使用板框压滤机和超滤膜进行工艺结合，农用抗生素武夷菌素的液体深层发酵生产中[4]，发酵液经板框压滤机过滤后，依次进入精滤器和超滤器，这样凡是大于膜孔的固体如菌体、培养基和蛋白质类大分子物质均被截留，可以得到浓度和纯度更高的武夷菌素。

超滤在医药方面应用同样也是对药液中的有效成分分离和浓缩。例如传统中药中有效成分的提取分离主要是采用水醇法、醇水法、石硫法、改良明胶法、水蒸气蒸馏法、透析法等方法来实现，其中水醇法应用最普遍，但其存在生产周期长、工艺复杂、生产成本高、有效成分损失严重、成品稳定差、易产生环境污染等问题[5]，而超滤膜的应用可以很好地解决这些这些问题。在中药药液中有效成分的相对分子质量大多数低于 1000Da[6]，其他杂质的相对分子质量大多数在 50000Da 以上，如淀粉为 500000Da、多糖为 200000～500000Da、树胶果胶为 150000～300000Da 等[7]。利用超滤膜技术可以有效地分离、除杂和浓缩中药中的有效成分。如王丹青等[8]通过使用超滤膜过滤技术与传统的醇沉法比较发现超滤膜技术对延胡索乙素的杂质去除效果更好，并且有效成分的损失基本相当。叶勇等[9]研究了不同规格超滤膜（100kDa、10kDa 和 5kDa）对复方中药丹参芍药水煎液的分离和浓缩效果，结果表明 10kDa 的超滤膜对复方中药丹参芍药水煎液的分离和浓缩效果最好，获得的产品纯度高、损失小。刘志昌等[10]采用微滤膜对白藜芦醇进行预处理，再通过超滤膜对白藜芦醇进行了浓缩，白藜芦醇的纯度达到了 55.8%。

10.2.3 纳滤膜

纳滤膜是一种介于超滤膜与反渗透膜之间的膜，可截留分子量在 300～1000Da 之间的有机化合物[11]。纳滤膜在农药和医药生产中通常被用于对分子量较小的药物进行纯化分离，如在农药生产中纳滤膜对氨基寡糖类生物农药的分离浓缩。司丹丹等[12]采用截留分子量为 200Da 的纳滤膜对黄芪提取液中的有效成分黄芪多糖和黄芪甲苷进行了浓缩，对总糖的平均截留率达到了 99.6%。周锦珂等[13]通过使用纳滤膜技术和传统真空浓缩技术对丹酚酸 B 提取液进行了浓缩对比，结果表明纳滤膜技术不仅能使浓缩时间减少一半，而且成品中丹酚酸 B 的含量比传统的方式高出 4.79%，同时具有更浅的颜色。

10.3 膜分离技术在农药中的应用

10.3.1 膜分离技术在农药生产中的应用

农药的能耗成本主要集中在后处理提取工艺，农药的化学发酵液中有效成分较低，传统的农药分离和浓缩方法主要是板框过滤和蒸发浓缩法[14]，因此存在能耗较大、污染环境等问题。井冈霉素、宁南霉素和阿维菌素利用膜分离技术的后处理提取工艺如图 10-1 所示。首先采用一级膜即微滤膜能够有效地去除发酵液中的大部分菌丝体和固形物；然后利用二级膜即超滤膜将一级膜处理后的透过液进行去除蛋白质（去除 99%以上），将浓缩液再用一级膜进行处理；最后用三级膜即纳滤膜对二级膜透过液中的单糖及无机盐进行去除，再进一步浓缩得到最终的产品。

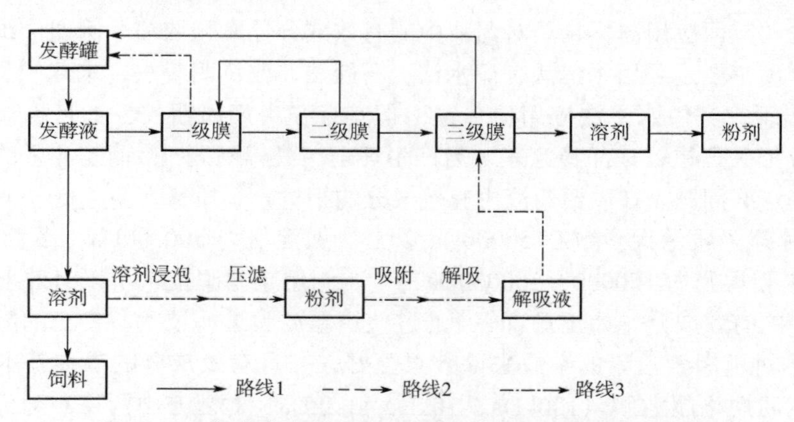

图 10-1 集成膜分离技术分离纯化农用抗生素的工艺流程

草甘膦的分离和浓缩也是采用多级膜分离过程，其分离和浓缩的工艺流程如图 10-2 所示。首先采用微滤膜除去母液中的亚微米和微米颗粒与絮状物以及采用超滤膜除去可溶性大分子杂质。然后将处理后的草甘膦母液送入一级纳滤膜分离，浓缩液中草甘膦质量分数达到 10%以上的收集到储槽，10%以下的则继续循环分离，直至浓缩液中草甘膦质量分数达到 10%以上收集到储槽；一级纳滤透过液进入二级纳滤膜分离，二级纳滤浓缩液返回进入一级纳滤膜分离，二级纳滤透过液进入反渗透膜分离，反渗透膜浓缩液返回进入二级纳滤膜分离。浓缩后的草甘膦母液经冷却、结晶、过滤得到固体草甘膦原粉。

曾小君等[15]采用了两级膜分离过程去除亚氨基二乙酸废水中的盐并对亚氨基二乙酸进行了浓缩。首先用一级膜进行除盐，然后再用二级膜进行浓缩，其分离与浓缩步骤和上述农药的分离与浓缩步骤相似，工艺流程如图 10-3 所示。

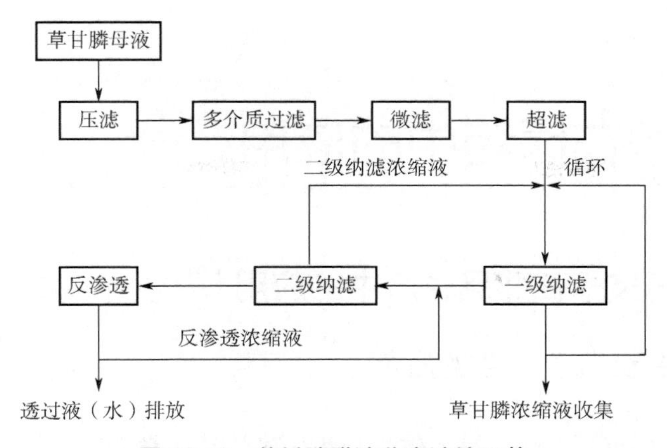

图 10-2 草甘膦膜法分离浓缩工艺

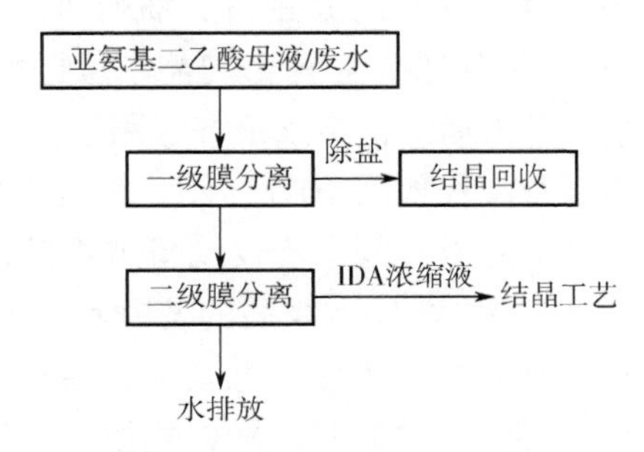

图 10-3 亚氨基二乙酸的提纯回收工艺

10.3.2 膜分离技术在农药废水处理中的应用

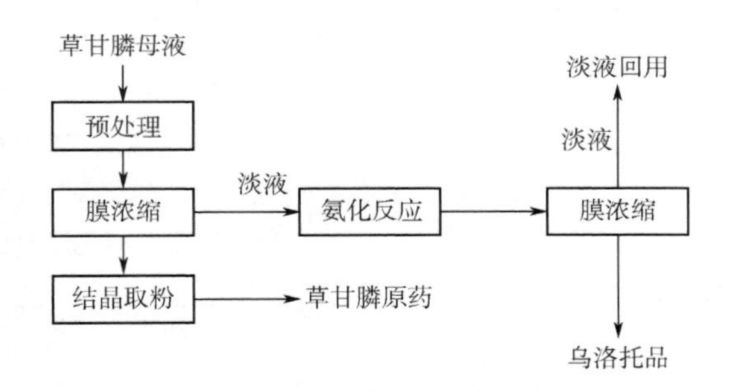

图 10-4 IDA 法草甘膦母液处理工艺流程

膜分离技术在农药废水处理中已经得到了广泛的应用，与其他农药废水处理技术相比，膜分离技术能够针对农药废水中的有用成分，利用不同孔径的膜将农药废水中不同尺寸的物质进行分离，截留农药废水中分子量介于 100～2000Da 的可溶性有用物质并浓缩到一定浓度，脱除盐分达到纯化分离和浓缩的目的。例如在草甘膦制备过程中会产生含有 0.8%～1.0%的草甘膦、1%～2%的甲醛、微量的甲酸和双甘膦的废水。该废水传统的处理方法为蒸发浓缩后加入草甘膦原粉，配制成 10%的水剂。但该方法存在能耗高、难以浓缩到较高的浓度等问题。利用膜分离技术不仅能够实现废水中草甘膦的回收，还能对废水中的甲醛进行分离提纯进行充分的利用以减少环境污染，该膜分离的流程如图 10-4 所示。具体流程是草甘膦母液废水经膜分离系统浓缩后，富含草甘膦的浓液结晶得到草甘膦原药；富含甲醛的淡液通入氨气反应合成乌洛托品稀溶液，再经膜浓缩，得到乌洛托品成品和淡液，淡液排放或回用于生产，乌洛托品成品干燥后可作为商品出售。

10.4 膜分离技术在医药中的应用

10.4.1 膜分离技术在药品生产中的应用

10.4.1.1 在维生素 C 生产中的应用

维生素 C 又名 L-抗坏血酸，是人体生长和生命活动所必需的一种水溶性维生素，能够帮助改善人体免疫系统的相关功能，参与胶原蛋白、细胞间质和神经递质的合成等，是一类重要的药物和营养制剂。2019 年全球维生素 C 的需求量已经达到了 22 万吨，其中约有 70%由我国供给。维生素 C 最早是由瑞士化学家莱齐特因于 1933 年通过化学合成的方法制得的，也称莱氏法，其相应的制备流程如图 10-5 所示。但是莱氏法存在工序多、操作难以连续化、耗费大量的易燃有毒化学品等问题，不仅制备成本较高，而且破坏和污染环境。维生素 C 在制备过程中的前体是 2-酮基-L-古龙酸的发酵液，通过使用超滤膜对 2-酮基-L-古龙酸的发酵液进行过滤，对发酵液中的细菌、菌丝体、蛋白质和悬浮微粒等杂质进行去除[16]，再用纳滤膜或树脂进行除盐，不仅可以避免使用大量有毒的化学制剂，而且能耗低，对环境的影响小，制得的维生素 C 纯度和转化率都得到提高。其工艺流程见图 10-6。

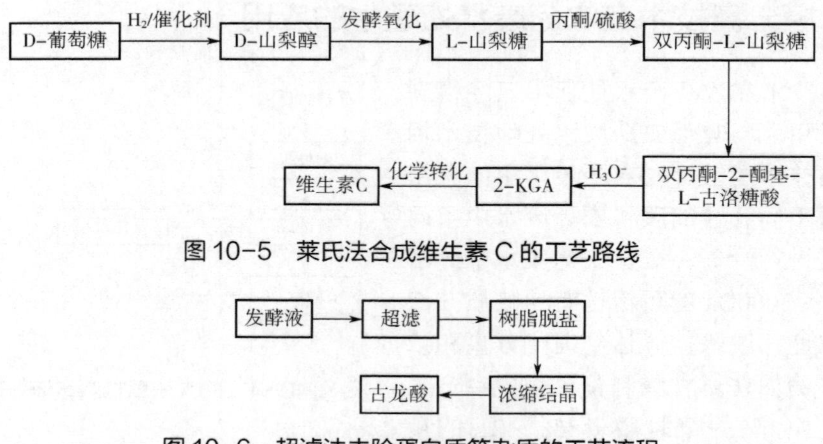

图 10-5 莱氏法合成维生素 C 的工艺路线

图 10-6 超滤法去除蛋白质等杂质的工艺流程

超滤系统制备维生素 C 的过程中主要由错流过滤、顶料清洗、杀菌、停车四个步骤组成，其流程如图 10-7 所示[17]。

① 错流过滤：通过增压泵将古龙酸发酵液打入超滤膜组件中，通过错流的方式在膜组件中形成湍流，利用膜两端的跨膜压力作为驱动力对发酵液进行过滤和除杂，将透过液收集起来做下一步除盐处理。

② 顶料清洗：当超滤系统运行一段时间后膜通量下降，膜被污染需要对膜组件进行

清洗和维护。陈永林等是在超滤系统运行 8～10h 后，利用配制好的清洗液，开启外界蒸汽，使温度达到 40℃ 左右，进行 60～120min 的循环清洗。

③ 杀菌：超滤系统清洗完之后，再通过增压泵向系统中打入杀生剂溶液进行杀菌处理。

④ 停车：超滤系统杀菌处理完毕之后，再用清水对膜片进行浸泡处理，以备下一次使用。

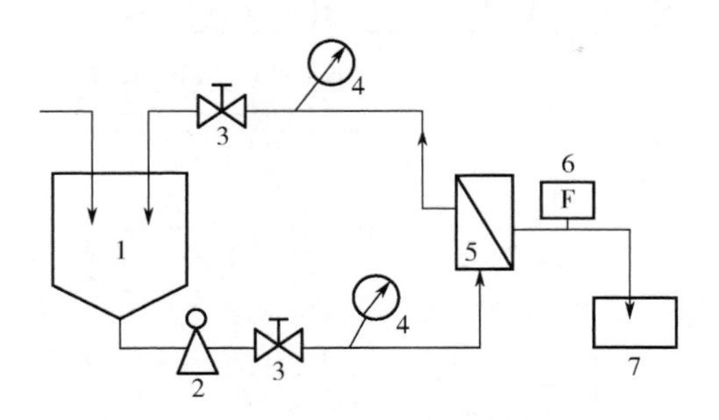

图 10-7　超滤工艺流程

1—发酵液储罐；2—泵；3—阀门；4—压力表；5—超滤系统；6—流量计；7—清液储罐

10.4.1.2　在抗生素提炼中的应用

抗生素的相对分子质量一般在 300～1200Da 的范围内。传统的抗生素分离方法一般为鼓式过滤、板框过滤和离心分离。在传统的抗生素提炼中，要经过过滤、萃取、浓缩、结晶等工艺过程，存在过程冗长、收率低、能耗大等缺点。采用膜分离技术可以克服这些缺点，与传统工艺相比，用膜分离技术处理发酵液具有产率高、质量好、成本低和废液少等优点。青霉素、头孢菌素、螺旋霉素、红霉素、土霉素、去甲氯四环素和林可霉素等抗生素的分离和浓缩都会用到超滤或纳滤膜技术。

以青霉素在膜分离中的应用为例进行简单介绍。青霉素在工业生产中的流程如图 10-8 所示，需要经过萃取的步骤，但是青霉素发酵滤液中含有的大量蛋白质等表面活性物质在酸化时会发生乳化现象，给萃取过程造成困难。通过使用超滤膜不仅可以有效地截留发酵液中的蛋白质，还能使青霉素的品质有一定程度的提高，可大大缩短萃取时间。

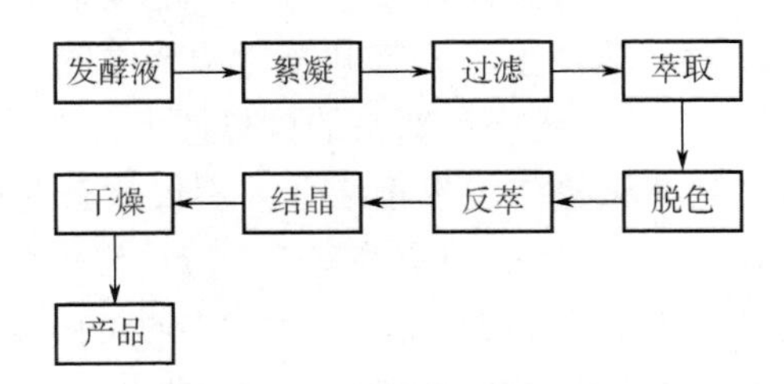

图 10-8　青霉素提炼流程

通过使用超滤技术和纳滤技术相结合还可以对青霉素药液进行浓缩。先使用超滤膜对发酵液进行过滤获得低浓度的青霉素药液，再使用纳滤膜对低浓度的青霉素药液进行浓缩获得高浓度的青霉素药液，其相应的流程如图 10-9 所示[18]。通过超滤膜和纳滤膜结合使用的方法不仅可以使青霉素药液浓缩效果提高 3.5～6 倍，还可以减少饮用水用量、降低废水排放量。

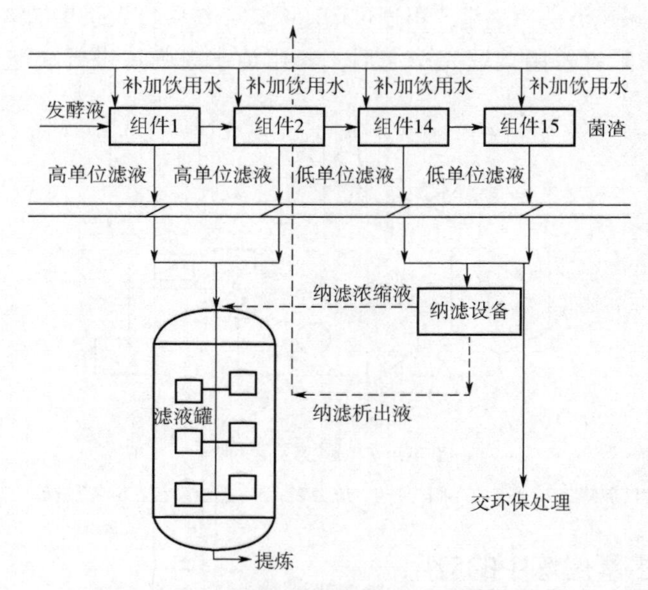

图 10-9 青霉素分离和浓缩的工艺流程

10.4.2 膜分离技术在中药生产中的应用

10.4.2.1 中药中有效成分的提取和除杂

中药的组成成分十分复杂，通常含有酚类、酮类、无机盐、生物碱、氨基酸和有机酸、皂苷、甾体类和萜类化合物以及蛋白质、多糖、淀粉、纤维素等。在中药煎煮液中除了有效成分之外，往往还有辅助成分和无效成分[19, 20]。因此，对中药中有效成分的提取和无效成分的去除是十分重要的。传统的中药中有效成分的提取方法有醇水法、水蒸气蒸馏法、石硫法、改良明胶法、水醇法和透析法等。但是传统的分离方法存在诸多缺点，以应用最为广泛的水醇法为例，其在中药中有效成分的提取过程中不仅存在生产周期长、生产工艺复杂、生产成本高、易对环境产生污染等问题，中药中的有效成分还损失严重，并且成品的稳定也较差[21]。膜分离技术作为一种新兴的分离技术在中药有效成分的分离除杂中已经得到了广泛的应用。通过微滤和超滤技术相结合，不仅能够对中药中的有效成分进行分离、除杂和浓缩，还能最大限度地保留中药中的有效成分，降低生产成本和减少对环境的污染。膜分离技术已经成为药物分离和浓缩过程中不可缺少的一步，尤其是中药的生产过程。其中，超滤技术更能体现中药及复方的特性，发挥其临床疗效优势。例如刘振丽等[22]比较了超滤技术和醇沉法对金银花中绿原酸分离效果的影响，研究表明超滤技术（绿原酸得率为 95.37%）比醇沉法（绿原酸得率为 67.82%）能够更好地保留金银花中的绿原酸。郭立玮等[23]的研究表明超滤法对去除澄清山茱药液中的糖类杂质更为有效，能够很好地去除药液中的杂质。

10.4.2.2 中药中有效成分的分离浓缩

膜分离技术以其较高的分离效率、不对被分离物质产生二次污染和不破坏药效成分等优点被广泛地应用于中药中有效成分的分离和浓缩。目前膜分离技术广泛用于中药中多糖、多酚、醌、苷类、黄酮和活性蛋白等活性成分的分离。例如张元等[24]利用30kDa的超滤膜对粗茶多糖进行了过滤浓缩，茶多糖的纯度由28.7%提高到了45.3%。范远景等[25]利用微滤膜在操作压力为0.20～0.22MPa和操作温度为50°C的条件下对多糖浸提液进行预处理得到了透过液，再用超滤膜在操作压力为0.65MPa、操作温度为45°C和原料液中多糖浓度为0.72g/L的过滤条件下进行浓缩处理得到了多糖制品，通过微滤和超滤相结合的技术不仅提高了多糖产品的纯度，还降低了能耗。许浮萍等[26]用50mn的无机陶瓷膜对大豆异黄酮乙醇萃取液进行了超滤，大豆蛋白的截留率达75.52%，透过液大豆异黄酮含量达16.4%。

10.4.2.3 中药口服液的制备

在中药口服液生产中，传统的生产工艺主要是采用水提醇沉法，但是由于成品中存在少量胶体、微粒、鞣质等，在使用过程中久置会出现明显的絮体沉淀物，影响药液的外观性状及质量。而采用微孔滤膜或超滤工艺去除其中的杂质后，可使口服液达到很高的纯度。膜分离技术不仅能够去除料液中的杂质，保留有效成分，同时能够简化生产工序，缩短生产周期[27]。刘洪谦等[28]用超滤法精制生脉饮口服液，比较了传统工艺和超滤技术制备的成品制剂质量，结果表明超滤法不仅能更好地去除杂质，并能有效地保留原方配伍成分，且有效成分损失较少，成品稳定性好。冯敬文等[29]选用0.1μm的陶瓷微滤膜对加糖浆的总混合药液进行了微滤，结果表明通过微滤膜过滤后能除去大部分鞣质，显著提高了口服液的澄清度及其稳定性，但是由于膜分离的截留作用口服液中的盐酸麻黄碱和绿原酸含量有所降低。郭武艳等[30]选取了五种不同孔径的有机膜对银黄方的水煎液进行五级膜分离，将有效成分按相对分子质量从大到小分别截留在各级膜截留液中，得到各级膜截留液作为供试品溶液。膜分离工艺得到的有效部位含量均高于银黄口服液，且黄芩苷含量或3种成分黄芩苷、绿原酸、汉黄芩苷含量总和，分别在3～4级截留液中达到有效部位含量占提取物50%以上的要求。胡其芬等[31]使用超滤法和水醇法分别制备了生脉饮和补阳还五汤两种口服液，并以蒽酮法测定了其总多糖含量。通过超滤法制备的生脉饮和补阳还五汤两种口服液含糖量分别为5.178%和6.787%，明显高于水醇法的3.891%和2.142%。

10.4.2.4 中药注射液的制备

采用微滤和超滤技术制备中药注射剂的基本步骤为先对中药原料进行煎煮，再用微滤膜对煎煮好的药液进行预处理得到渗透液，然后用超滤膜对得到的渗透液进行过滤再灌封灭菌得到中药注射液。其主要特点为：

① 由于去除了鞣质等杂质，明显提高了注射液的澄明度和稳定性；

② 由于分离时无相变，因此有利于保持中药的生物活性和理化稳定性，易于保留原

配方中的有效成分；

③ 工艺流程及生产周期短，操作简便易行；

④ 超滤制剂有效成分含量较常法高 10%～100%，因而节约原料，同时节省大量溶剂。

以清开灵注射液的制备为例，清开灵注射液在工业的制备过程中一定要将其中的热原去除。利用膜分离技术不仅可以将清开灵注射液原液中的热原有效地去除，还不影响清开灵注射液中各组分的含量。其一般的处理步骤为将清开灵注射液原液混匀后，调节原液的温度到 40°C 和 pH 到 7.5，利用增压泵将原液打入错流装置中先通过 0.45μm 的微滤膜进行除杂获得透过液，再控制操作压力为 0.10～0.15MPa 使透过液通过 30kDa 的超滤膜获得清开灵注射液。膜分离技术工艺对清开灵注射液进行超滤后清开灵注射液中各项指标性成分含量为：总氮含量(2.610±0.039)g/L，胆酸含量(1.796±0.059)g/L，栀子苷含量(0.762±0.067)g/L，黄芩苷含量（4.683±0.173）g/L；清开灵注射液各项指标性成分含量均符合质量标准，并且清开灵注射液升温综合最高的是 0.86°C，最低的是 0.45°C，热原检查合格。

10.4.2.5 药酒的制备

通过膜分离技术不仅能够使药酒由微滤前的浑浊液体变为微滤后的黄褐色澄清透明液体，提高中药药酒澄清效果，还不影响其成分的变化[32]。钱百炎等[33]用超滤工艺纯化了虫草补酒等五种药酒，结果表明：①处理前后组成无明显变化；②除菌率达 100%；③澄明度提高，且产品储存一年后稳定；④能耗降低。此外，史国富等[34]采用膜分离技术进行了制备中华鹿龟神酒的工艺研究，结果表明采用膜分离技术制备中药勾兑酒，对提高成品酒的内在质量、稳定性和澄明度有良好效果，提高了中药保健酒的质量、营养及功能。

10.5 膜分离技术存在的问题

膜分离技术在农药和医药的生产过程中具有工序简单、分离效率高、能耗低、能达到清洁生产的优势，因此在分离浓缩生物农药和医药中有效成分的研究中已取得了很多成果，但也存在一定的问题：

① 膜材料的品种少，膜孔径分布宽，性能欠稳定。

② 膜的污染问题是阻碍超滤等膜分离技术从实验室研究走向工业应用阶段的最大障碍。

③ 长时间使用及设备死角，造成超滤不能百分之百除去药液中的细菌和热原。

④ 超滤技术在生物农药研究领域内的应用缺乏系统深入的研究。

⑤ 适合生物农药和医药体系超滤用的超滤设备及操作工艺，有待进一步研究和开发。

⑥ 不同生物农药发酵液中的有效成分不同，其所含杂质、细菌、热原的种类和数量

不同，必须逐个进行实验研究。

以上这些问题都是阻碍膜分离技术在农药和医药生产中进一步应用和发展的主要因素。因此，膜污染机制及控制技术的研究，低成本、抗污染膜材料与无缺陷膜的开发以及新型膜组件的设计是决定膜技术能否在新一轮的医药产业中大规模应用的关键性因素。

10.6 前景展望

当前，膜分离技术在农药生产过程中的应用已获得巨大的进展。与此相比，其在农药分离和提纯中的应用还有很大的研究与开发潜力。膜分离技术极大地提高了农药有效成分的收率与质量，节约了大量的时间和能源，且具有分离过程简单、无相变、分离系数大、节能、高效、无二次污染、可常温连续操作、可直接放大等优点。

从目前的研究来看，在技术上还存在着不同层次的局限性，特别是现在多为实验室研究阶段。如何应用到更多农药的生产当中，需要解决的技术问题还很多，还有许多工作需要我们去做：

① 将新兴的膜分离技术与传统的工艺技术有机地结合起来，不断将膜技术的研究成果从实验室推向产业化应用。

② 研究新的膜材料，开发研究新的聚合膜材料，减少膜污染。

③ 研究开发新的成膜工艺，进一步开发超薄、高度均匀、无缺陷的非对称膜皮层技术与工艺，使其更适合生物农药的生产。

④ 加快无机膜的研制发展步伐。无机膜由于拥有其他聚合物膜无法具有的一些优点，如耐酸、碱、有机溶剂，化学稳定性好，机械强度大，抗微生物污染能力强，耐高温，孔径分布窄，分离效率高等，而受到学术界和工业化应用越来越多的重视。在以后的发展过程中，研究无机膜的新材料、新工艺是必然的趋势。

综上所述，应加强膜分离技术应用于工业生产的研究，相信随着新型膜材料的不断出现、膜分离技术基础研究的不断深化及膜污染膜再生问题的逐步解决，膜分离技术必将在药物的工业化生产中扮演越来越重要角色。

参考文献

[1] 王龙德，崔鹏，路绪旺，等. 微滤膜分离提纯苦楝素的研究[J]. 天然产物研究与开发，2011，23（4）：742-746.

[2] 吕建国，焦光联，张鹏. 膜分离技术澄清中药药酒的试验研究[J]. 中成药，2008，030（008）：1145-1147.

[3] 高红宁，郭立玮，金万勤. 陶瓷膜微滤技术澄清苦参水提液的研究[J]. 水处理技术，2002（2）：108-109.

[4] 付守书，李泉永. 武夷菌素杀菌剂的提取浓缩方法：CN 1620871 A[P].

[5] 谢宇梅，濮德林，欧阳庆. 超滤技术在中药领域中的应用[J]. 成都中医药大学学报，2001，24（002）：50-54.

[6] 郭立玮. 中药膜分离领域的科学与技术问题[J].膜科学与技术，2003，4：209-213.

[7] 程鹏，武超，华剑，等. 超滤膜分离的技术原理及其在中药领域中的应用[J]. 中国医药指南，2010（11）：47-50.

[8] 王丹青，刁斌. 延胡索乙素的超滤纯化工艺[J]. 中国药师，2009，12（006）：827-828.

[9] 叶勇，张永波. 复方中药膜分离工艺和节能性研究[J]. 时珍国医国药，2008，019（008）：1884-1885.

[10] 刘志昌，夏炎，张莹，等. 膜分离技术纯化白藜芦醇的研究[J]. 时珍国医国药，2009，020（001）：203-204.

[11] 严希康，俞峰伟. 纳米过滤膜的应用[J]. 中国医药工业，1997，028（006）：280-285，288.

[12] 司丹丹，顾正荣，徐伟，等. 黄芪提取液纳滤浓缩的实验研究[J]. 中成药，2007，29（012）：1854-1857.

[13] 周锦珂，黄裕，葛发欢，等. 纳滤技术在丹酚酸B提取液浓缩的应用研究[J]. 今日药学，2009，19（009）：26-28.

[14] 毛成利，孙新宇. 膜分离技术在农用抗生素生产中的应用[J]. 化学工程师，2004，18（006）：63-64.

[15] 曾小君. 双极性膜电渗析技术在亚氨基二乙酸制备中的应用[J]. 精细化工，2002，019（004）：204-207.

[16] 陈永林，刘梅城，翟振山，等. 板式超滤技术在V_C生产中的应用[J]. 食品与发酵工业，2005，031（009）：136-137.

[17] 李春艳，方富林，夏海平，等. 超滤膜分离技术在维生素C生产中的应用[J]. 膜科学与技术，2001（1）：49-51.

[18] 李素荣，戴秀君，袁晓明，等. 青霉素G发酵液过滤中超滤膜与纳滤膜结合使用的研究[J]. 煤炭与化工，2008，31（12）：12-13.

[19] 郭立玮，金万勤，彭国平. 21世纪的植物药深加工现代化技术——膜分离[J]. 南京中医药大学学报（自然科学版），2000，2：65-67.

[20] 冯年平. 膜分离技术在中药研究中的应用[J]. 中成药，1996，018（002）：47-47.

[21] 谢宇梅，濮德林，欧阳庆. 超滤技术在中药领域中的应用[J]. 成都中医药大学学报，2001，24（002）：50-54.

[22] 刘振丽，张秋海. 超滤及醇沉对金银花中绿原酸的影响[J]. 中成药，1996（2）：4-6.

[23] 郭立玮，何昌生. 水醇法与膜分离法精制含山茱萸中药制剂的比较研究[J]. 中成药，1999，021（002）：59-61.

[24] 张元，林强，崔玉梅，等. 乌龙茶多糖的酶法提取及降血糖活性初步研究[J]. 中国现代应用药学，2008（04）：286-288.

[25] 范远景. 超滤法分离枸杞多糖的工艺研究[J]. 安徽农业科学，39（22）：13400-13403.

[26] 许浮萍，梁志家，田娟娟. 应用膜分离结合醇沉法纯化大豆异黄酮[J]. 食品科学，2009（16）：78-82.

[27] 李淑莉，杜启云，欧兴长，等. 超滤法与传统的醇沉法对黄连解毒汤纯化效果的比较研究[J]. 水处理技术，2000（1）：22-24.

[28] 刘洪谦，屈凌波，贾金付. 生脉饮口服液超滤技术研究[J]. 中草药，1996（4）：209-211.

[29] 冯敬文，王四元，龙晓英，等. 膜分离技术应用于小儿清热利肺口服液的可行性评价[J]. 中成药，2011，033（005）：898-902.

[30] 郭武艳，孔焕宇，朱嘉，等. 不同制备工艺银黄方中有效成分分析[J]. 中国实验方剂学杂志，2011，17（005）：8-11.

[31] 胡奇芬，苏彦珍，夏晓君，等. 不同工艺对复方中药制剂中总多糖含量的影响[J]. 中成药，1990（11）.

[32] 吕建国，焦光联，张鹏. 膜分离技术澄清中药药酒的试验研究[J]. 中成药，2008，030（008）：1145-1147.

[33] 钱百炎，张菊红，唐道林. 超滤工艺纯化药酒试验研究[J]. 中成药，1988（11）：6-9.

[34] 史国富，麻秀芳，马兰花，等. 膜分离技术制备中华鹿龟神酒工艺[J]. 中国中药杂志，2002，27（3）：230.

第 11 章

膜分离技术在垃圾渗滤液处理中的应用

11.1 我国垃圾渗滤液处理概况

垃圾渗滤液是指从生活垃圾渗出的水分，包括原生垃圾中含有的液体、垃圾处理过程中混入的液体和垃圾在分解过程中产生的液体，是一种高浓度有机废水。垃圾渗滤液作为垃圾处理过程中造成的二次污染，其产生量和水质受多个环节的影响：在垃圾的转运、填埋和堆积过程中，由于机械物理压实和微生物的生物分解代谢作用，将垃圾中的有机和无机污染物溶解在水中，并与降雨、径流等一起形成垃圾渗滤液[1]。垃圾渗滤液是一种高浓度难降解的复杂有机废水，具有 NH_3-N 和 COD 浓度高、生化指标 BOD/COD 低、水质水量变化大、污染物种类多等特点[2]。

垃圾渗滤液的特征是有机和无机污染物浓度高，对环境具有极高的污染毒性。无机物质会影响管道的浑浊度和沉积物（铁），增加水的硬度（钙和镁等）。有机物质对水的颜色、气味和味道有较大影响，影响水体的自净能力[3]。像铵和磷这样的营养物质会导致接收水体的富营养化，从而导致藻类的大量繁殖。垃圾渗滤液可使得水体富营养化并引起动物中毒[4]。垃圾渗滤液的典型污染物指标为：BOD_5 1000mg/L 左右、COD 18000mg/L 左右、TN 225mg/L、TP 30mg/L 左右、Ca 1000mg/L 左右、Mg 250mg/L 左右、Na 500mg/L 左右、K 300mg/L 左右、Fe 60mg/L 左右、Cl 500mg/L 左右和 SO_4^{2-} 300mg/L 左右。垃圾渗滤液是典型的高浓度、高毒性有机废水，1t 渗滤液所含的污染物浓度相当于 100t 城市污水的浓度，毒性较城市污水大得多[5]。

维护垃圾填埋场的一个重要工作任务就是管理渗滤液，以防止污染物进入周围的地下水和地表水[6]。渗滤液的成分与其产生阶段密切相关，分早期渗滤液和晚期渗滤液。早期渗滤液是指填埋时间在 5 年以下的填埋场产生的渗滤液，以及转运站和焚烧厂的渗滤液，其水质特点是：pH 较低；BOD_5 及 COD 浓度均较高，且 BOD_5/COD 的比值较高；易降解的挥发性脂肪酸含量较高；同时也含有较高的各类重金属离子（因较低的 pH 所致），可采用生物处理方法净化[7-14]。晚期渗滤液是指填埋时间在 5 年以上的填埋场产生的渗滤液，主要水质特点是：pH 接近中性（一般在 7~8 之间）[15]；BOD_5 及 COD 浓度较低，且 BOD_5/COD 的比值较低；易生物降解的有机物浓度很低，而 NH_3-N 的浓度较高（由含氮可生化有机成分的厌氧水解和发酵所致[7]，尤其是采用有利于填埋垃圾易生物降解的循环回灌处理方法时，其渗滤液中的 NH_3-N 浓度将更高）；重金属离子浓度较早期渗滤液有明显下降（因 pH 升高所致）。垃圾填埋场如图 11-1 所示。

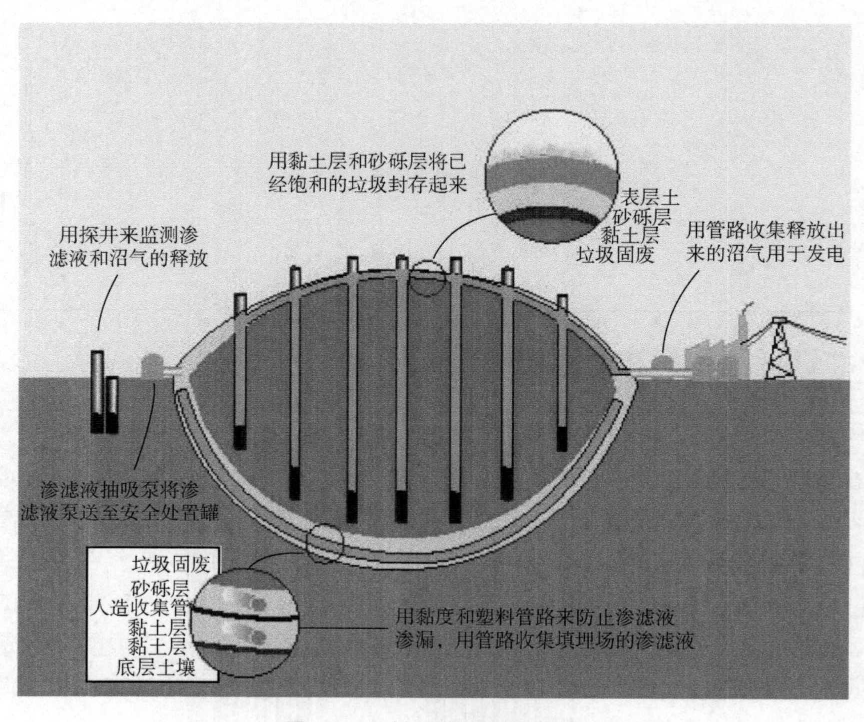

图 11-1　垃圾填埋场示意图

由于有较高毒性，垃圾渗滤液是地下水和地表水环境质量的主要威胁。填埋场渗滤液的确切化学成分取决于废物成分、气候条件以及固体废物的降解时间和降解率。垃圾渗滤液处理的主要问题是氨和有机氮的浓度极高。

垃圾渗滤液是国际公认的难处理废水，处理不当会对地表水、地下水、土壤环境造成不可估量的巨大污染。我国 1997 年颁布了《生活垃圾填埋场污染控制标准》，又在 2008 年进行了修订（GB 16889—2008），提高了 COD、BOD_5、NH_3-N、TN 等排放指标；规定从 2008 年 7 月 1 日起，垃圾渗滤液的污水排放指标必须满足 COD≤100mg/L 和 NH_3-N≤25mg/L。我国垃圾填埋场晚期渗滤液的水质见表 11-1。

表 11-1　我国垃圾填埋场晚期渗滤液的水质（pH 值除外）[15]　　单位：mg/L

项目	pH	COD	BOD_5	TKN	NH_3-N	总磷	总碱度
范围浓度	7.5~8.5	20000~40000	3000~8000	2000~5000	800~1400	10~30	5000~8000
平均值	8.3	30000	5000	3000	1000	15	7000

当前对垃圾渗滤液的处理工艺主要有生物法、化学法、膜分离法和多种技术联用法等。使用生物法或生化联用的技术处理垃圾渗滤液已经很难达到新的排放标准。2010 年，环保部发布的《生活垃圾填埋场渗滤液处理工程技术规范（试行）》中，把 MBR 膜生物反应器与 NF 膜、RO 膜的联用技术作为推荐的垃圾填埋场的渗滤液深度处理工艺，由于该方法截留效率高、出水效果理想，是目前我国垃圾渗滤液的主流处理工艺之一[1, 6, 16-23]。北京市 12 座渗滤液处理系统，有 11 座采用生物处理+膜处理工艺（表 11-2）。膜分离法可与多种前端处理工艺联用以降低运行成本，其中生化法与膜分离法联用的处理工艺因投资和运行费用低，近年来被广泛采用。

表 11-2　北京市垃圾处理设施渗沥液处理情况

序号	垃圾处理设施	处理工艺	设计排水标准
1	北神树垃圾卫生填埋场	硝化反硝化＋超滤＋纳滤，砂滤＋反渗透	《水污染物综合排放标准》（DB11/307—2005）地表水二级排放标准
2	安定垃圾卫生填埋场	升流式厌氧＋硝化反硝化＋纳滤＋反渗透	《水污染物综合排放标准》（DB11/307—2013）地表水三级排放标准
3	阿苏卫垃圾卫生填埋场	升流式厌氧＋微滤硝化反硝化＋纳滤＋反渗透	《水污染物综合排放标准》（DB11/307—2013）地表水二级排放标准
4	六里屯垃圾卫生填埋场	升流式厌氧＋硝化反硝化＋纳滤＋反渗透	《水污染物综合排放标准》（DB11/307—2013）地表水二级排放标准
5	高安屯垃圾卫生填埋场	生化处理＋纳滤＋反渗透	《水污染物综合排放标准》（DB11/307—2013）地表水三级排放标准
6	焦家坡填埋场	生化处理＋纳滤＋反渗透	《水污染物综合排放标准》（DB11/307—2013）地表水二级排放标准
7	怀柔垃圾综合处理厂	生化处理＋纳滤	《水污染物综合排放标准》（DB11/307—2013）排入城镇污水处理厂
8	顺义垃圾综合处理厂	生化处理＋纳滤＋反渗透	《水污染物综合排放标准》（DB110/307—2013）地表水二级排放标准
9	小武基垃圾转运站	生化处理＋纳滤＋反渗透	《水污染物综合排放标准》（DB11/307—2013）地表水二级排放标准
10	马家楼垃圾转运站	生化处理＋纳滤	《水污染物综合排放标准》（DB/307—2013）排入城镇污水处理厂

续表

序号	垃圾处理设施	处理工艺	设计排水标准
11	五路居垃圾转运站	生化处理	《水污染物综合排放标准》（DB11/307—2013）排入城镇污水处理厂
12	南宫垃圾堆肥厂	反渗透	

11.2 膜技术在垃圾渗滤液中的应用现状

11.2.1 垃圾渗滤液处理技术的应用情况

传统的垃圾渗滤液处理方法按类别来分可分为：生物法、物化法和土地处理法[24, 25]。

11.2.1.1 生物法

（1）好氧生物处理法

好氧生物处理系统中的微生物存在形式可以分为悬浮生长和附着生长两大部分。其中，悬浮生长系统主要包括氧化塘、传统活性污泥法以及SBR法；附着生长系统主要是移动床生物膜反应器（MBBR）。

① 氧化塘 一种对渗滤液中的病原体、有机物及无机物具有有效降解能力且低成本的处理方法。其运行及维护费用低，适用于发展中国家。利用氧化塘在渗滤液的COD浓度为1740mg/L、氨氮浓度为1241mg/L时，COD与氨氮的去除效率分别超过了75%和80%[26]。

② 传统活性污泥法 广泛用于市政污水或市政污水与渗滤液混合液的处理。虽然传统活性污泥法可以有效去除有机碳、营养物质及氨氮，但直接用于处理垃圾渗滤液仍存在一定局限，包括：污泥稳定性不足，需要较长的好氧时间；能耗大，剩余污泥产量大；渗滤液中的高浓度氨氮对微生物有较强的抑制作用等。

③ 好氧SBR法 该技术兼顾有机碳氧化与硝化反硝化作用，被广泛用于渗滤液处理。有研究显示，SBR对COD的处理效率可达到75%以上，氨氮处理效果达到99%。由于SBR法有很强的灵活性，因此，非常适用于处理垃圾渗滤液这种水质水量变化较大的废水。

④ MBBR法 附着生长系统不会造成活性生物量的流失，同时，相对于悬浮生长系统，附着生长系统中，低温对硝化作用影响较小，系统具有较高的污泥浓度、沉降时间短，对有毒物质耐受性强，可同时去除有机物及氨氮等。利用MBBR法，氨氮的去除效率可达到90%以上，而COD的去除率可达20%。也有研究表明，利用颗粒活性炭作为载体，能够促进生物降解。HORAN研究表明，利用MBBR+活性炭组合工艺可以使得氨氮的去除率达到85%～90%，同时COD的去除率可以达到60%～81%[25]。

（2）厌氧生物处理法

厌氧生物处理过程也可分为悬浮生长系统与附着生长系统。与好氧生物处理法相比，厌氧生物处理法能耗更少，反应后剩余污泥更少，但反应速率较低。

① 厌氧 SBR 法　利用厌氧 SBR 法可实现 COD、氨氮、磷酸盐的去除率分别达到 62%、31%和 19%，同时，在产甲烷菌及反硝化菌的作用下，可实现有机组分的削减，从而同步去除有机物及氨氮。

② UASB 法　UASB 法是一种典型的厌氧处理工艺，它的处理效率高且水力停留时间短。有研究表明，当渗滤液的 COD 浓度为 45000mg/L 时，经过 UASB 反应器后，COD 浓度降到 3000mg/L，去除率达 93%[27]。

③ 厌氧滤池　研究表明，当 COD 负荷在 1.26～1.45kg/(m^3・d)时，厌氧滤池可使得 COD 的去除率达到 90%。气体总产量为 400～500L/kg(COD)，其中甲烷含量占到 75%～85%[1]。

11.2.1.2　物化法

（1）氨吹脱法

对于渗滤液中的高浓度氨氮，吹脱法是一种非常有效的方法。有研究表明，当氨氮的表面负荷分别达到 650kg/(hm^2・d)、750kg/(hm^2・d)和 850kg/(hm^2・d)，水力停留时间分别为 51.2d、64.9d 和 55.6d 时，氨氮去除率均超过 99%，分别达到 99.0%、99.3%和 99.5%，总 COD 去除率分别为 69.2%、40.1%及 29.3%。

（2）混凝沉淀法

混凝沉淀法已被成功用于老龄垃圾渗滤液的处理，该方法适用于生物法及反渗透法的预处理，或者用于深度处理，以去除非生物降解有机颗粒。常用的混凝剂包括硫酸铝、硫酸亚铁、氯化铁等。利用混凝沉淀法降低渗滤液中的腐殖酸浓度，腐殖酸去除率达到 85%。但混凝沉淀法也有缺点，包括增加污泥产量、增加液相中的铝盐和铁盐浓度等。

（3）高级氧化法

目前，越来越多的研究聚焦于高级氧化法处理垃圾渗滤液，而高级氧化法中最关键的羟基自由基的产生，大部分研究采用了强氧化剂，如 O_3 与 H_2O_2，有的研究则是采用紫外照射、超声等方法，还有的研究是利用催化剂激发产生。有报道指出，利用 O_3/H_2O_2 法处理渗滤液有机物的去除效率可以高达 90%；而 H_2O_2/UV 预处理后，渗滤液的 BOD_5/COD 从 0.1 提升到 0.45；初始 COD 浓度为 8300mg/L 的垃圾渗滤液经过光芬顿法 1h 处理后，达到了 70%的处理效率，Fe^{2+}的投加量为 10mg/L。臭氧发生器、紫外灯等设备的制造成本、电耗是影响高级氧化法处理成本的主要因素。

（4）膜技术

垃圾渗滤液处理中采用膜技术，根据膜孔径大小能够把使用的膜分成微滤膜、超滤膜、纳滤膜与反渗透膜。这些膜的使用原理均是依靠压力差的推动功能，筛分渗滤液内的污染成分。但是这四种膜在处理垃圾渗滤液时的功能及作用不一样，下面就对这几种膜技术在垃圾渗滤液处理中的使用进行简要说明[28]。

① 微滤膜（MF）　MF 孔径很大，通常为 0.02～1.2μm，其截留分子量主要指平均孔径。MF 在压力差影响下，以脱离溶液内不同粒径的微粒为主，进而突出膜的过滤作用。

膜截留形式包含：吸收截留、架桥截留、线上内部截留与机械截留。

MF 的孔径很大，常常被用于清理大的微粒、菌体、胶体以及悬浮固体等，在压力差推动下这类大微粒得以截留，但小分子成分随着水溶液渗透 MF，进而达到筛选不同微粒粒径的目的。所以，MF 通常用作预处理的澄清、除菌和保安过滤等功能，降低后期膜运行压力。

近几年的研究表明，MF 联合纳滤膜处理垃圾渗滤液，MF 表现出了较好的预处理稳定性；MF 和反渗透的组合处理垃圾渗滤液，尽管 MF 对垃圾渗滤液内的污染物清除率很低，但是通过 MF 筛分预处理后的水质，满足反渗透膜的入水要求。

大量工程应用实践表明，MF 结合其他预处理工艺也能有较好的渗滤液处理效果。此外，由于 MF 在预处理工艺上的高效性，也能够用在其他工艺的预处理工艺上。例如 MF 作为 O_3 氧化的预处理。所以，微滤用作深度处理单元的预处理单元，可以提升深度处理单元的进水水质，再搭配其他膜技术处理垃圾渗滤液，出水质量将会更佳。

② 超滤膜（UF）　UF 的孔径处在 MF 和纳滤膜之间，大概是 0.001～0.1μm。UF 依靠压力差的推动功能，可把一些大分子有机物、胶体与微粒截留，其截留分子量通常为 1000～3000Da。

UF 在外部压差影响下，对不同粒径的颗粒实施物理筛分，促使小分子水溶液渗透 UF，大分子物质、胶体等成分被截留，从而达到分离、净化与浓缩等的目的。UF 可以有效分开大分子成分、胶体与微粒，但是对垃圾渗滤液处理效果不好，出水质量浓度依旧较高，所以 UF 只能用作前处理工艺。超滤用作预处理和反渗透配合处理垃圾渗滤液，可以大幅改善出水水质，并符合反渗透入水水质标准，进而降低反渗漏膜处理压力，提升处理效率。因此，选取恰当的双膜搭配工艺，既可提升出水质量，还可以降低投资费用，进而产生简洁科学的垃圾渗滤液处理方法。

此外，膜的孔径和垃圾渗滤液的处理效率有紧密联系。研究表明虽然超滤膜孔径越小处理效果越明显，但是也增多了操作负担及能耗，并且容易产生膜污染，降低膜的处理效率。所以，在实际项目使用中，按照垃圾渗滤液属性和处理要求，选取恰当的 UF 搭配工艺，有助于提升膜的运行效率，延长膜的使用寿命。

③ 纳滤膜（NF）　NF 的孔径很细，处在 UF 和反渗漏膜之间，通常在 0.001～0.01μm 之间；在压力影响下，脱离溶液内小分子物质具有很好的成效，其截留分子量为 200～1000Da。

另外，NF 表面含有的电荷能够和不同价态的电荷阴离子出现唐南电位效应。NF 所具备的唐南效应，提升了 NF 对各种价态离子的截留水平，有研究表明对二价金属离子的清除率达 95%，对高价态金属离子的清除率达到了 98%。NF 膜具有高膜通量与高截留金属盐、胶体微粒与有机物的特征，所以在食物、化工、制药等领域使用范围很大，尤其是在渗滤液处理方面[29]。在处理垃圾渗滤液时，NF 主要用作深度处理，其渗滤液内的 COD、总磷以及总氮清除效果较好，但是高含量的渗滤液进入 NF 膜前若不经过预处理则会加速膜的污染，从而加大膜的操作负担，缩短膜的使用寿命。研究还发现 NF 对 Cd^{2+}、Zn^{2+}、Ni^{2+}、Cu^{2+}与 Cr^{3+}等金属离子的清除率大概在 90%之上，但对氨氮的治理效果很差，清除率仅有13.9%。具体原因在于氨氮是小分子基质，无法被NF截留，并且氨氮是中性电荷物质，无法和NF产生道南电位效应。因此，纳滤出水在处理高氨氮废水时具有一定的局限性，需配合其他膜技术。

④ 反渗透膜（RO） RO膜的孔径比NF细密，通常小于1nm。RO膜截留的分子量少于200。RO膜和其余三种膜的运行原理不一样，是以膜两边的静压差为推动作用，溶液从高含量向超低含量渗漏，进而达到脱离、净化污染成分的目的。

RO膜对胶体微粒、金属盐、固体微粒以及有机物等截留水平很高，多用在污水处理、海水淡化、纯水制造等方面。现有研究显示RO膜对垃圾渗滤液的处理效果明显，常常用作垃圾渗滤液的深入处理工序。我国有渗滤液处理厂先以吹脱除氮，然后用MBR和RO膜配合工艺处理高含量有机物与高氨氮的垃圾渗滤液，最后表明RO膜出水的COD、氨氮清除率与脱盐率大概超过90%。由此发现RO膜的高处理效果，而且还发现膜通量和操作负担之间的关系，即高的膜通量要求提供很大的操作负担，从而增大了运行阶段的能耗与治理费用。所以，在具体使用时要从提升膜的渗漏量与减小操作负担方面完善RO膜。

另有研究表明，渗滤液通过MF、NF等或其他方法的预处理后，入水水质得以改善，进而提升了膜的渗漏量。通过NF和RO组合工艺处理渗滤液，探究结果显示RO产水内COD、氨氮的清除率分别是95.2%与90.6%。所以，选取恰当的预处理工艺，可以减少膜的污染。伴随膜的使用时间延长，膜通量降低，膜污染会更加严重。膜污染会降低膜系统运转的出水质量，并且膜的反复清洗和更换也增大了膜处理成本。

11.2.1.3 土地处理

土地处理渗滤液是指在人工控制的前提下，利用土壤和植物与渗滤液发生生物-化学-物理作用来除去污染物，可以除去悬浮物、转化有机物与氮。它包括慢速渗透系统、快速渗透系统及地表漫流、湿地系统、地下渗滤土地处理系统、人工快滤处理系统等。该方法具有投资少、操作简单、运行费用低等优点。但是土壤中积累重金属和盐类对土壤和地下水造成污染，过量时盐类会影响植物的生长，且土壤的渗透能力会随着时间的延长而逐渐下降，处理效率也会随之降低。

土地处理主要方法为渗滤液回灌法、人工湿地法等。

（1）渗滤液回灌

回灌法是我国应用最广泛、成本最低的处理膜浓缩液的方法，是采用表面淋灌、井注、表面喷洒等方式将浓缩液回流到垃圾堆体中，利用堆体自身的物理、化学、生物作用，对浓缩液中的有机污染物进行过滤、吸附和降解。对不同填埋龄的垃圾柱开展了浓缩液回灌实验，结果表明：填埋龄为1年的垃圾柱对硝态氮的去除效果较强，可达88%，但总有机碳、NH_3-N浓度较高；填埋龄为15年的垃圾柱已基本矿化，对重金属、COD、NH_3-N和盐分的去除效果最好。

（2）人工湿地法

有研究表明，人工湿地中对COD、氨氮、总氮的平均去除率分别为52%、75%和48%。有人考察了种植植物与不种植植物的人工湿地系统对垃圾渗滤液中COD、营养元素、重金属的去除效果，结果表明，种植植物后，总COD去除率可达74%以上；总氮和氨氮的去除效率分别可达50%和65%左右；Cu^{2+}、Mn^{2+}、Pb^{2+}等金属离子的去除率可达80%以上。

11.2.2　国内典型垃圾渗滤液处理膜技术

早期阶段，我国垃圾渗滤液处理的工艺与城市生活污水处理厂的工艺类似，通常采用传统的氧化沟、SBR二级处理工艺，出水达到《生活垃圾填埋场污染控制标准》（GB 16889—1997）三级排放标准后排放，如广州李坑填埋场、大田山填埋场等。

但由于《生活垃圾填埋场污染控制标准》（GB 16889—2008）对渗滤液排放水质要求的提高，经过二级生化处理后的出水仍含有难以生物降解的大分子腐殖酸、小分子的水溶性腐殖质，出水的COD浓度仍高达500～1000mg/L，单独的二级生化处理已难以满足GB16889—2008的要求，需要进一步进行物化深度处理。经过近10年的技术引进、研究与探索，国内的垃圾渗滤液处理技术形成了以下4种具有代表性的工艺组合路线。

11.2.2.1　UASB+外置式MBR+NF/RO组合工艺

“UASB+外置式MBR+NF/RO”或“外置式MBR+NF/RO”工艺路线组合被国内绝大多数渗滤液处理厂广泛应用，如北京高安屯卫生填埋场渗滤液处理工程（550 m^3/d）、武汉长山口垃圾卫生填埋场渗滤液处理项目（400m^3/d）、长沙市固体废弃物处理厂渗滤液处理项目（1500m^3/d）、济南市第二生活垃圾综合处理厂渗滤液处理（1300 m^3/d）等。

对于来自焚烧厂的渗滤液，其原水COD浓度高达40~70g/L，为了降低运营成本，会在前端加上动力消耗较低的厌氧反应器。厌氧反应器的设计容积负荷一般为5~10kg/(m^3·d)，COD的去除率约为80%。而对于来自垃圾填埋场的渗滤液，考虑到反硝化碳源不足的问题，则采用“MBR+NF/RO”的处理工艺。

相比传统的泥水分离技术，MBR技术可以大幅提高生物反应器的污泥浓度，MLSS可由4000mg/L增加至10000～15000mg/L，有的甚至高达30000mg/L，显著减小了生物反应器的有效容积，并解决了污泥龄与水力停留时间的冲突问题，延长了污泥停留时间，使生长缓慢、世代周期较长的硝化细菌可以高效富集形成优势菌种，从而提高了MBR系统的脱氮效率以及对有机物的氧化降解效率。但随之而来的问题就是生物反应持续放热，需增加冷却系统对生化系统进行降温。

深度处理采用NF/RO处理工艺，进一步截留大分子的腐殖酸和小分子的水溶性腐殖质。该工艺路线对COD、氨氮和总氮的去除率均可达99.5%以上。

11.2.2.2　氨吹脱+MBR生化处理+NF组合工艺

该工艺路线组合以上海老港四期填埋场渗滤液处理项目（3200m^3/d）、深圳下坪垃圾填埋场渗滤液处理厂（1500m^3/d）为代表，最大特点是预处理阶段增加了物化预脱氨工艺。由于填埋场使用时间较长，一般渗滤液的氨氮浓度会很高（最高可达4000mg/L），采用传统工艺很难对渗滤液中的氨氮进行去除。采用氨吹脱的方法，先用碱将渗滤液的 pH 调至 11，气水比控制为 3000～5000，再通过气液两相的接触降低氨在液面上的分压，从而实现将水中氨氮吹脱分离的过程。通过连续吹脱，氨氮的去除率可达到 80%以上。影响氨吹脱工艺应用的关键是氨吹脱塔尾气吸收、铵结晶盐的产品销路问题，目前上述问题均已得到了很好的解决，使氨吹脱工艺能一直保留一定的市场应用份额，在未来也仍有一定的应用前景。

氨吹脱后，将 MBR 生化池好氧段分为两个独立的区域而串联在一起，将脱碳功能与硝化功能分开，为不同种类微生物提供最适合生存和生长的环境条件，提高系统的硝化效率。通过超滤膜实现泥水分离，再通过 NF 膜技术实现对渗滤液的深度处理，保证出水水质达标。

11.2.2.3 两级 DTRO/STRO 组合工艺

该工艺路线采用了纯膜处理工艺，显著特点是无需生化工艺、设备占地少，易做成移动式撬装设备，启动运行方便，且出水水质不易受原水水质的影响。以重庆长生桥垃圾填埋场渗滤液处理站、沈阳大辛垃圾填埋场、长春三道垃圾填埋场、上海黎明垃圾填埋场等项目为代表，其特点是多用于规模较小的老龄化填埋场的应急设备，规模通常小于 200 t/d，可以以购买服务的方式采购，减小了政府的投资压力及运营风险。DTRO 或 STRO 相比于传统的卷式 NF/RO 膜，加大了水流通道，并通过导流板的构件增大了通道内的水流流速及湍流效果，从而提高了膜的抗污染性能。DTRO/STRO 膜工艺对 COD、氨氮、重金属的去除率分别可达 99.9%、99.2%、98%，并且针对不同电导率的水质和不同的回收率要求，可分别采用常压（2～4MPa）、高压（4～12MPa）条件运行。

11.2.2.4 膜法+MVR 组合工艺路线

随着环保要求的不断提高，渗滤液处理“零排放”要求越来越普遍。而传统的膜法工艺存在浓缩液问题，不仅无法实现“零排放”的要求，而且还带来了二次污染。因此，如何处理浓缩液问题成为亟待解决的问题。MVR 技术的引入为该问题带来了未来前景。

MVR 技术起源于欧洲，20 世纪 80～90 年代已在欧美多个商业领域成熟运用。21 世纪后 MVR 技术引入我国，但由于核心设备离心式蒸汽压缩机完全依赖进口，价格昂贵，导致 MVR 技术在国内难以广泛推广。随着国内环保节能的呼声越来越高，MVR 技术日益受到重视，先后被列为 2007 年和 2010 年国家鼓励发展的节能环保设备，该技术在国内进入了快速发展的上升阶段。经过十几年的技术发展，MVR 装置（主要是离心式蒸汽压缩机）的全部国产化替代使得装置的投资大幅度降低。近年来国内基于 MVR 技术开发的多种蒸发技术日趋成熟并广泛使用，特别是废水的深度处理技术不断进步，使得运用 MVR 技术为核心的组合工艺技术处理渗滤液成为一种可能和趋势。

以 MVR 技术为核心的全流程物化法处理渗滤液工艺路线为膜法+MVR 蒸发浓缩/结晶。MVR 单元的工艺流程如图 11-2 所示。

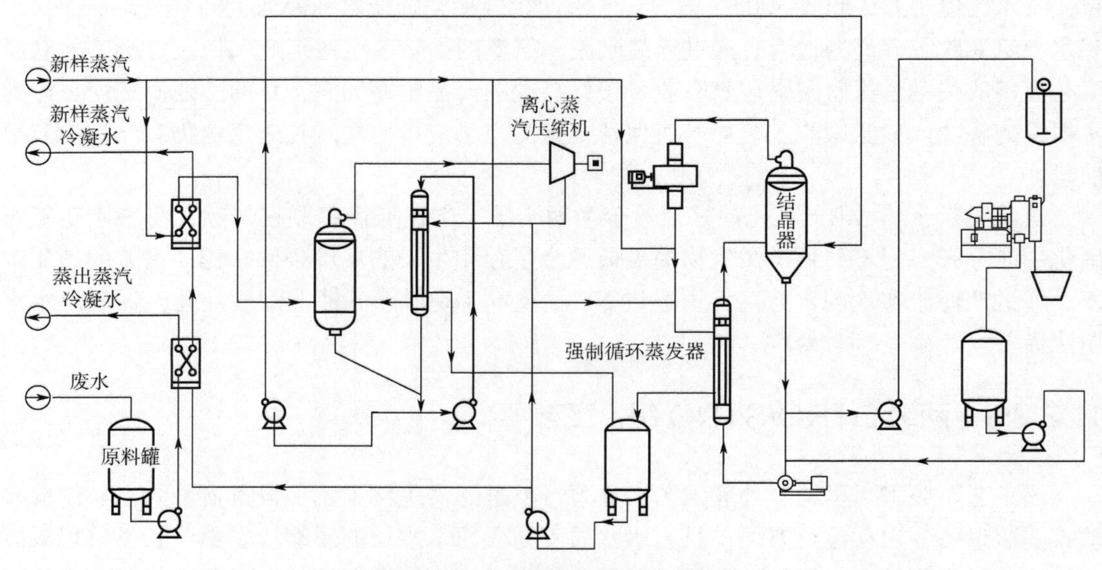

图 11-2　MVR 蒸发结晶工艺流程

通过膜法工艺对渗滤液进行预处理，并对渗滤液进行浓缩减量，减少了 MVR 工艺处理水量，从而降低能耗，节约成本。而膜法工艺产生的浓缩液在 MVR 工艺单元进行终极处置，从而实现了渗滤液处理的“零排放”。

11.3 典型案例介绍

11.3.1 垃圾填埋场渗滤液处理工程案例

11.3.1.1 北京高安屯卫生填埋场渗滤液处理工程

高安屯卫生填埋场位于北京市朝阳区金盏乡，主要负责朝阳区和通州区部分地区垃圾的卫生填埋。建设填埋区面积 $29.7hm^2$，设计填埋容积 892 万 m^3，有效容积 811 万 m^3，设计填埋规模 1000t/d，设计使用 20 年，于 2002 年 12 月正式投入使用。填埋场配套的渗滤液处理工程于 2005 年实施。填埋场渗滤液处理设施分为两个车间，1 号车间于 2005 年 7 月投入试运行，设计处理能力为 200t/d；2 号车间于 2008 年 6 月投入试运行，设计处理能力为 350t/d。

出水水质执行 GB 16889—2008《生活垃圾填埋场污染控制标准》中表 3 的排放限值。两个车间的进出水水质如表 11-3 所示。

表 11-3　高安屯渗滤液处理车间设计进出水水质

水质指标	一车间		二车间	
	进水	出水	进水	出水
COD_{Cr}/（mg/L）	20000	60	27000	100
BOD_5/（mg/L）	10000	20	13000	20
NH_3-N/（mg/L）	3000	15	3000	10
SS/（mg/L）	2000	5	1000	5
pH	6~9	6~9	6~9	6~9

高安屯卫生填埋场渗滤液处理 1 号、2 号车间工艺基本相同，采用生化加膜法处理，其工艺流程见图 11-3。

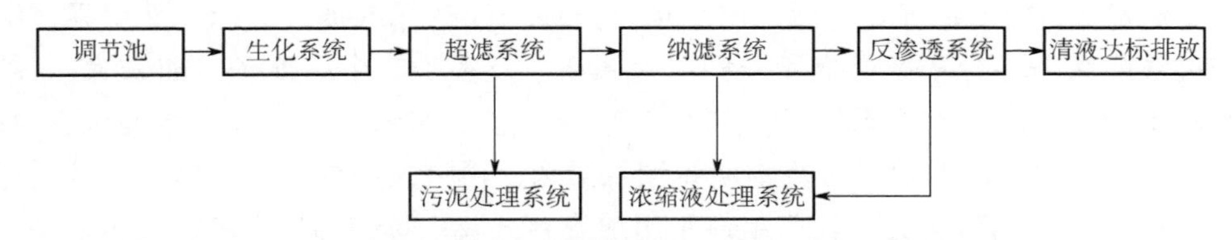

图 11-3　高安屯卫生填埋场渗滤液处理工艺流程

两个车间的整体工艺相近，下面以 1 号车间为例进行工艺说明。

渗滤液经提升泵房进入调节池，再进入生化池，包括硝化池和反硝化池；在硝化池中通过高活性的好氧微生物降解大部分有机物，并使氨氮和有机氮转化为硝酸盐和亚硝酸盐，一部分污水回流到反硝化池，在缺氧环境中还原成氮气排出，达到脱氮的目的，另一部分污水进入外置式超滤系统。MBR 系统通过外置式超滤膜分离净化水和菌体，污泥回流可使生化反应器中的污泥质量浓度达到 15～30g/L，其工艺流程如图 11-4 所示。

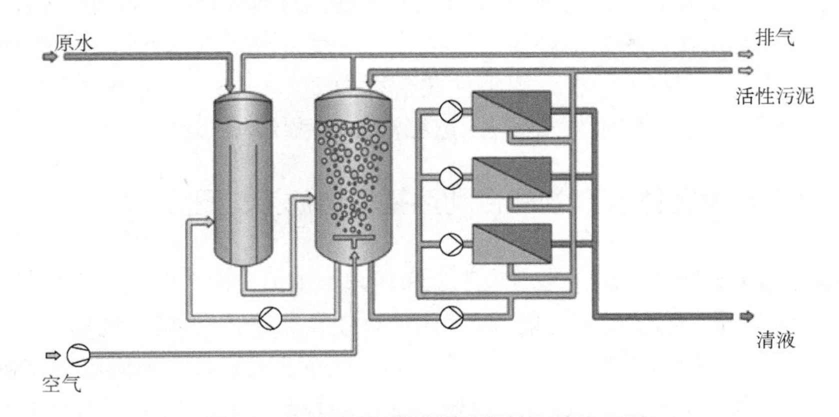

图 11-4　采用外置式超滤膜的 MBR 系统

经过不断驯化形成的微生物菌群，对渗滤液中难生物降解的有机物也能逐步降解。MBR 系统对 COD 的去除率较高，COD 设计去除率≥90%。硝化池中曝气采用专用设备射流器和配套鼓风设备。

超滤进水泵把经过生化系统（硝化和反硝化反应器）处理的废水分配至超滤装置。超滤运行压力平均为 4bar，根据每个环路装配超滤膜元件数量的多少，最大运行压力可达 0.6MPa。超滤膜外形直径 200mm，内孔直径为 8mm，内表面为聚合物的管式过滤膜，膜过滤孔径为 0.02μm，设计膜通量为 68L/(h・m^2)。超滤系统设 1 组共 2 个环路，每个环路设有 5~6 根超滤膜管，并且设有循环泵，该泵沿膜管内壁提供一个需要的流速，从而形成紊流，产生较大的过滤通量，避免堵塞。两条环路的运行完全独立，提高了系统运行的可靠性。外置式超滤系统的清洗，是全自动运行的，每次正常运行停止时，系统通过 PLC 控制自动冲洗一次。

高安屯垃圾渗滤液可生化性较好，在超滤清液中以 COD 和 BOD_5 计算的污染物设计去除率在 90%以上，NH_3-N 设计去除率 98%。其中采用管式超滤膜的外置式膜生物反应器，避免了传统浸没式膜生物反应器中反应膜容易污染、堵塞的缺点，且大大降低了反洗和清洗的频率，可以长时间连续稳定地出水。

渗滤液经过 MBR 系统处理后的出水部分指标已经达标或接近达标，然后采用纳滤进一步分离难降解较大分子有机物和一些重金属离子及多价非金属离子（如磷等）。纳滤净化水回收率大于 85%，重金属离子及多价非金属离子（如磷等）达到出水要求。MBR 系统出水，经过保安过滤器除去微生物菌体和悬浮物，再进入纳滤系统。纳滤系统可截留分子大小约为 1nm 的溶解组分，其膜组件采用螺旋卷式膜，具有结构简单、造价低廉、装填密度较高、物料交换效果好等优点，对渗滤液的适应性很强，膜寿命一般大于 3a。纳滤系统每组有 4～5 根膜元件，并配套高压进水泵和增压泵。纳滤系统产生的清液再经过 RO 系统进一步深化处理，产生浓缩液（15%～20%）。

纳滤过程产生 15%的浓缩液，COD 质量浓度约为 20000mg/L，与渗滤液原水的 COD 浓度接近，氨氮质量浓度约 400mg/L，比原水低。纳滤浓缩液最终排放至浓缩液池，与反渗透浓缩液一同处理。

纳滤出水通过反渗透进水泵进入反渗透膜系统进行深度处理。反渗透膜也为卷式有机复合膜，具有脱盐率高、出水水质稳定等优点。反渗透膜对前处理要求相对较低，pH 适应范围广，便于进行化学清洗，膜性能稳定，保持性好。反渗透膜设计通量为 15L/(h・m^2)，正常运行压力在 0.15～3.5MPa 左右，膜组件脱盐率为 80%～98%。反渗透系统的清液回收率＞85%。RO 系统最终产生的浓缩液进入浓缩液处理系统单独处理。

11.3.1.2 上海老港固体废弃物综合利用基地渗滤液处理工程

上海老港固体废弃物综合利用基地位于上海浦东，承担上海 70%的生活垃圾处置任务，基地控制面积 29.5km^2，已建成再生能源利用中心一期、二期，垃圾填埋场一～四期，综合填埋场一期、二期，垃圾渗滤液处理厂等工程项目。目前其处理能力为固废 21000t/d。

老港填埋场一期、二期、三期已经封场，四期填埋场正在运行中。基地中已建有五个渗滤液处理厂：老港一、二、三期填埋场渗滤液处理厂，规模为 500m^3/d，服务对象为一、二、三期封场渗滤液；老港四期填埋场渗滤液处理厂规模为 3200m^3/d，服务对象为填埋场四期渗滤液；老港渗滤液处理厂，服务于综合填埋场一期的渗滤液以及焚烧厂的渗滤液，规模也是 3200m^3/d；第四座渗滤液处理厂为老港综合填埋场二期配套渗滤液工程，服务对象是综合填埋场二期的渗滤液以及老港湿垃圾厌氧发酵产生的沼液，设计规模是 $1600m^3/d$；第五座渗滤液处理厂主要处理基地库存渗滤液，设计规模为 $1500m^3/d$[30]。

下面以老港四期填埋场渗滤液处理厂改造工程为例介绍其垃圾渗滤液处理工艺。

老港四期填埋场渗滤液处理厂一期工程于 2006 年 6 月投入运行，设计规模 $1500m^3/d$，初始采用 UASB+SBR 工艺。运行过程中，处理厂进行了多次技改，将一期 UASB 厌氧反应器改成两级生物反应池，另外增设了超滤膜组、纳滤膜及浓缩液减量化系统，最终形成“脱氨预处理+MBR（两级 AO 生化处理+外置式超滤膜）+NF”处理工艺，总的处理规模达到 $3200m^3/d$。其详细工艺流程如图 11-5 所示。

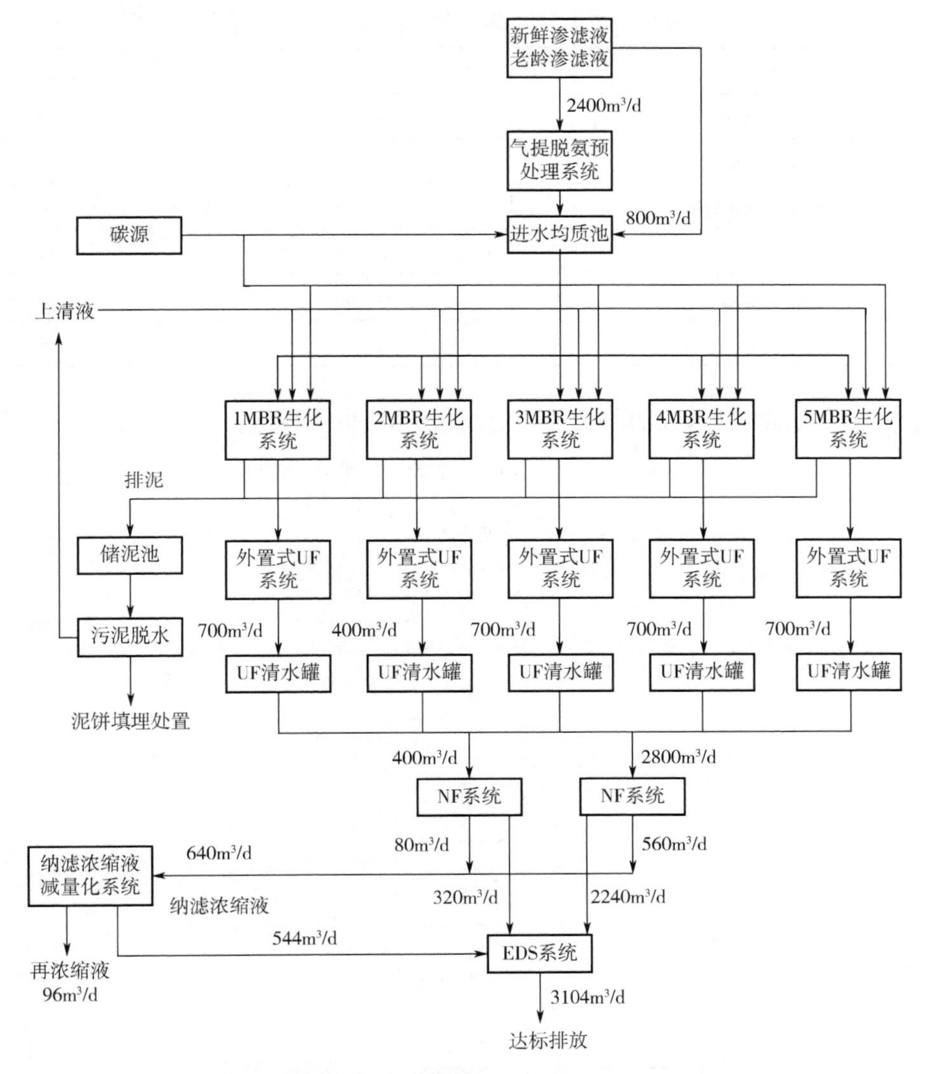

图 11-5　老港四期填埋场渗滤液处理厂改造后工艺流程

通过老港四期填埋场渗滤液处理厂改造工程也进一步表明，膜技术在垃圾渗滤液处理工程中的应用具有十分良好的效果，发挥了显著的环境效益和经济效益。

11.3.1.3 武汉长山口生活垃圾卫生填埋场渗滤液处理工程

武汉长山口生活垃圾卫生填埋场渗滤液处理工程位于武汉市江夏区金口街，占地 828 亩，设计库容 1833 万 m^3，设计使用年限 21 年，设计日处理生活垃圾 1700t，主要消纳武昌、洪山、东湖高新技术区、江夏、汉阳等地区的生活垃圾和长山口焚烧发电的炉渣。该项目于 2017 年 3 月正式投入使用，填埋场配套的渗滤液处理工程设计处理能力为 $400m^3/d$，主要采用“生化+膜法”组合工艺，出水水质执行 GB 16889—2008《生活垃圾填埋物污染控制标准》中表 3 的排放限值。该项目进出水水质如表 11-4 所示。

表 11-4 长山口垃圾卫生填埋场渗滤液处理站设计进出水水质

项目	进水	出水
COD_{Cr}/（mg/L）	≤11200	≤60
BOD_5/（mg/L）	≤5000	≤20
NH_3-N/（mg/L）	≤2600	≤8
TN/（mg/L）	≤2800	≤20
SS/（mg/L）	≤500	≤30
pH	5～8	6～9

长山口垃圾卫生填埋场渗滤液处理工艺流程如图 11-6 所示。

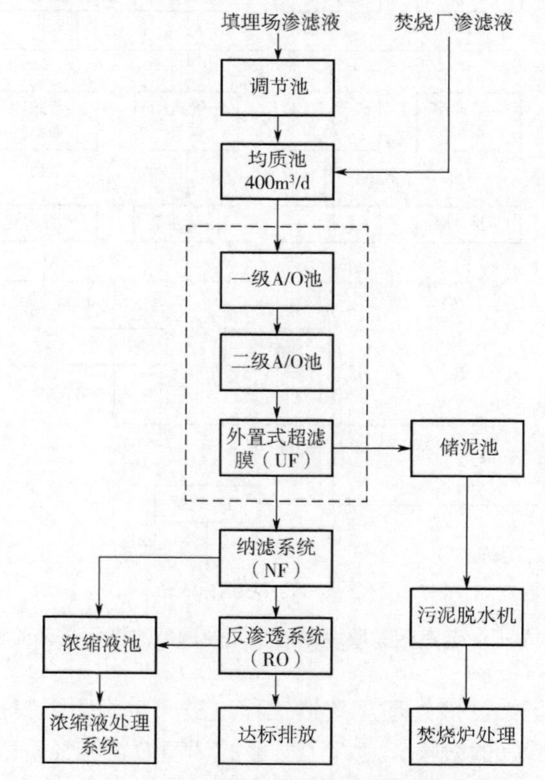

图 11-6 长山口垃圾卫生填埋场渗滤液处理工艺流程

由于长山口垃圾卫生填埋场已封场，垃圾渗滤液属于老龄渗滤液，有机物浓度低，可生化性差，氨氮和总氮浓度很高，C/N 严重失衡。虽然经过改造引入了焚烧厂的新鲜渗滤液补充碳源，但是运行过程仍需碳源才能保证出水稳定达标。

11.3.1.4　江西省于都县生活垃圾填埋场渗滤液处理工程

江西省于都县环境卫生管理所于都县生活垃圾填埋场渗滤液处理站采用膜法处理垃圾渗滤液，该项目建设企业为武汉天源环保股份有限公司，建设于江西省于都县，设计水量为 200m³/d。

排放标准：出水水质按照《生活垃圾填埋场污染控制标准》（GB 16889—2008）中表 2 的规定限值执行。

主体工艺：二级脱氮 A/O-MBR 系统+纳滤系统+反渗透系统，详细工艺见图 11-7。工艺成熟，稳定可靠；处理效率高，出水水质稳定；耐冲击负荷能力强，结构紧凑，体积小；不需要污泥回流，不发生堵塞，维护管理简单。采用国际最先进的 RO 反渗透膜（美国 GE），低渗透压，系统更可靠，使浓缩液体倍率大幅提高。

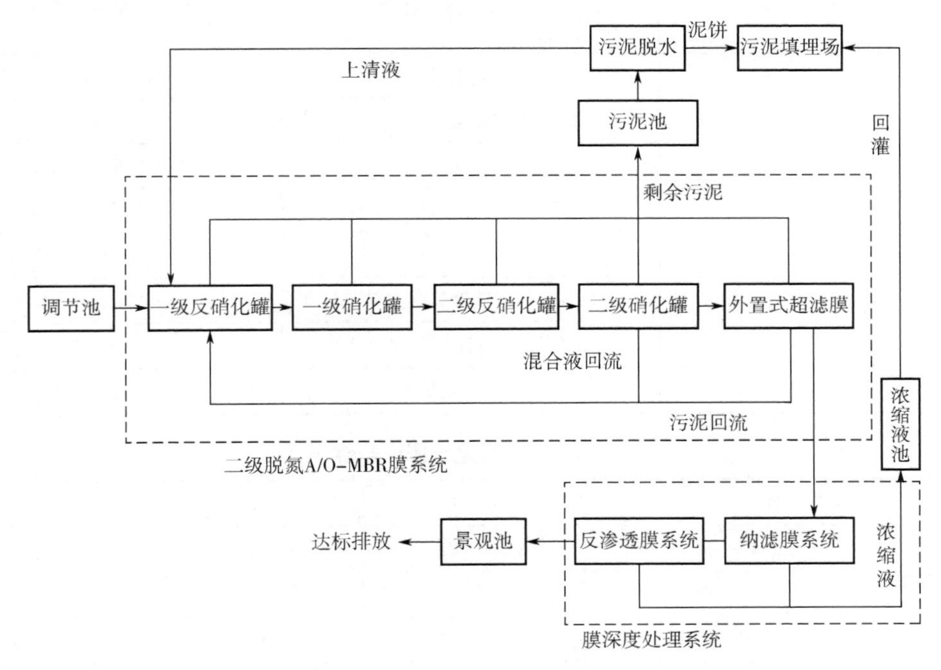

图 11-7　于都县生活垃圾填埋场渗滤液处理工艺流程

该项目具体设计出水水质如表 11-5 所示。垃圾渗滤液处理系统水样见图 11-8。

表 11-5　出水水质指标情况

项目	COD_{Cr} /（mg/L）	BOD_5 /（mg/L）	NH_3-H /（mg/L）	TN /（mg/L）	SS /（mg/L）	pH 值
排放	≤100	≤30	≤25	≤40	≤30	6～9

图 11-8　垃圾渗滤液处理系统水样（左为垃圾渗滤液原液，
中间为一级处理系统出水，右为经二级处理后的出水）

深度处理膜系统的主要技术参数如表 11-6 所示，运行条件见表 11-7。

表 11-6　膜系统主要技术参数

进水要求	进入外置式膜系统的原水必须经过深度生化处理，且不能有机械颗粒和砂砾存在；进入 RO 反渗透的原水为澄清透明的自来水或优质的地下水，电导率≤300μS/cm	
运行条件	电源电压	380V
	工作环境温度	5～40℃
	工作环境湿度	≤80%且无凝露
清洗条件	清洗用水	纯化水或自来水
	污染指数	≤5
	浊度	≤1NTU
	清洗液 pH 值范围	2～11
	进水余氯量	$<0.1\times10^{-6}$

表 11-7　膜系统操作条件

操作条件		MBR	NF	RO
操作压力	标准	0～0.5MPa	0.0～2.0MPa	0.8～1.5MPa
	最高	0～0.7MPa		
温度	生产	40℃以下	40℃以下	40℃以下
	清洗	45℃以下	45℃以下	45℃以下
进水 pH 值	最佳	6.5～7.5	6.5～7.5	6.5～7.5
	一般运行	4～10	4～10	4～10
	化学清洗	2～11	2～11	2～11
进水余氯含量		$<250000\times10^{-6}$	0.1×10^{-6}	0.1×10^{-6}
进水浊度			<1NTU	<1NTU
进水 SDI 数值			<5	<5

11.3.1.5 国内其他省份垃圾综合处理厂渗滤液处理工程

2011 年，山东省青岛市小涧西垃圾综合处理厂渗滤液扩容改造工程处理规模为 900t/d，采用“膜生物反应器（MBR）+碟管式反渗透（DTRO）+曝气沸石生物滤池”工艺，为 2012 年住建部科技示范工程。2013 年，北京首钢生物质能源垃圾渗滤液处理项目规模为 900t/d，采用“中温厌氧+膜生物反应器（MBR）+纳滤（NF）+反渗透（RO）”工艺，处理后 COD_{Cr}＜30mg/L，被评为“垃圾焚烧发电厂渗滤液低能耗处理技术开发与示范项目”。2016 年，湖北省宜昌市猇亭生活垃圾填埋场渗滤液处理站处理规模为 300t/d，采用“预处理+A/O+MBR+NF+RO”工艺，出水水质达到《生活垃圾填埋场污染控制标准》（GB 16889—2008）中表 2 的标准。安徽省合肥市某生活垃圾焚烧发电项目垃圾渗滤液处理扩建工程建设规模为 400t/d，处理工艺为“预沉淀+调节池+厌氧系统（UASB）+MBR 系统（两级 A/O+UF）+NF”，其排放标准执行《污水综合排放标准》（GB 8978—1996）一级标准，运营稳定达标。山东菏泽市生活垃圾综合处理厂、山西某固废处置中心城市生活垃圾场、成都市固体废弃物卫生处置场、珠海市西坑尾垃圾填埋场、上海老港垃圾填埋场等均在用“MBR+NF+RO”膜处理工艺实现低能耗处理垃圾渗滤液废水，并稳定达到了全球最严标准《生活垃圾填埋场污染控制标准》（GB 16889—2008）的要求。该标准不仅严于大部分发达国家的同类标准，也严于国内化工、医药等其他行业的标准。

11.3.2 垃圾焚烧场渗滤液处理工程案例

11.3.2.1 北京市朝阳垃圾焚烧中心渗滤液处理工程

该项目位于北京市朝阳区生活垃圾综合处理厂焚烧中心（该焚烧中心于 2013 年 12 月开工建设，并于 2016 年 5 月调试运行），配套焚烧中心的渗滤液处理，设计总处理能力为 400t/d，于 2016 年 5 月投入试运行。

渗滤液站出水水质执行《生活垃圾填埋场污染控制标准》（GB 16889—2008）中表 3 标准限制和《水污染物综合排放标准》（DB11/307—2013）中 B 级标准限制的较严者。具体水质指标如表 11-8 所示。

表 11-8 垃圾焚烧中心渗滤液处理站设计进出水水质

水质指标	进水	出水
COD_{Cr}/（mg/L）	60000	30
BOD_5/（mg/L）	30000	6
NH_3-N/（mg/L）	2000	1.5（2.5）
SS/（mg/L）	4000	10
pH	6~9	6~9

注：每年 12 月 1 日～3 月 31 日执行括号内的排放限值。

朝阳垃圾焚烧中心渗滤液处理站主要采用“调节罐+厌氧罐+MBR膜生化反应器（反硝化/硝化/外置式超滤膜）+纳滤系统+反渗透系统”的组合工艺，工艺流程如图11-9所示。

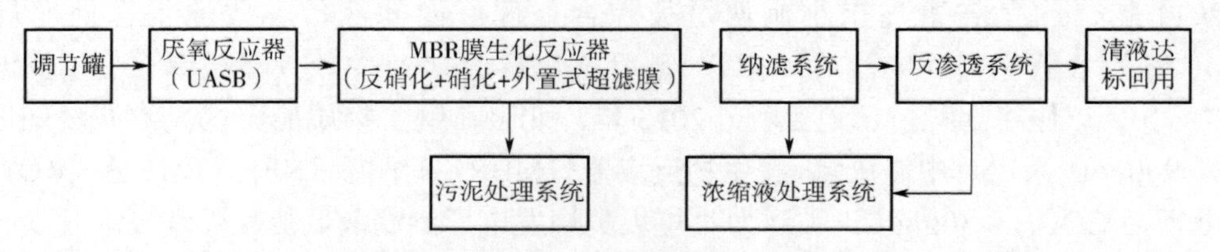

图11-9 焚烧中心渗滤液处理站工艺流程

渗滤液经格栅与提升泵房后进入调节罐进行水质水量调节，保证后续处理系统的运动稳定。调节池出水通过厌氧进水泵进入厌氧处理单元，厌氧处理单元采用上流式厌氧污泥床反应器（UASB），从底部进水自下向上经过四个功能区，即进水区、底部的污泥床、中部反应区、顶部分离区。渗滤液中大部分有机物在UASB中被转化为甲烷和二氧化碳，气液固由顶部分离区的三相分离器分离，污泥返回污泥床，出水通过排水管流出反应器，沼气通过集气罩被收集，作为能源利用。

UASB出水进入MBR膜生化反应器。MBR生化反应器包括反硝化罐、硝化罐和外置式超滤膜。渗滤液在硝化罐中通过高活性的好氧微生物降解大部分有机物，并使氨氮和有机氮转化为硝酸盐和亚硝酸盐，一部分污水回流到反硝化罐，在缺氧环境中还原成氮气排出，达到脱氮的目的，另一部分污水进入外置式超滤膜系统，工艺流程如图11-10所示。

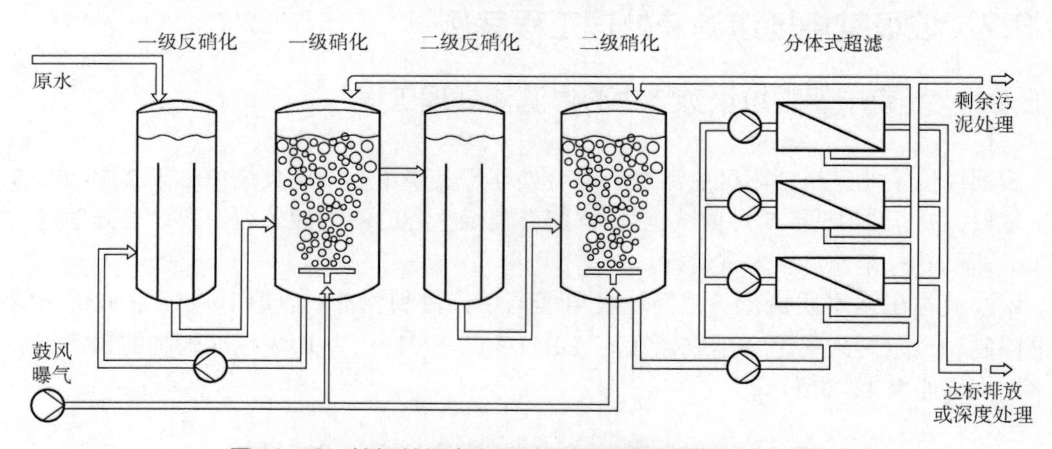

图11-10 垃圾焚烧中心采用外置式超滤膜的MBR系统

超滤进水泵把经过MBR生化反应器处理的废水分配至超滤装置（图11-11），进行净化水和菌体的膜分离，污泥回流至前端MBR生化反应器中，使污泥质量浓度达到15～30g/L。超滤运行压力平均为4bar，根据每个环路装配超滤膜元件数量的多少，最大运行压力可达0.6MPa。超滤膜外形直径200mm，内孔直径为8mm，内表面为聚合物的管式过滤膜，膜过滤孔径为0.02μm，设计膜通量为68L/(h•m^2)。超滤系统设1组共2个环路，每个环路设有5~6根超滤膜管，并且设有循环泵，该泵沿膜管内壁提供一个需要的流速，从而形成紊流，产生较大的过滤通量，避免堵塞。两条环路的运行完全独立，提高了系统运行的可靠性。外置式超滤系统的清洗，是全自动运行的，每次正常运行停止时，系统通过PLC控制自动冲洗一次。清洗水用清洗泵把储存在清洗罐的自来水泵入超滤系统进行冲洗，压缩空气控制阀能同时切断进料，留在管内的污泥随冲刷水去反硝化罐。

图 11-11　垃圾焚烧中心渗滤液处理站 UF 处理系统装置

由于垃圾焚烧中心的渗滤液可生化性较好，在超滤清液中 COD 和 BOD_5 设计去除率90%以上，NH_3-N 设计去除率 98%。其中采用管式超滤膜的外置式膜生物反应器，避免了传统浸没式膜生物反应器中反应膜容易污染、堵塞的缺点，且大大降低了反洗和清洗的频率，可以长时间连续稳定地出水。

渗滤液经过 MBR 生化反应器处理后的出水部分指标已经达标或接近达标，然后采用纳滤进一步分离难降解较大分子有机物和一些重金属离子及多价非金属离子（如磷等），如图 11-12 所示。纳滤净化水回收率高于 85%，重金属离子及多价非金属离子（如磷等）达到出水要求。MBR 生化反应器出水，经过保安过滤器除去微生物菌体和悬浮物，再进入纳滤系统。纳滤系统可截留分子大小约为 1nm 的溶解组分，其膜组件采用螺旋卷式膜，具有结构简单、造价低廉、装填密度较高、物料交换效果好等优点，对渗滤液的适应性很强，膜寿命一般大于 3a。纳滤系统每组有 4～5 根膜元件，并配套高压进水泵和增压泵。纳滤系统产生的清液再经过 RO 系统进一步深化处理，产生浓缩液（15%～20%）。

纳滤过程产生 15%的浓缩液，COD 质量浓度约为 20000mg/L，与渗滤液原水的 COD 浓度接近，氨氮质量浓度约 400mg/L，比原水低。纳滤浓缩液最终排放至浓缩液池，与反渗透浓缩液一同处理。

图 11-12　垃圾焚烧中心渗滤液处理站 NF 处理系统装置

图 11-13　垃圾焚烧中心渗滤液处理站 RO 处理系统装置

纳滤出水通过反渗透进水泵进入反渗透膜系统进行深度处理，如图 11-13 所示。反渗透膜也为卷式有机复合膜，具有脱盐率高、出水水质稳定等优点。反渗透膜对前处理要求相对较低，pH 适应范围广，便于进行化学清洗，膜性能稳定，保持性好。反渗透膜设计通量为 15L/(h•m²)，正常运行压力在 0.15～3.5MPa 左右，膜组件脱盐率为 80%～98%。反渗透系统的清液回收率高于 85%。RO 系统最终产生的浓缩液进入浓缩液处理系统单独处理。

垃圾焚烧中心渗滤液处理站各处理单元的处理效果如表 11-9 所示。

表 11-9　渗滤液处理站各处理单元水质分析

项目		水量 /（m^3/h）	COD_{Cr} /（mg/L）	BOD /（mg/L）	NH_3-N /（mg/L）	总氮 /（mg/L）	SS /（mg/L）
厌氧	进水	25	60000	30000	2000	2500	4000
	出水	25	15000	7500	2000	2500	1000
	去除率	—	75%	75%	—	—	75%
MBR	进水	16.7	15000	7500	2000	2500	1000
	出水	16.5	800	80	3	30	<10
	去除率	—	95%	99%	＞99.5%	＞98%	＞99%
NF 系统	进水	16.5	800	100	3	30	＜10
	出水	14	70	10	2.5	25	＜8
	去除率	—	90%	90%	20%	20%	20%
RO 系统	进水	14	70	10	2.5	25	＜8
	出水	11.9	25	4	1	10	＜5
	去除率	—	60%	60%	60%	60%	60%
排放要求			30	6	1.5（2.5）	15	10

表 11-9 证实，采用“调节+厌氧 UASB+MBR 膜生化反应器（反硝化/硝化/外置式超滤膜）+纳滤系统+反渗透系统”对朝阳垃圾焚烧中心垃圾焚烧渗滤液具有较好的处理效果，也进一步表明膜技术在处理垃圾渗滤液方面具有十分良好的应用效果。

11.3.2.2　浙江城市垃圾焚烧厂 120m³/d 垃圾渗滤液处理站

浙江城市生活垃圾焚烧厂垃圾焚烧处理量为 300t/d，渗滤液处理规模为 120m³/d，其中垃圾坑渗滤液 75m³/d，冲洗污水 20m³/d，生活污水 25m³/d。设计出水执行《城市污水再生利用 工业用水水质》（GB/T 19923—2005）中的敞开式循环冷却水水质标准。其具体进出水水质如表 11-10 所示。

表 11-10 垃圾焚烧厂渗滤液处理站设计进出水水质

项目	进水	出水
COD_{Cr}/（mg/L）	≤60000	≤60
BOD_5/（mg/L）	≤30000	≤10
NH_3-N/（mg/L）	≤1500	≤1.0
SS/（mg/L）	≤20000	—
pH	5～8	6.5～8.5

该项目采用“预处理+厌氧反应器+膜生物反应器（MBR）+纳滤膜+超滤膜”工艺，工艺流程如图 11-14 所示。

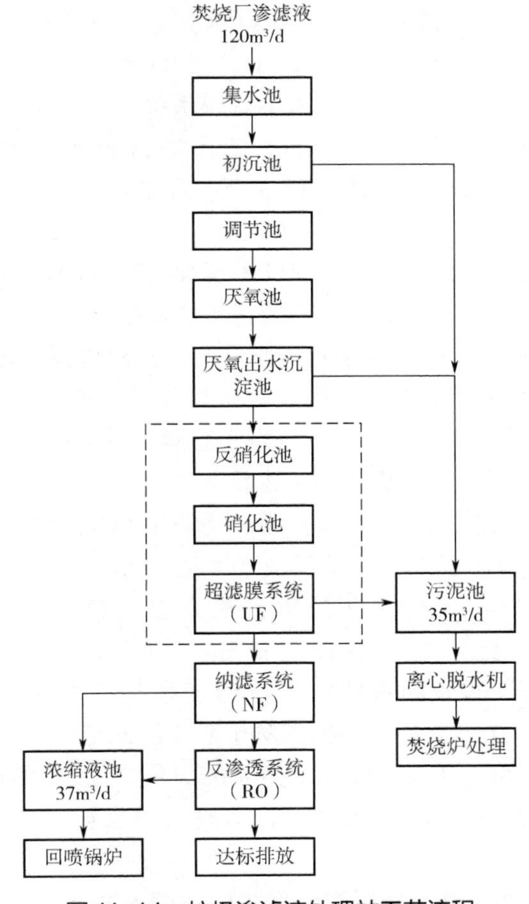

图 11-14 垃圾渗滤液处理站工艺流程

该项目垃圾渗滤液从焚烧车间的垃圾坑中通过提升泵进入调节池，在调节池进行水质、水量调节，然后通过提升泵进入厌氧系统，在厌氧系统中通过厌氧微生物作用大幅度降低进水中的COD。厌氧出水经沉淀池后，进入MBR系统。

MBR系统包括反硝化池、硝化池和外置管式超滤膜。渗滤液经过反硝化和硝化微生物进行生物脱氮反应，去除渗滤液中的氨氮、总氮，而后经过外置管式超滤进行固液分离，经固液分离的浓水部分回流至生化系统。

该项目外置管式超滤系统1套，设计膜通量60LMH。采用8in PVDF 管式超滤膜4支，单支膜面积27m^2，膜孔径8mm，长度3m，配有超滤循环泵1台（流量Q为270m^3/h，扬程H为63m，功率N为55kW）；超滤产水最终进入超滤产水箱（容积V为10m^3）。超滤膜配套清洗装置1套，包括超滤清洗水箱（V为5m^3）、清洗泵（Q为90m^3/h，H为28m，N为11kW）、加酸加碱泵（Q为60L/h，H为10m，N为0.37kW）。

超滤出水进入纳滤膜（NF）系统，在NF膜的过滤作用下进一步截留不可生化的大分子有机物、氨氮、重金属离子及盐类。

该项目纳滤膜（NF）系统设计1套，设计膜通量13LMH，设计运行压力5~15bar，最大运行压力18bar。纳滤采用二段式浓水循环模式，清液产率可达85%。

NF膜的一段和二段循环膜壳排列采用2+1组合，每支膜壳串联4支8in膜元件，单只膜壳循环进水流量8～12m^3/h。超滤出水通过纳滤进水泵（Q为8m^3/h，H为27m，N为1.1kW）送至保安过滤器（过滤精度5μm），然后再经纳滤高压泵（Q为8m^3/h，H为120m，N为4.0kW）增压进入纳滤膜系统。一段纳滤膜系统配套循环泵1台（Q为24m^3/h，H为30m，N为4.0kW），二段纳滤膜系统配置循环泵1台（Q为12m^3/h，H为30m，N为2.2kW）。纳滤产水进入产水箱（V为6m^3），纳滤浓缩液排入浓缩液池中储存。

NF出水进入反渗透膜（RO）系统。RO系统作为出水的最后屏障，进一步去除渗滤液中的小分子物质和无机盐类物质，保障系统出水达标排放。

该项目反渗透膜采用卷式膜，属于致密膜范畴，其分离粒径为0.1nm，分离粒子级别可达到离子级别，可完全截留有机污染物质和盐类离子，从而使出水COD进一步降低至30mg/L以下；可除去大量盐类物质，保证出水水质满足回用水标准。同时反渗透膜还具有很好的脱氮效果，能保证氨氮和总氮的稳定达标排放。

该项目设计了反渗透系统1套，设计膜通量10LMH，设计最大运行压力40bar。反渗透采用二段式浓水循环模式，可使清液产率达到80%以上。反渗透进水端设有阻垢剂投加装置1套，加药点设置在反渗透进水泵（Q为8m^3/h，H为27m，N为1.1kW）后，经袋式过滤器进入反渗透高压泵（Q为8m^3/h，H为278m，N为5.5kW）增压，然后进入两段膜系统。反渗透一段和二段循环膜壳排列采用2+1组合，每支膜壳串联4支8in膜元件，单只膜壳循环进水流量8~12m^3/h。一段反渗透设循环泵1台（Q为24m^3/h，H为30m，N为4.0kW），二段反渗透设循环泵1台（Q为12m^3/h，H为35m，N为3.0kW）。反渗透产水进入产水箱，反渗透浓缩液排入浓缩液池储存。

NF膜系统产生的浓缩液和RO膜系统产生的浓缩液共计约38m^3/d，通过提升泵回喷至焚烧锅炉处置。渗滤液处理系统产生的污泥经过离心脱水后（含水率 80%），输送至焚烧炉焚烧处置。

11.3.2.3 绵阳市循环经济产业园垃圾焚烧发电项目渗滤液处理工程

该项目为绵阳市生活垃圾焚烧发电项目扩建工程配套垃圾渗滤液处理工程，建设规模为垃圾额定处理量 500t/d 的垃圾焚烧线 1 条，配套装设 1 台 12MW 凝汽式汽轮发电机。垃圾渗滤液处理站作为垃圾焚烧发电厂配套工程，同时处理一期工程的部分渗滤液，因此设计规模为厌氧单元 $300m^3/d$，生化处理单元规模 $500m^3/d$。该项目主体采用“预处理系统+上流式厌氧污泥床（UASB）+外置式 MBR 系统+纳滤（NF）+反渗透（RO）+碟管式反渗透技术（DTRO）”工艺，工艺流程如图 11-15 所示。

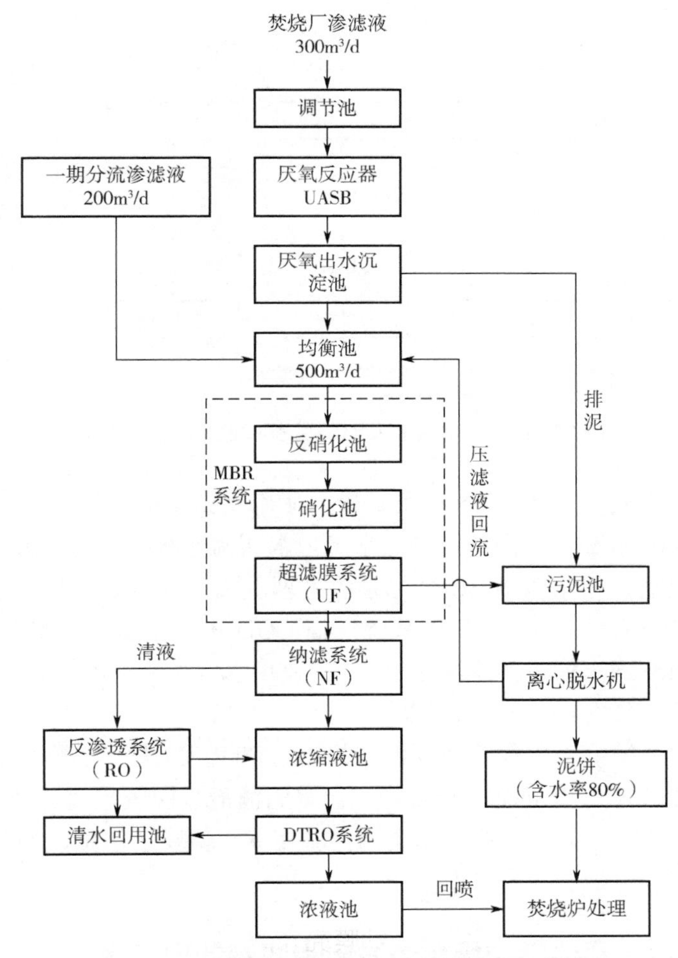

图 11-15　垃圾焚烧发电项目渗滤液处理工艺流程

该项目出水水质达到《城市污水再生利用 工业用水水质》（GB/T 19923—2005）中表 1 的敞开式循环冷却水系统补充水用水标准，其进出水水质表如表 11-11 所示。

该项目新建渗滤液站与现有焚烧发电厂渗滤液处理站采用分系统并联运行的方式，分为厌氧系统、生化系统、膜系统，每个系统的进出水系统具有合并后二次配水的功能，见图 11-16。

表 11-11　垃圾焚烧发电项目设计进出水水质

项目	进水	出水
COD_{Cr}/（mg/L）	≤60000	≤60
BOD_5/（mg/L）	≤35000	≤10
NH_3-N/（mg/L）	≤1500	≤10
TN/（mg/L）	≤2000	—
SS/（mg/L）	≤5000	—
pH	5～8	6.5～8.5

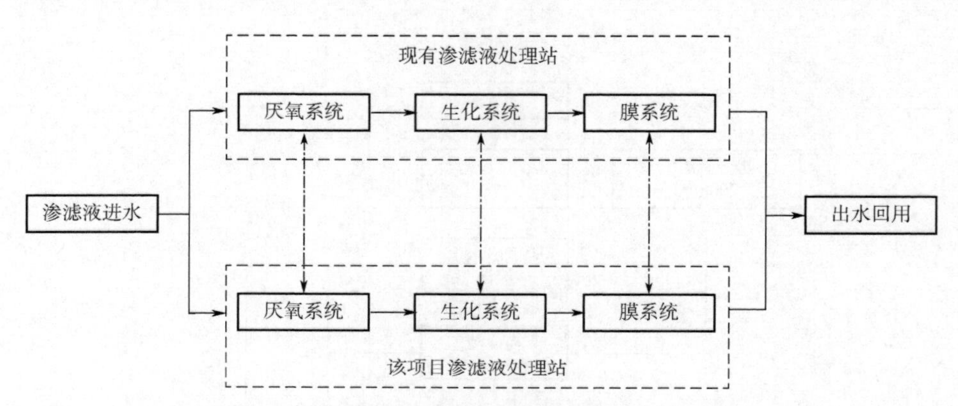

图 11-16　垃圾焚烧发电项目渗滤液处理工艺流程

垃圾渗滤液处理站于 2021 年 5 月正式投入使用，由于进水垃圾渗滤液浓度远低于设计值（COD 小于 8000mg/L），因此目前该系统进水从调节池超越至均衡池，与一期工程部分渗滤液混合均衡后，再进入 MBR 生化系统处理。由于 MBR 采用外置式超滤膜，生化池污泥浓度达到 20g/L，保证了 MBR 系统在高 COD 进水情况下仍然能达到设计处理效率，最终出水水质达到《城市污水再生利用 工业用水水质》（GB/T 19923—2005）中表 1 的敞开式循环冷却水系统补充水用水标准。

另外，该项目浓缩液采用碟管式反渗透技术（DTRO）进行减量化处理，可将纳滤和反渗透产生的浓缩液进一步浓缩，并回收了一定的清液（回收率可达 50%），从而将总体清水回收率提高至 80%，大大提高了水资源的利用率，减少了浓缩液的回喷量，大幅降低了焚烧炉的能耗。

11.3.2.4　安徽颍上县生活垃圾焚烧发电渗滤液处理工程

安徽颍上县生活垃圾焚烧发电项目建设规模：一期建设规模 600t/d，配套 1×600t/d 垃圾焚烧处理生产线，目前已建成投产运行；规划二期规模为 600t/d 焚烧线的建设用地，配套一台 12MW 抽凝汽轮发电机组，年利用小时数为 8000h。

生活垃圾焚烧发电项目配套的垃圾渗滤液处理站建设规模：一期工程渗滤液处理站处理能力为 150m³/d，目前已投产运行。一期工程包括预处理单元、调节池、厌氧装置、MBR 膜系统（两级硝化反硝化池+外置式超滤）、两级 STRO 系统、污泥浓缩池与污泥脱水系统、沼气焚烧火炬系统。

扩建工程渗滤液处理站处理能力为 150m³/d，采用“预处理+ 厌氧系统+两级 AO+MBR 管式超滤+一级网管式反渗透（STRO）+卷式反渗透（RO）”工艺，出水水质达到《工业循环冷却水处理设计规范》(GB/T 50050—2017）中“敞开式循环冷却水系统补充水”水质标准后回用作循环冷却系统补充水。

该项目设计进出水水质如表 11-12 所示。

表 11-12　颍上县生活垃圾焚烧发电项目设计进出水水质

项目	进水	出水
COD_{Cr}/（mg/L）	≤70000	≤60
BOD_5/（mg/L）	≤42000	≤10
NH_3-N/（mg/L）	≤2500	≤5
TN/（mg/L）	≤2800	—
SS/（mg/L）	≤15000	≤10
pH	5～8	6.0～9.0

扩建渗滤液站的工艺流程如图 11-17 所示。

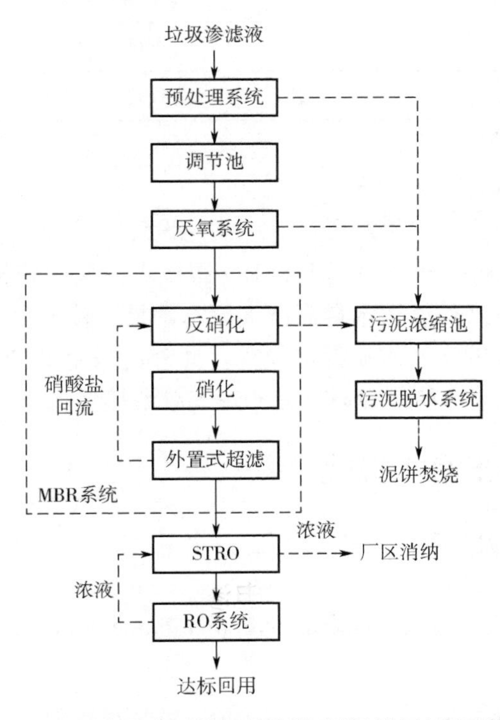

图 11-17　颍上县生活垃圾焚烧发电渗滤液处理工艺流程

目前该项目已建成，处于试运行阶段，按每天运行 20h，处理量为 7.5m³/h，出水水质满足设计标准要求。其中，与传统双膜工艺（NF+RO）相比，该项目超滤出水采用 STRO 膜处理，脱盐率可达 95%以上，产水率可大于 80%。RO 系统作为该项目的最终水质保障单元，当 STRO 处理出水不达标时，可运行 RO 系统进一步净化 STRO 出水，从而保证系统出水达标回用。

11.3.2.5 中节能（沧州）垃圾焚烧发电扩建项目渗滤液处理工程

中节能（沧州）环保能源有限公司扩建垃圾焚烧发电项目，建设规模 800t/d，设计 1×800t/d 垃圾焚烧处理生产线和 1 台 18MW 的汽轮机发电机组。配套垃圾渗滤液处理能力为 400m³/d，采用“厌氧+两级 AO+外置式超滤膜+DTLRO”组合工艺。出水水质执行《污水综合排放标准》（GB 8978—1996）中的三级排放标准，并另行要求出水 COD≤450mg/L，氨氮≤25mg/L，具体如表 11-13 所示。

表 11-13 渗滤液处理工程设计进出水水质

项目	进水	出水
COD_{Cr}/（mg/L）	≤65000	≤450
BOD_5/（mg/L）	≤30000	≤300
NH_3-N/（mg/L）	≤2200	≤25
TN/（mg/L）	≤2500	—
SS/（mg/L）	≤20000	≤400
pH	5～8	6.0～9.0

污水处理工艺流程如图 11-18 所示。

目前该项目已建成运行，出水水质良好，满足设计标准要求。其中，与传统双膜工艺（NF+RO）相比，该项目超滤出水采用 DTLRO 膜技术，该膜的抗污染能力介于卷式膜和碟管式膜之间，可专门用来处理大水量高浓度废水，是一种安全、低能耗、低维护的膜分离技术，非常适合该项目的出水水质标准要求。此外，采用 DTLRO 膜投资成本较双膜法低，占地面积也小，在未来水质提标时具有一定的改造扩建优势。

11.3.3 FMBR 分布治水模式

11.3.3.1 FMBR 技术流程

FMBR，即兼氧膜生物反应器（facultative membrane bioreactor），工艺流程如图 11-19 所示。

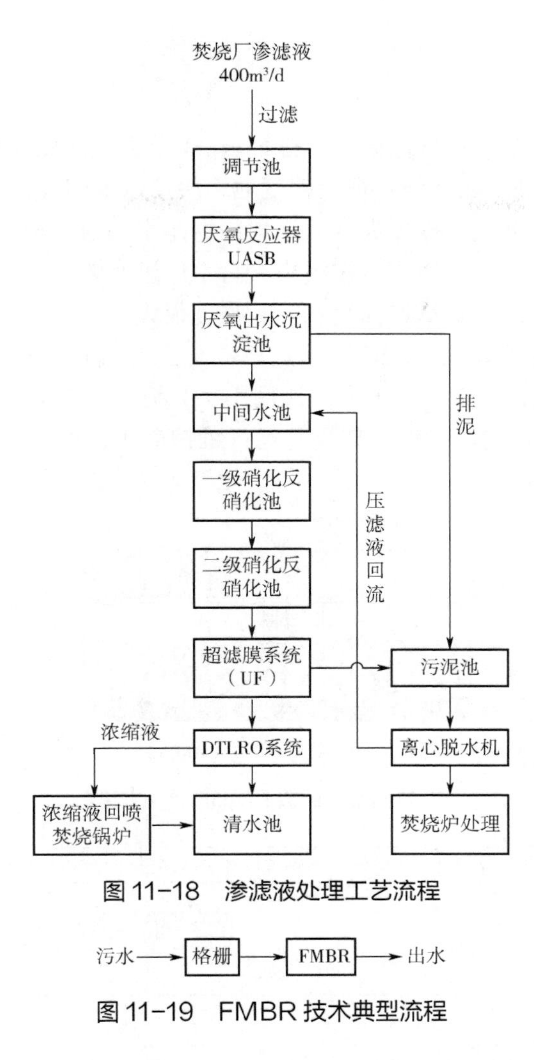

图 11-18　渗滤液处理工艺流程

图 11-19　FMBR 技术典型流程

其工艺特点：①微氧、缺氧、厌氧状态并存，各类微生物并存，各种反应并存；②可同步去除污水中的 C、N、P 污染物质以及有机剩余污泥。

FMBR 的进水及出水水质见表 11-14。

表 11-14　FMBR 的进水及出水水质

污染物指标	进水浓度	出水浓度
COD_{Cr}/（mg/L）	100～300	≤20
NH_3-N/（mg/L）	10～30	≤3
TN/（mg/L）	18～35	≤10
TP/（mg/L）	0.6～1.5	≤0.4
SS/（mg/L）	30～100	未检出
粪大肠菌群数/（个/L）	2×10^6～3.5×10^7	未检出

11.3.3.2 应用案例

FMBR 技术得到有关部门的肯定，已在全国 23 个省、直辖市的乡镇农村得到不同程度的应用，并呈现快速推广的态势，很大程度地解决了以下问题：

① 输送干管施工难度大、投资大——平均约为污水处理厂投资的 2.5 倍；

② 干管泄漏问题严重——地下水被污染，污水厂进水浓度被稀释；

③ 难以资源化——需重新铺设回用水管，难度很大。

兼氧 FMBR 工艺流程如图 11-20 所示。与传统工艺流程相比大大缩减了工艺流程，FMBR 工艺控制环节从 6 个简化为 1 个，如图 11-21 所示。该工艺大幅减少了外排剩余污泥。与其他常见工艺技术比较，该工艺具有运行维护简单、经济技术成本低等优点，详见表 11-15 。

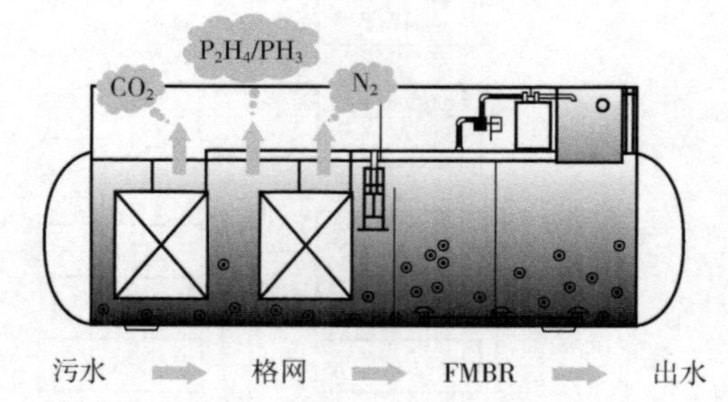

图 11-20　兼氧 FMBR 工艺流程

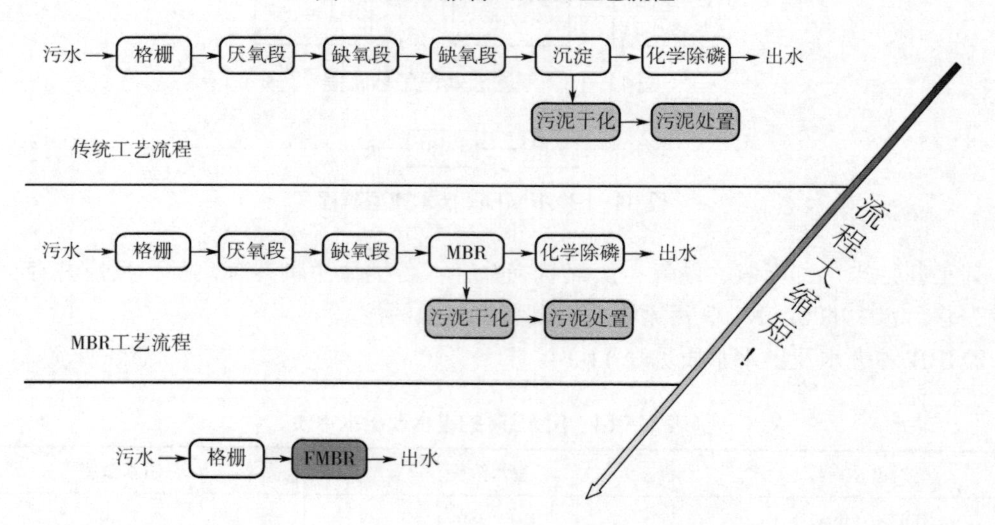

图 11-21　兼氧 FMBR 工艺流程与传统工艺流程的比较

表 11-15　常见不同工艺经济技术对比

工艺	水质稳定性	有机剩余污泥处置	投资	运行成本	土地消耗/m^2
人工生态处理体系	不高 （受季节变化的影响）	较难 臭气污染	≤A	＞1.5B	＞600

续表

工艺	水质稳定性	有机剩余污泥处置	投资	运行成本	土地消耗/m^2
人工强化处理体系	不高 （受操作复杂的影响）	困难 臭气污染	≤A	>3B	>100
FMBR	高	易 环境友好	≤A	≤B	≤20

注：A—传统工艺投资成本；B—传统工艺运行成本。

兼氧 FMBR 技术工艺进出水水质情况见表 11-16。

表 11-16　兼氧 FMBR 技术工艺进出水水质情况

项目	pH	COD/（mg/L）	BOD_5/（mg/L）	NH_3-N/（mg/L）	SS/（mg/L）	色度
进水	6~9	≤400	≤200	≤30	≤200	≤80
出水	6~9	≤25	≤5	≤8（15）	≤5	≤10

FMBR 技术的实际应用情况如下：

① 大连高新区截流了凌水河上游居民区 4000t/日的生活污水，采用 FMBR 技术就地处理后再引入凌水河，使凌水河的大连高级经理学院段由原来的“臭水沟”变成了一河清水，如图 11-22 和图 11-23 所示。

② 江西自去年开展乡镇污水治理工作以来，FMBR 技术已经在宜春市、南昌市、景德镇市、萍乡市、九江柘林湖地区得到大面积推广应用，并得到了普遍认可与好评。目前正在上饶市、赣州市、吉安市、新余市等地迅速推广应用，如图 11-24 所示。

③ 国际维和部队污水处理集成装备。2010 年，国际维和部队首次向全球招标污水处理集成装备，兼氧 FMBR（4S-MBR）技术综合排名第一，成为该项目污水处理集成装备 5 年唯一指定供应。截至 2014 年 12 月，已有 500 余套设备出口至意大利、海地、利比里亚、埃及、迪拜、匈牙利等多个国家，开创了我国污水处理集成装备大规模出口之先河，如图 11-25 和图 11-26 所示。

图 11-22　河段治理前状况

图 11-23　河段治理后现状

图 11-24　FMBR 技术工程应用现场

图 11-25　国际维和部队成套 FMBR 设备

图 11-26　国际维和部队成套 FMBR 设备应用现场

参考文献

[1] 袁维芳.垃圾渗滤液处理技术及工程化发展方向[J].环境保护科学，2020（1）：76-83.

[2] 马平元.膜技术在垃圾渗滤液处理中的应用[J].甘肃科技纵横，2020（8）：27-29.

[3] 席磊.垃圾卫生填埋场的填埋气和渗滤液处理及综合利用[J].中国给水排水，2008（14）：55-60.

[4] 饶越.膜生化处理工艺技术在珠海市西坑尾垃圾填埋场渗滤液处理中的应用[J].城市建设，2010（19）：101，102.

[5] 苏也.MBR-NF 工艺在垃圾填埋场渗滤液处理工程中的应用[J].给水排水，2007（12）：35-39.

[6] 番祖艳.垃圾渗滤液处理技术及展望[J].绿色科技，2020（12）：133-135.

[7] 李晨.高氨氮垃圾渗滤液新型处理工艺 MAP-SBBR 的运行研究[D].长沙：湖南大学，2006.

[8] 原效凯.垃圾渗滤液处理技术研究与工程应用[D].广州：华南理工大学，2007.

[9] 曹丽娜.城市生活垃圾填埋场渗滤液回灌处理研究[D].西安：长安大学，2006.

[10] 孙志霄.MBR 工艺处理生活垃圾焚烧厂渗滤液技术研究[D].上海：同济大学，2008.

[11] 郑得鸣.基于 MBR 的渗沥液处理标准和导则编制研究及工程应用分析[D].武汉：华中科技大学，2012.

[12] 孙洪伟.垃圾渗滤液厌氧-好氧生物处理短程脱氮及动力学[D].北京：北京工业大学，2010.

[13] 王宝贞，王琳.城市固体废物渗滤液处理与处置[M].北京：化学工业出版社，2005.

[14] 朱莹莹.生物与膜分离组合工艺处理垃圾渗滤液的研究[D]. 哈尔滨：哈尔滨工业大学，2014.

[15] 姚小丽.生物电解法处理城市生活垃圾渗滤液的研究[D].北京：北京工业大学，2008.

[16] 阳灿.预处理+UASB+MBR+NF+RO 组合工艺处理垃圾发电厂渗滤液工程实践[J].净水技术，2019（2）：102-107.

[17] 涂海桥.垃圾焚烧厂垃圾渗滤液的深度处理[J].环境与发展，2018（7）：60，61.

[18] 王昉.UASB-MBR-NF 工艺在生活垃圾焚烧电厂渗滤液处理中的应用[J].给水排水，2009（z1）：135-139.

[19] 葛琴.UASB-MBR-NF-RO 工艺在垃圾渗滤液处理中的应用[J].中国环保产业，2013（6）：41-44，48.

[20] 周孝平.福州市红庙岭垃圾渗沥液处理厂改扩建[J].建材与装饰，2014（5）：209，210.

[21] 刘守亮.MBR+纳滤+反渗透工艺处理垃圾渗滤液实验研究[J].环境科学与管理，2013（3）：96-99.

[22] 王惠中，等. 垃圾渗滤液处理技术及工程示范[M].南京：河海大学出版社，2009.

[23] 赵腾震.青岛市垃圾处理厂污水处理工艺设计与改进[D].青岛：中国海洋大学，2008.

[24] 姜薇. 北京市生活垃圾渗滤液及浓缩液处理技术路线研究[D]. 北京：北京工业大学，2013.

[25] 袁维芳，等. 垃圾渗滤液处理技术及工程化发展方向[J]. 环境保护科学，2020，46（01）：76-83.

[26] Mehmood M K，et al. In situ microbial treatment of landfill leachate using aerated lagoons[J]. Bioresour Technol，2009，100（10）：2741-2744.

[27] Lu T，et al. A case study of coupling upflow anaerobic sludge blanket（UASB）and ANITA™ Mox process to treat high-strength landfill leachate[J]. Water science and technology，2016，73（3）：662-668.

[28] 杨飞黄. 膜组合技术处理城市垃圾焚烧厂渗滤液运行特性的研究[D]. 成都：西南交通大学，2007.

[29] Renou S，et al. Landfill leachate treatment：Review and opportunity[J]. Journal of hazardous materials，2008，150（3）：468-493.

[30] 杨姝君. 老港综合填埋场二期配套渗滤液工程设计研究[J]. 广东化工，2019，46（11）：211，212，233.